碳市场衔接趋势下碳交易价格整合度及其风险预警研究

顾光同　著

中国农业出版社
北　京

图书在版编目（CIP）数据

碳市场衔接趋势下碳交易价格整合度及其风险预警研究 / 顾光同著. —北京：中国农业出版社，2022.5
ISBN 978-7-109-29268-0

Ⅰ.①碳… Ⅱ.①顾… Ⅲ.①二氧化碳－排污交易－价格－研究－中国 Ⅳ.①X511

中国版本图书馆 CIP 数据核字（2022）第 050954 号

碳市场衔接趋势下碳交易价格整合度及其风险预警研究
TANSHICHANG XIANJIE QUSHI XIA TANJIAOYI JIAGE ZHENGHEDU
JIQI FENGXIAN YUJING YANJIU

中国农业出版社出版
地址：北京市朝阳区麦子店街 18 号楼
邮编：100125
责任编辑：张 丽
版式设计：王 晨 责任校对：周丽芳
印刷：北京中兴印刷有限公司
版次：2022 年 5 月第 1 版
印次：2022 年 5 月北京第 1 次印刷
发行：新华书店北京发行所
开本：700mm×1000mm 1/16
印张：13.75
字数：270 千字
定价：88.00 元

前　言

　　碳市场又称碳排放权交易市场、碳金融市场，其碳交易是缓解气候变化最有效的方式之一。为应对气候变化，我国已郑重承诺2030年前实现碳达峰、2060年前实现碳中和的"30·60"双碳目标。我国试点碳市场的运行和全国碳市场的建设是重大制度创新，是我国参与全球治理的重要手段，是生态环境保护治理的重要驱动机制，是社会发展和经济发展转型的重要倒逼机制，是推动绿色发展的新引擎，是实现"30·60"双碳目标（全称见后文）的重要路径，是绿水青山就是金山银山价值实现的重要创新路径，是生态文明建设的重大抓手。本书梳理了碳市场的理论基础、碳交易均衡价格机理以及碳市场的经济学解释，在碳市场衔接趋势下，从我国碳市场现状及其交易匹配度检验、碳交易价格共同趋势、碳交易价格集中度、碳市场有效性及其决定因素、碳市场与经济发展和环境保护的协调发展度、银行利率与碳金融市场整合度、碳金融市场交易波动特征及其投资风险分析、碳交易收益波动特征及其协同风险、碳交易价格预测与风险测度、碳金融市场关联测度及其风险预警等方面进行了系统研究，并就碳试点市场的兼容性、碳市场的统一建设以及完善碳交易价格机制、碳交易价格监测与风险监管等方面给出了相关政策建议。

　　本书具有以下六方面独特的创新之处和学术贡献：

　　第一，从碳市场衔接视角对碳市场价格整合进行系统研究，无疑是对碳市场研究的有力补充和完善，更为碳市场衔接研究提供新思路。

第二，将单一或者局部碳市场的研究拓展到当前主要试点碳市场的研究，为全国碳市场统一丰富学术内涵。

第三，对碳交易价格匹配度、长期均衡度以及相互影响关联度等进行研究，为全国碳市场衔接提供信息支撑。

第四，对碳市场的碳交易价格波动、价格预测、最优风险投资以及包含极端交易价格在内的风险测度实证，为相关实证研究提供方法、经验、借鉴。

第五，对碳市场的碳交易价格波动、极端风险测度、风险协同、风险投资与风险预警、衔接统一的价格指数编制等进行研究，为全面的碳市场风险防控提供理论依据，为政府制定更合理的碳市场衔接与监管的政策提供新信息。

第六，对碳市场的有效性、碳市场与经济发展、环境变化协同发展测度与评价及其分析，为碳市场的建设与衔接、碳市场交易稳定机制以及应对气候变化下经济高质量发展的政策制定提供新信息。

本书共十四章，内容基本框架如下：第一章绪论，从碳市场衔接的现实背景到碳市场碳交易的基本概念界定、理论基础以及经济学解释进行了梳理（完成人：顾光同）；第二章碳市场匹配深度研究，探讨了我国8个试点碳市场（北京、上海、天津、重庆、湖北、深圳、广东、福建）的匹配深度以及兼容性（完成人：顾光同、祝雅璐、吴伟光）；第三章碳市场交易价格的共同趋势特征研究，探讨了8个试点碳市场交易价格的共同趋势特征（完成人：顾光同、李少云、李兰英）；第四章碳市场交易价格集中度特征研究，测算和分析了8个试点碳市场交易价格的集中度（完成人：顾光同、李坤阳）；第五章碳市场有效性的决定因素，对试点碳市场有效性进行测算，对其影响因素进行分析（完成人：顾光同、祝雅璐、吴伟光）；

第六章碳市场—经济增长—环境保护协调发展度研究，构建了试点地区碳市场—经济增长—环境保护协调发展度指标体系，并进行测算和评价以及分析协调发展度的影响因素（完成人：顾光同、李坤阳）；第七章我国银行利率与碳市场整合度量研究，探讨和测度了我国银行利率与碳市场的交易价格的整合度，尤其波动的相互联系以及风险的整合度（完成人：顾光同、黄浩隆）；第八章我国碳市场收益波动及其协同风险趋势研究，探讨和测度分析了试点碳市场交易收益波动特征以及协同风险持续性（完成人：顾光同、张浩炜）；第九章碳市场交易波动特征及其投资风险分析，分析了试点碳市场的交易价格波动以及投资收益与投资风险，并基于均值—方差理论进行深入分析，给出了市场组合投资风险控制与投资权重（完成人：顾光同、刘一晗、陈戴娜、宋盈卓、陈佳丽）；第十章基于机器学习方法 XGBoost 的碳市场交易价格预测研究，构建机器学习方法算法模型，探讨对我国试点碳市场交易价格预测能力（完成人：顾光同、朱晨）；第十一章基于贝叶斯极值理论的碳交易价格风险研究，基于贝叶斯极值理论构建了 8 个试点碳市场碳交易价格极端值的风险度量模型，并进行有效性以及碳交易价格风险分析（完成人：顾光同、胡灵灵）；第十二章碳市场关联测度及其风险预警研究，对 8 个试点碳市场交易价格进行关联测度，并进行风险预警探讨（完成人：顾光同、胡泓）；第十三章风险预警视角下试点碳市场衔接统一的价格指数构建研究，选取 66 个经济指标，基于派氏指数法、拉氏指数法以及时变模型法构建试点碳市场衔接统一的价格指数，并进行动态分析（完成人：顾光同、陈立瑶）；第十四章结论与政策建议，对系列研究的主要研究结论以及政策建议进行归结，以期为我国碳市场建设、完善以及衔接和风险监管等献计献策（完成人：顾光同）。

　　本书是国家社科基金项目"碳市场衔接趋势下碳交易价格整合

机制及其风险监管研究"（19BGL158）阶段性研究形成的论文集类的研究成果，其中第二章至第六章都以阶段性研究成果论文形式正式发表在《资源科学》等期刊上，而第七章至第十三章均是阶段性研究工作论文。本专著得到了研究团队以及浙江农林大学经济管理学院领导、同事等的大力支持，也得到浙江农林大学浙江省乡村振兴研究院、浙江农林大学生态文明研究院、浙江农林大学碳中和研究院的大力支持。

由于水平和精力有限，本书难免有错误和不足之处，恳请读者批评指正。

顾光同

2021 年 12 月

目　　录

前言

第一章　绪论 ……………………………………………………… 1

一、研究背景 …………………………………………………… 1

二、研究内容 …………………………………………………… 2

三、创新之处 …………………………………………………… 3

四、相关概念界定 ……………………………………………… 4

五、理论基础 …………………………………………………… 6

六、碳市场的经济学解释 ……………………………………… 8

第二章　碳市场匹配深度研究 …………………………………… 12

一、引言 ………………………………………………………… 12

二、数据来源与描述性分析 …………………………………… 13

三、实证分析 …………………………………………………… 15

四、结论与建议 ………………………………………………… 20

第三章　碳市场交易价格的共同趋势特征研究 ………………… 23

一、引言 ………………………………………………………… 23

二、数据与方法 ………………………………………………… 24

三、结果与分析 ………………………………………………… 27

四、结论与建议 ………………………………………………… 31

第四章　碳市场交易价格集中度特征研究 ……………………… 35

一、引言 ………………………………………………………… 35

二、研究方法……………………………………………… 37

三、统计描述与集中度测算………………………………… 38

四、结论与建议…………………………………………… 42

第五章　碳市场有效性的决定因素　45

一、引言…………………………………………………… 45

二、机制分析与研究方法…………………………………… 46

三、数据来源与描述性统计………………………………… 51

四、结果与分析…………………………………………… 53

五、结论与建议…………………………………………… 57

第六章　碳市场-经济增长-环境保护协调发展度研究　61

一、引言…………………………………………………… 61

二、理论分析……………………………………………… 63

三、研究方法与数据来源…………………………………… 64

四、实证分析……………………………………………… 66

五、结论与建议…………………………………………… 71

第七章　我国银行利率与碳市场整合度量研究　74

一、引言…………………………………………………… 74

二、研究背景……………………………………………… 75

三、理论分析……………………………………………… 78

四、变量、数据与模型设计………………………………… 80

五、实证分析……………………………………………… 83

六、结论与建议…………………………………………… 84

第八章　碳市场收益波动及其协同风险趋势研究　88

一、引言…………………………………………………… 88

二、研究背景……………………………………………… 90

三、模型方法……………………………………………… 92

四、实证分析……………………………………………… 94

五、结论与建议…………………………………………… 100

第九章　碳市场交易波动特征及其投资风险分析 ⋯⋯⋯⋯⋯⋯⋯⋯⋯ 108

　　一、引言 ⋯⋯⋯⋯⋯⋯⋯⋯⋯⋯⋯⋯⋯⋯⋯⋯⋯⋯⋯⋯⋯⋯⋯⋯ 108

　　二、文献综述 ⋯⋯⋯⋯⋯⋯⋯⋯⋯⋯⋯⋯⋯⋯⋯⋯⋯⋯⋯⋯⋯⋯ 109

　　三、模型介绍 ⋯⋯⋯⋯⋯⋯⋯⋯⋯⋯⋯⋯⋯⋯⋯⋯⋯⋯⋯⋯⋯⋯ 110

　　四、实证分析 ⋯⋯⋯⋯⋯⋯⋯⋯⋯⋯⋯⋯⋯⋯⋯⋯⋯⋯⋯⋯⋯⋯ 113

　　五、结论与建议 ⋯⋯⋯⋯⋯⋯⋯⋯⋯⋯⋯⋯⋯⋯⋯⋯⋯⋯⋯⋯⋯ 122

第十章　基于机器学习方法 XGBoost 的碳市场交易价格预测研究 ⋯⋯⋯ 126

　　一、引言 ⋯⋯⋯⋯⋯⋯⋯⋯⋯⋯⋯⋯⋯⋯⋯⋯⋯⋯⋯⋯⋯⋯⋯⋯ 126

　　二、文献综述 ⋯⋯⋯⋯⋯⋯⋯⋯⋯⋯⋯⋯⋯⋯⋯⋯⋯⋯⋯⋯⋯⋯ 127

　　三、XGBoost 模型与预测评价方法介绍 ⋯⋯⋯⋯⋯⋯⋯⋯⋯⋯⋯ 129

　　四、理论分析 ⋯⋯⋯⋯⋯⋯⋯⋯⋯⋯⋯⋯⋯⋯⋯⋯⋯⋯⋯⋯⋯⋯ 132

　　五、碳市场交易价格预测分析 ⋯⋯⋯⋯⋯⋯⋯⋯⋯⋯⋯⋯⋯⋯⋯ 133

　　六、结论与建议 ⋯⋯⋯⋯⋯⋯⋯⋯⋯⋯⋯⋯⋯⋯⋯⋯⋯⋯⋯⋯⋯ 136

第十一章　基于贝叶斯极值理论的碳交易价格风险研究 ⋯⋯⋯⋯⋯⋯ 140

　　一、引言 ⋯⋯⋯⋯⋯⋯⋯⋯⋯⋯⋯⋯⋯⋯⋯⋯⋯⋯⋯⋯⋯⋯⋯⋯ 140

　　二、碳市场的风险测度模型 ⋯⋯⋯⋯⋯⋯⋯⋯⋯⋯⋯⋯⋯⋯⋯⋯ 142

　　三、碳市场特征分析 ⋯⋯⋯⋯⋯⋯⋯⋯⋯⋯⋯⋯⋯⋯⋯⋯⋯⋯⋯ 145

　　四、碳交易价格风险估计 ⋯⋯⋯⋯⋯⋯⋯⋯⋯⋯⋯⋯⋯⋯⋯⋯⋯ 149

　　五、结论与建议 ⋯⋯⋯⋯⋯⋯⋯⋯⋯⋯⋯⋯⋯⋯⋯⋯⋯⋯⋯⋯⋯ 157

第十二章　碳市场关联测度及其风险预警研究 ⋯⋯⋯⋯⋯⋯⋯⋯⋯⋯ 161

　　一、引言 ⋯⋯⋯⋯⋯⋯⋯⋯⋯⋯⋯⋯⋯⋯⋯⋯⋯⋯⋯⋯⋯⋯⋯⋯ 161

　　二、文献综述 ⋯⋯⋯⋯⋯⋯⋯⋯⋯⋯⋯⋯⋯⋯⋯⋯⋯⋯⋯⋯⋯⋯ 162

　　三、模型方法、变量选取及其数据来源 ⋯⋯⋯⋯⋯⋯⋯⋯⋯⋯⋯ 164

　　四、实证分析 ⋯⋯⋯⋯⋯⋯⋯⋯⋯⋯⋯⋯⋯⋯⋯⋯⋯⋯⋯⋯⋯⋯ 166

　　五、结论与建议 ⋯⋯⋯⋯⋯⋯⋯⋯⋯⋯⋯⋯⋯⋯⋯⋯⋯⋯⋯⋯⋯ 175

第十三章　风险预警视角下试点碳市场衔接统一的价格指数构建研究 ⋯⋯ 179

　　一、引言 ⋯⋯⋯⋯⋯⋯⋯⋯⋯⋯⋯⋯⋯⋯⋯⋯⋯⋯⋯⋯⋯⋯⋯⋯ 179

二、文献综述 ··· 180

三、模型设计与构建 ··· 184

四、实证分析 ··· 186

五、结论与建议 ··· 195

第十四章　结论与政策建议 ································· 199

一、研究结论 ··· 200

二、政策建议 ··· 205

第一章 绪 论

一、研究背景

习近平总书记2019年2月1日在《求是》上发表重要文章——《推动我国生态文明建设迈上新台阶》，强调"生态环境是关系党的使命宗旨的重大政治问题，也是关系民生的重大社会问题"。随后，在2020年第七十五届联合国大会上，中国向世界郑重承诺力争在2030年前实现碳达峰、在2060年前实现碳中和的"30·60"双碳目标。试点碳市场的运行和全国碳市场的建设是重大制度创新，是我国参与全球治理的重要手段，是生态环境保护治理的重要驱动机制，是社会发展和经济发展转型的重要倒逼机制，是推动绿色发展的新"引擎"，是实现"30·60"双碳目标的重要路径，是绿水青山就是金山银山价值实现的重要创新路径，是生态文明建设的重大抓手。2011年10月29日，国家发展和改革委员会（简称国家发改委）正式批准北京、天津、上海、重庆、广东、湖北和深圳共7省市开展碳交易试点工作，各试点省市均于2014年6月底前顺利启动碳排放权试点交易，2017年初又正式启动了福建碳交易试点，据此我国共有8个正式试点碳市场（碳交易试点市场）。随着国家发改委发布《关于做好2016、2017年度碳排放报告与核查及排放监测计划制定工作的通知》（发改办气候〔2017〕1989号）。2017年12月18日，国家发改委宣布落实《全国碳排放权交易市场建设方案（发电行业）》，启动全国市场建设工作，此举标志着试点碳市场衔接是必然趋势。2019年2月，湖北省承建的全国碳交易注册登记系统研发成功，标志着试点碳市场衔接势在必行。尤其2021年7月16日全国碳市场的正式运行，标志着全球最大的碳市场启动运行。但是，试点碳市场仍继续运行，有待统一衔接，建成统一碳市场。统一碳市场可节约成本，增强市场流动性，减少碳排放总量，能带来政治利益、降低国内的监管和行政成本[1]。我国的试点碳市场已形成碳配额总量刚性与结构弹性相结合的[2]，以总量控制的配额交易为基础、自愿减排及碳金融产品为补充的交易工具组合的市场[3]。一些学者也在积极倡导建立试点碳市场衔接全国性的统一碳交易平台，以实现排放信用的跨区域流动、交易市场的高效运行[4]。统一市场化的减排手段更能促进低碳经济的发展，短期内降低碳排放量而不损失国内生产总值（gross domestic product，GDP），成本思考下促进企业的技术不断进步和创新，同时提高中国在全球碳市场的话语权。8 个碳交易试点市场的交易价格的整合（市场价格间整合、与经济发展和经济结构调整相协调的整合）是碳市场能否有效衔接，以及助力经济可持续绿色发展的关键性因素，因此相应的统一市场的交易价格监测和价格波动风险监管等问题显得至关重要。

二、研究内容

本书首先梳理碳市场的理论基础、均衡价格理论与碳交易均衡价格机理及碳市场经济学解释，然后从多角度探讨碳市场的稳定机理：在碳市场衔接趋势下，从理论和应用两个方面系统地研究碳市场碳交易价格整合度及其风险预警，其中包括碳市场现状及其交易匹配度检验、碳市场交易价格整合机制分析、碳交易价格波动监测、碳交易价格波动风险分析与预警等方面的研究，并提出相关政策建议。

1. 理论研究

（1）首先对碳市场的概念进行界定，对其理论基础进行梳理，然后阐述其经济学特性。

（2）利用倾向得分匹配（propensity score matching，PSM）法的思想，构建 8 个碳市场的近邻匹配、核匹配、半径匹配等匹配模型，测度和稳健性分析碳市场的匹配性和兼容性，在探讨碳市场交易基本机制基础上，构建面板协整模型检验碳交易价格的共同趋势性，并采用赫芬达尔指数（herfindahl - hirschman index）法测度碳交易价格的集中度。

（3）理论分析碳市场、经济增长和环境保护的协调发展机理，并构建碳市场、经济增长和环境保护的协调发展度指标体系，分析其协调发展性；理论分析利率波动和碳价波动之间的相互联系，并基于我国银行利率，建立非参数 Copula 计量模型，从风险角度探讨利率与碳市场的整合度；构建 ARMA - GARCH 模型度量单个市场的波动风险，再使用向量 GARCH 模型研究市场波动之间的协同持续性；利用 DCC - GARCH 模型分析碳市场碳交易价格的波动性，利用均值-方差理论分析最小风险碳市场投资组合的可能性；探讨优化机器学习方法的极端梯度提升（extreme gradient boosting，XGBoost）模型考察碳交易价格的可预测性；利用贝叶斯推理方法的马尔可夫·蒙特卡罗（markov chain monte carlo，MCMC）方法中的吉布斯（Gibbs）抽样方法及极值理论中的峰值超过阈值（peaks over threshold，POT）模型，探讨碳市场的交易价格存在极端风险损失情况下风险的可测度性。

（4）利用 ARIMA - EGARCH 模型测度碳市场的关联性和风险预警性。

2. 应用研究

（1）对我国 8 个试点碳市场的匹配尝试、碳市场兼容性、碳交易价格的共同趋势及集中程度进行深入研究，剖析碳市场兼容性及其原因，分析碳交易价格的长期均衡特征，测度不同时频的碳交易价格集中度特征，这既可了解我国碳市场的现状，又可为全国统一碳市场的建设提供参考依据。

（2）从碳市场、经济增长和环境保护的协调发展视角，测度和评价三者的协调发展度，并探讨时空演变特征，以及各地区规模以上工业企业数量、固定资产投入、外商直接投资及科技投入对协调发展度的影响，为应对气候变化兼顾经济高质量发展提供对策建议。

（3）从银行利率和碳市场整合视角，分析我国银行利率的变化是否会导致碳价波动，利率和碳金融市场风险之间的关系，以及研判我国碳市场的风险趋势，为银行、企业、政府等提供对策建议。

（4）从单个碳市场碳交易价格波动特征与预测、风险价值，以及期望损失、投资风险、极端交易风险到多个碳市场收益波动的协同持续特征、最优投资组合及风险、碳交易价格关联度与风险预警进行系统研究，为研判我国碳市场的碳交易价格动态、投资风险及风险测度与预警提供思路，为碳市场的统一建设、完善碳交易价格机制、提升碳市场的有效性以及碳交易价格监测与风险监管等方面给出相关政策建议。

三、创新之处

本书结合经济发展、经济结构调整动态，在碳市场衔接趋势下对碳交易价格整合机制及其风险监管进行研究，具有重要的学术价值和应用价值。

（1）从碳市场衔接视角对碳交易价格整合进行系统研究，这不仅为碳市场研究提供了有力补充和完善，更为碳市场衔接研究提供了新思路。

（2）将对单一或者局部碳市场的研究拓展到对当前主要试点碳市场的研究，为全国碳市场统一丰富学术内涵。研究发现，我国试点碳市场具备衔接特质。

（3）对碳交易价格匹配度、长期均衡度及相互影响关联度等进行研究，为全国碳市场衔接提供信息支撑。研究发现，我国碳市场匹配程度不高，匹配深度基本介于 49%～53%，2 个试点碳市场大多存在共同趋势，5 个试点碳市场间具有明显共同趋势的仅有 3 个，6 个及以上试点碳市场间没有共同趋势。尽管 8 个试点碳市场交易价格差异较大、集中度较低，但是在全国碳市场统一趋势下，整体兼容性存在很大的改善空间。

（4）对我国碳市场的碳交易价格波动、价格预测、最优风险投资及包含极端交易价格在内的风险进行测度实证，为相关实证研究提供方法、经验、借鉴。研究发现，t - Copula 模型能较好刻画试点碳市场与银行利率的风险整合度；ARMA - GARCH 模型可以很好地描述试点碳市场碳交易价格波动；均值-方差理论能刻画碳市场最优的组合投资权重；梯度自助决策树（gradient boosting decision tree，GBDT）算法模型能较好预测碳交易价格走势；贝叶斯 MCMC - POT - VaR 模型具备优异的碳交易价格极端风险测度能力；ARIMA - EGARCH 模型的风险价值（value at risk，VaR）对碳市场具有一定的风险预警能力。

（5）对碳市场的碳交易价格波动特征、极端风险测度、风险协同、风险投资与风险预警等进行研究，为全面的碳市场风险防控提供理论依据，为政府制定更合理的碳市场衔接与监管的政策提供新信息。研究发现，不同地区的试点碳市场的风险、收益、活跃性等具有典型特征，日对数收益率序列存在"尖峰厚尾"、自相关性、条件方差、波动聚集等普遍特征；试点碳市场与银行利率的风险整合度利率风险高于碳价风险；试点碳市场存在记忆性和波动持续性及波动协同性特征；试点碳市场交易价格具有一定可预测性；试点碳市场碳交易价格极端风险具有可测度性；试点碳市场联动差异大，投资比重各异；试点碳市场风险关联性差异大，风险预警效果各异。

（6）对碳市场与经济发展、环境变化协同发展进行测度与评价，为碳市场的衔接、碳市场交易稳定机制，以及应对气候变化下经济高质量发展的政策制定提供新信息。研究发现，碳市场、经济增长和环境保护的协调发展度逐年提高，梯队明显，驱动因素异质性明显。

四、相关概念界定

（一）碳排放权

碳排放权概念是在大气环境容量理论的基础上建立起来的[5]，是指排放主体为了生产和发展的需要，由自然或者法律所赋予的向大气排放温室气体的权利，是气候资源使用权，更是一种新型的发展权[6]。碳排放权一词起源于排污权，自国内学者于 1997 年首次提出后，逐渐被国内学界和实务界广泛使用，但迄今为止尚缺乏统一公认的定义。这不仅因为碳排放权在不同的学科领域具有不同的含义和特征，并且碳排放是否是一种权利也存在争议。从法学、经济学、环境学、公共管理学等领域的研究可见，碳排放权的含义主要有两类：一类是指在气候变化国际法下，以可持续发展、共同但有区别及公平正义原则为基础，碳排放权是代表着人权下的发展权，是为了满足一国及其国民基本生活需求和发展的需要，而向大气排放温室气体的权利。这种权利是道德权利，而非严格的法律权利。另一类是指碳交易制度下的排放权，是对大气或大气环境容量的使用权。这种使用权可以通过法律规定被私有化并在市场上交易，从而实现全社会低成本控制碳排放的目的。需要强调的是，西方国家的碳交易政策实践中均没有采用排放权这个概念，而是实行的排放许可交易。因此，碳排放权可泛指碳排放总量控制与交易制度下的碳排放权、排放配额或排放许可[7]。

（二）碳交易

碳交易即是碳排放权交易，其概念源自《联合国气候变化框架公约》和《京都议定书》这两个意义深远的国际公约。碳交易是指排放主体遵循相关法律法规，在市场机制下，自愿且平等地进行碳减排后所余指标的交易，并接受相关主管部门和机构的监督与指导，以实现温室气体排放的总量降低，提高减排效果的同时削减减排成本，从而达到改善气候环境的一种行为。其核心思想是法律赋予碳排放权利以商品的性质，通过买入和卖出来达到碳排放量的总体控制，使气候环境得到改善。碳交易的基本流程是：协议或合同的一方通过向另一方支付酬劳，获得一定的温室气体减排额并将其用于缓和温室效应，从而达到其预设的减排任务。具体而言，国际有关机构和部门通过对全球环境容量进行评估，规定全球温室气体的排放量上限，并按照科学依据将排放量总体化整为零，再将这些划分好的排放量发放给《京都议定书》缔约国，各缔约国政府再通过公开拍卖、定价出售或无偿分发等方式对其进行分配，与此同时，建立专门的碳排放交易市场以方便其买卖。通过此专业市场的建立，买卖双方可以更好地通过市场机制进行交易[8]。

（三）碳市场

碳市场又称碳排放权交易市场、碳金融市场，其碳交易是缓解气候变化最有效的方式，是推动绿色发展的新引擎，是碳排放权交易主体依法在碳交易平台对碳排放权配额及国家核证自愿减排量（Chinese certified emission reduction，CCER）开展的交易活动[9]。在碳市场中，买方利用自己的资金购买卖方的二氧化碳排放权配额，并以成交价格为信号，利用市场规则签订合同和协议，将计划的减排任务在买卖双方之间进行转移，最终通过较低的经济代价促成最好的减排效果[10]。

（四）碳交易价格整合度

市场价格整合度是指市场间价格变化的相互影响程度[11]，因此碳交易价格整合度可以定义为不同市场间碳交易价格变化的相互影响程度，其中包括试点碳市场间碳交易价格的匹配均衡程度，碳交易价格波动，以及风险的关联程度，碳交易价格与经济、环境等的协调程度，碳交易价格与银行利率等的关联程度等。

五、理论基础

（一）外部性理论

外部性是经济学中的概念，源于英国经济学家阿尔弗雷德·马歇尔（Alfred Marshall，1842—1924，以下简称马歇尔）《经济学原理》中的"外部经济"概念。对外部性进行定义：就产生主体而言，外部性是指生产或消费对其他团体强征不可补偿的成本或给予无须补偿的收益的情形；就接受主体而言，外部性是指某些效益被给予，或某些成本被强加给没有参加这一决策的人，是个人（包括自然人与法人）经济活动对他人造成了影响而又未将这些影响计入市场交易的成本与价格中，向市场之外的其他人所强加的成本或者效益[12,13]。

简单而言，某种行为的外部性是这样一种特性，即这种行为对行为人的成本与收益可能不产生任何影响，但是对其他人的福利会产生影响，并且这种影响不会计入行为人的决策参考范围内。外部性理论所分析的对象是行为主体的行为对整个社会的效应，该理论所涉及的主体可以简化为两方面，即行为主体和与行为主体相对的整个社会。外部性理论有两层含义：一是产生主体对其他人或团体（整个社会的代表）强征了不可补偿的成本，从整个社会来看，即产生主体的行为具有负外部性效应；二是产生主体给予社会其他人或团体以无须补偿的收益，从整个社会看来，即其行为具有正外部效应。无论行为人对其他人的影响是有利影响还是不利影响，个人决策对于总体都很可能并不是最有利的[14]。

（二）科斯产权理论

科斯产权理论的主要内容由科斯定理和科斯第二定理及其推论所构成。科斯定理是指如果交易费用为零，无论怎样选择法律规则、配置权利，双方当事人都可以通过相互协商进行交易，实现资源的有效配置。科斯第二定理是指在交易费用大于零的世界里，不同的权利界定，会带来不同效率的资源配置。也就是说，交易是有成本的，在不同的产权制度下，交易的成本可能是不同的，因而，资源配置的效率可能也不同，所以，为了优化资源配置，产权制度的选择是必要的。科斯第二定理才是科斯产权理论的核心部分，其把权利安排即制度形式与资源配置直接对应了起来，使人们认识到权利（产权）的初始界定与经济运行效率之间存在内在联系。科斯第二定理中的交易成本就是指在不同的产权制度下的交易费用。只有生产要素具有明晰的产权，参与其市场交易的每一个参与者包括企业及个人才会正确维护市场的秩序和规则，对其统一分配、管理以及实施交易，不断完善社会资源的最优配置，最终使得整个社会经济发展实现帕累托最优。

碳排放权交易市场是源于科斯定理所产生的，通过科斯定理创建了一种依托市场手段解决外部性问题的思路，将二氧化碳排放权作为一种产权明晰的生产要素在市场中进行交易，从而将经济增长的外部性内部化。碳排放权交易市场的理论核心是科斯定理，通过市场化的机制激发企业和有关部门节能减排技术的发展和运用，以保证经济增长所带来的外部性问题内部化，最终实现经济增长与环境保护的协调发展。

（三）排污权交易理论

排污权交易的思想始于 1968 年，加拿大的戴尔斯（Dales）首先将其阐述为：政府或有关管理机构作为社会的代表及环境资源的所有者，把排放污染物的权利分配发放或以拍卖方式出售给排污者。排污者按有关污染权规定进行污染物排放，或与持有污染权的排污者进行有偿交换和转让[15]。因此，排污交易就是运用市场经济的规律及环境资源所特有的性质，在环境保护部门的监督管理下，各个持有排污许可指标的单位在与交易有关的政策、法规的约束下所进行的交易活动。也就是说，排污权交易的主要思想是建立合法的污染物排放权利，即排污权（这种权利通常以排污许可证的形式表现），并允许这种权利同商品那样被买入和卖出，以此来进行污染物的排放控制。

事实上，作为一种基于市场的减排手段——排污权交易主要通过建立环境容量产权市场，在供求机制、竞争机制等的刺激下，使环境容量资源价值以市场价格的形式展现出来，并借助价格的配给与分配功能指导微观层面企业做出经济合理的生产决策，有效地实现减排任务的再分配[16]。

（四）均衡价格理论与碳交易价格理论

1. 均衡价格理论

均衡价格理论也称为均衡价值理论，其认为需求和供给是决定市场均衡价格的根本因素，同时认为需求和供给决定市场的均衡价格，而均衡价格又会对供给和需求造成影响[17]。均衡价格理论源自英国经济学家马歇尔，它是西方经济学的基础，也是经济学界认识社会经济问题的一个有力支撑[18]。

马歇尔认为，均衡价格理论假定生产者和消费者进行交易的市场是完全竞争的市场，产生供给的生产者和进行消费、产生需求的消费者都是"理性人"。价格是市场上生产者和消费者最为关注的信号。二者为了实现自身经济利益的最大化，根据市场上产品价格的变化而改变各自的行为[19]。当价格偏离均衡价格时，市场上对商品供给和需求发生变化。当一种商品的价格高于均衡价格的时候，该商品的供给增加，从而导致市场上出现供过于求的状况，过多的供给导致商品的供应方竞争加剧，从而减少商品的供应，降低商品的价格。随着商品价格的降低，市场上对商品需求开始增加，当消费者增加对商品的购买量时，生产者供应的商品数量与消费者需求的商品数量最终一致，生产者不再增加供给，价格也不再发生变化，此时的商品供应数量和商品价格即为新的均衡价格和均衡数量。反之，当一种商品的价格低于均衡价格时，消费者的需求增加，从而增加对商品的购买量，从而导致该商品的价格上涨，促使生产者增加商品的供给，但是价格上涨导致消费的需求逐渐下降，当价格上涨到某一位置时，消费者对商品的需求量等于市场上的供应量，此时价格不再上涨，而生产者也不再增加商品的供给，此时的价格和商品供应数量即为新的均衡价格和均衡数量[20-21]。

2. 碳交易价格理论

碳交易价格理论是指以碳排放权为商品，在碳市场中交易且遵循均衡价格理论的理论。碳排放权的供求是影响碳交易价格的核心因素，在碳交易过程中，碳交易双方根据自身减排技术、生产成本等多方面衡量碳价的长期均衡价格。

六、碳市场的经济学解释

科斯的产权理论是碳排放权交易的基础。碳排放权交易是将碳排放权作为一种稀缺的资源，在总量控制的前提下将碳排放权经政府等有关部门初始分配后，控排企业通过减排等手段，将富余的碳排放权配额在相关平台出售给碳排放权配额或缺的企业，从而获得经济利益和价格激励[22]。交易机制的形成与维持必须满足3个前提条件：第一，所有独立的经济体都能达成一致有效的共识，并愿意参与行动；第二，必须按照"历史档案"原则体现公平；第三，必须建立具有足够约束力的惩罚机制[23]。

（一）本质属性：商品化

碳排放权交易政策就是将碳排放权视作能够满足一个国家或者国民幸福生活所需要的、以气候环境资源使用权为实质的发展权利，赋予该项权利可交易的商品属性，并通过市场化的手段在不同的经济主体之间进行买卖，实现稀缺环境资源的有效配置，以便有效地控制污染，更好地保护环境，从而改善人类社会的生态环境。显然，一旦碳排放权具有了商品属性，那么获取或者转让该商品都需要遵循市场经济的基本原则，因此有偿性就成了经济主体获取或者转让该商品时需要考虑的基本问题。

所以说，商品化是碳排放权交易的本质属性，是人类社会在环境资源逐步成为限制经济持续增长因素的前提下，以市场化的逻辑促进经济发展方式由高碳转向低碳，以便让充足的资源数量、较高的资源质量和优美的生态环境成为经济可持续发展的坚实可靠基础，并实现物质生产和生态生产的有效兼顾。

（二）解决逻辑：外部性内部化

将环境污染外部性转化为内部性的解决逻辑，对经济主体而言，碳排放权交易政策就是让其将经济行为的环境污染效应纳入成本范畴，注重个人成本与社会成本的匹配，既要为破坏生态环境的经济行为承担生态成本，又能够为保护生态环境的经济行为获取生态收益。在这个意义上，碳排放权的商品属性成为经济主体衡量其经济行为成本与收益的参照维度，即其解决逻辑为获取碳排放权的成本或者转让碳排放权的收益内在于经济主体的经济行为中，也就是外部性内部化成为经济主体实施碳排放权交易的激励原则。进一步，经济主体会依据其排放污染物的成本与收益决定在市场上获取或转让多少额度的碳排放权，从而促进碳排放权交易市场的发育与完善，进而让碳排放权交易成为改善买卖双方福利的有效途径。

（三）效率原则：市场机制

碳排放权交易就是以碳排放权的商品化为本质前提，以碳排放权的高效利用和公平分配为目标，通过市场化的手段，以价格机制为核心，确保经济主体以成本与收益的匹配为导向，实现碳排放权的最优化配置。从该角度而言，碳排放权交易注重发挥市场化手段在碳减排中的决定性作用，实质上是以碳排放权交易价格为信号，让经济主体依据该信号所体现出的生态成本与生态收益确定各种经济资源在生产中的配置，让经济资源的所有者和使用者将经济资源引向最能释放效率的地方，并最终实现物质财富增加和生态环境改善的统筹兼顾。

实际上，碳交易的背后蕴含着一个"绿色溢价"的概念。"绿色溢价"是指使用零排放燃料（或技术）的成本会比现在使用化石能源（或技术）的成本高。而这个"绿色溢价"就是企业愿意为购买碳排放量支付的金额的上限。通常情况下，减排成本低的企业会率先减排，而成本高者则不愿意减排，这时碳市场可以将碳交易价格作为"指挥棒"，即减排不达标的企业去市场上购买碳排放的配额，一旦购买的费用超过了技术改造费用，也就是超出了"绿色溢价"的额度时，企业就会倾向于进行绿色转型，通过改进技术来降低碳排放量。

从经济学上来说，碳市场的核心是"外部性的内化"，即它把企业技术改造、绿色金融、社会消费等隐形的减排成本"放在台面上"，用碳价表现出来。碳排放权交易实施后，经济主体的生产成本范畴较之前会有一定程度的增加，二氧化碳排放权成了产品生产成本中的一部分，从而提高了产品的边际成本。但是，碳排放权交易实施后带来了环境改善和资源节约利用的问题，这将大幅降低气候变暖给企业和社会所带来的污染治理成本，从而实现长期内经济主体的减排成本趋于降低，实现企业经济利益最大化的目标。另外，一方面，碳排放权交易通过价格激励可以激发经济主体参与环境治理的积极性；另一方面，碳排放权交易的福利分配效应可以促进环境治理技术的研发和应用。碳排放权交易制度可以较好地解决传统的直接管制导向的环境政策所带来的局限性，能够从激励相容的视角让经济主体意识到环境治理涉及自身的成本与收益，并以增进自身福利为导向积极地参与碳排放权交易，从而以较低的环境治理成本提高环境质量，并实现稀缺的碳排放权的最优化配置[24]。

参 考 文 献

[1] BURTRAW D，WOERMAN M. Economic ideas for a complex climate policy regime [J]. Energy economics, 2013, 40：24 - 31.

[2] 熊灵，齐绍洲，沈波. 中国碳交易试点配额分配的机制特征、设计问题与改进对策 [J]. 武汉大学学报（哲学社会科学版），2016，69（3）：56 - 64.

[3] 刘惠萍，宋艳. 启动全国碳排放权交易市场的难点与对策研究 [J]. 经济纵横，2017（1）：40 - 45.

[4] 邬彩霞. 国际碳排放权交易市场连接的现状及对中国的启示 [J]. 东岳论丛，2017（5）：111 - 117.

[5] 王明远. 论碳排放权的准物权和发展权属性 [J]. 中国法学，2010（6）：92 - 99.

[6] 方恺，李帅，叶瑞克，等. 全球气候治理新进展：区域碳排放权分配研究综述 [J]. 生态学报，2020，40（1）：10 - 23.

[7] 杨泽伟. 碳排放权：一种新的发展权 [J]. 浙江大学学报（人文社会科学版），2011，41（3）：40 - 49.

[8] 郑晓曦，陈薇，蒯文婧. 国际碳交易发展及对我国的启示 [J]. 学术论坛，2013，36（4）：118 - 122.

[9] 崔建远. 准物权研究 [M]. 北京：法律出版社，2003：24 - 28.

[10] 王军锋，张静雯，刘鑫. 碳排放权交易市场碳交易价格关联机制研究：基于计量模型的关联分析 [J]. 中国人口·资源与环境，2014，24（1）：64 - 69.

[11] 张巨勇，于秉圭，方天堃. 我国农产品国内市场与国际市场价格整合研究 [J]. 中国农村经济，1999（9）：27 - 29.

[12] 吕靖烨，曹铭，李朋林. 中国碳排放权交易市场有效性的实证分析 [J]. 生态经济，2019，35（7）：13-18.

[13] 厉以宁，章铮. 西方经济学 [M]. 3 版. 北京：高等教育出版社，2010：120.

[14] 萨缪尔森，诺德豪斯. 经济学 [M]. 萧琛，等译. 北京：华夏出版社，1999：263.

[15] 张百灵. 外部性理论的环境法应用：前提、反思与展望 [J]. 华中科技大学学报（社会科学版），2015，29（2）：44-51.

[16] 金帅，顾敏，盛昭瀚，等. 考虑排污权市场价格不确定性的企业生产决策 [J]. 中国管理科学，2020，28（4）：109-121.

[17] 王真. 关于市场均衡论的反论与反思 [J]. 商业经济与管理，2012（4）：71-79.

[18] 李卫华. 均衡价格理论批判 [J]. 江苏社会科学，2015（6）：35-42.

[19] 马歇尔. 经济学原理（下卷）[M]. 陈良璧，译. 北京：商务图书馆，1997：36-37.

[20] 瓦尔拉斯. 纯粹经济学要义 [M]. 蔡受百，译. 北京：商务印书馆，2009：178-179.

[21] 冯金华. 一般均衡理论的价值基础 [J]. 经济研究，2012，47（1）：31-41.

[22] 戎丽丽，王悦. 碳排放权交易中企业的行为选择及产权经济学解释 [J]. 东岳论丛，2015，36（7）：118-124.

[23] 杨志，王梦友，马玉荣. 碳排放权交易机制的经济学分析 [J]. 学习与探索，2011（1）：138-140.

[24] 宋丽颖，李亚冬. 碳排放权交易的经济学分析 [J]. 学术交流，2016（5）：113-117.

第二章　碳市场匹配深度研究

摘要：本章基于我国8个试点碳市场自正式交易至2019年3月1日的碳配额交易数据，通过运用倾向得分匹配法，分析碳市场的匹配深度，并在此基础上研究碳市场兼容性及其原因。研究结果表明：目前在我国所有碳市场中，两两碳市场衔接有46%的碳市场不能实现匹配，另有超过53%的碳市场能实现匹配，其中超过93%的碳市场匹配深度介于49%~53%；深圳和福建碳市场具有较强的兼容性，其中深圳碳市场的不同交易类型兼容性差异较大，造成不同兼容性的原因可能与配额分配方案和抵消机制等制度、管理机构、法律法规的区域性有关。

一、引言

全球各国为发展经济大量消耗能源，使温室气体大量排放，导致全球气候显著变暖。我国作为第一碳排放大国已就减排目标做出承诺：到2030年将碳排放强度较2005年时水平降低60%~65%。碳交易机制被世界广泛认为是减少温室气体的重要经济手段[1,2]，我国政府自2013年在北京等7地开展碳排放权交易试点，并于2017年年底启动全国碳市场，凸显了我国政府通过建设碳市场实现减排目标的决心。碳市场衔接可增强市场流动性和活动性[3]，降低减排成本[4]，防止碳泄漏发生[5]，而我国有效应对气候变化的基础在于将各试点的碳市场衔接统一。

目前，我国各碳市场处于分割局面，仅国家核证自愿减排量（CCER）可实现跨点交易，试点地区的配额作为主要交易品种尚不具备流通性，这是碳市场产生不兼容性的原因之一。当碳排放权成为碳资产时，碳市场就具有了类似金融市场的特性，有效碳市场的碳交易价格能反映所有信息[6]，碳交易价格对碳市场能否有效衔接至关重要，而碳交易价格受能源价格、气候[7-9]、宏观经济[10]、行业覆盖率[11]的影响。因此，本章在控制交易额、交易规模等隐含地区资源禀赋的市场特征因素下，测度碳交易价格的相似度，即匹配深度，以评估碳市场有效衔接的可能性。评估碳市场兼容性在某种程度上可以从碳交易价格的匹配度来度量。本章提出的兼容性是指碳市场之间能相互协调衔接成一个市场，碳交易价格之间能实现匹配。在全国碳市场建设时期，探讨碳市场兼容性对缩小试点地区的区域差距，以及加快推进我国碳市场的衔接、可持续协同发展具有重要的现实意义。

我国碳市场作为一个新兴市场，评价其有效性和成熟度可为碳市场的衔接统一提供借鉴，对全国碳市场的建设至关重要，因而受到学者的关注。张婕等[12]认为，6 个试点碳市场中，上海和天津碳市场与其余碳市场相比较不成熟；Liu 等[13]认为 7 个试点碳市场中，湖北碳市场成熟度最高，而重庆碳市场的成熟度最低。根据尤金·法马提出的有效市场理论，可将市场分为强式、半强式、弱式 3 种形式，王倩和王硕[14]认为上海和北京碳市场达到了弱式有效市场，天津和深圳碳市场尚未达到弱式有效市场；汪文隽等[15]也认为广东、湖北和深圳 3 个碳市场均没有达到弱式有效市场；Chen 等[16]对 5 个试点碳市场进行分析后，认为仅广东碳市场达到了弱式有效市场；Zhou 等[17]则认为只有北京、湖北和福建碳市场才有效；Wang 等[18]认为 7 个试点碳市场中，广东、北京、天津、湖北和深圳碳市场有效性较高。若碳市场是有效的，其市场成熟度也越高，那么碳市场的碳交易价格更易于整合，即碳交易价格的匹配深度和兼容性越高。而碳交易价格的整合是碳市场有效衔接及经济可持续绿色发展的关键性因素[19,20]，这将更有利于碳市场衔接统一。目前，我国碳市场在一体化方面已取得一定成果[21]，部分碳市场已具备衔接特质[15,22]。

综上可知，学者在碳市场衔接整合方面已做了一定研究，为本章提供了理论基础，但仍存在拓展空间：①只针对部分表现良好的碳市场进行了研究；②仅说明碳市场之间可相互整合，并未指出整合方式；③在试点碳市场衔接视角下，探讨所有碳市场交易相似特征并分析原因的研究仍有限。鉴于此，本章将借鉴倾向得分匹配法的思想，首次以碳市场衔接为视角，给出相应的测算方法，并结合试点碳市场的衔接趋势和政策需求，测算碳交易价格的匹配深度，进而分析碳市场兼容性及制度差异，提出相关政策建议，为全国统一碳金融市场的建设提供参考意见。

二、数据来源与描述性分析

（一）数据来源

本章选用中国碳排放权交易网中我国 8 个试点碳市场（北京、上海、天津、重庆、湖北、深圳、广东、福建）自正式交易日起至 2019 年 3 月 1 日的碳配额交易数据，搜集整理了交易量、交易额、交易日期、碳交易价格。在测度碳市场匹配度时，选用建立较迟的碳市场正式交易日至 2019 年 3 月 1 日的配额交易数据作为样本。由于深圳碳市场具有 6 种交易类型（分别为 SZA - 2013，SZA - 2014，SZA - 2015，SZA - 2016，SZA - 2017，SZA - 2018），其中 SZA - 2013 表示交易品种为深圳市 2013 年碳配额，其余分别表示交易品种为深圳市 2014—2018 年的碳配额，不同交易类型的交易情况相差较大，因此分别考虑 6 种交易类型与其余碳市场的匹配情况。

（二）描述性分析

本章对我国 8 个试点碳市场碳配额交易现状做了描述性分析，结果如表 2-1 所示。从表 2-1 中可以看出，截至 2019 年 3 月 1 日，湖北碳市场的市场表现最好，总交易量超 5 700 万吨，占全国总交易量的 35.22%，总交易额超 11 亿元，占全国总交易额的 31.28%，平均每日有 4 万吨交易量和 82 万元交易额。广东碳市场的表现次之，总交易量超 4 300 万吨，占全国总交易量的 26.29%，总交易额达 7 亿元，占全国总交易额的 19.90%。由此可见，湖北碳市场和广东碳市场的交易量远超其他碳市场，超过 60% 的碳交易量集中于湖北和广东碳市场。深圳碳市场的总交易额虽超过广东碳市场的，但其平均交易额较低，价格波动性大。天津、重庆、福建碳市场的总交易量与总交易额均较少，总交易量均不到 1 000 万吨，3 个碳市场累计总交易量仅占全国总交易量的 9.12%，累计总交易额仅占全国总交易额的 4.77%，其中福建碳市场可能是建立时间较短的缘故。各地的平均成交价差距显著，最高平均成交价与最低平均成交价相差 34.49 元，接近于最低成交价的 2 倍。

表 2-1 8 个试点碳市场交易现状

碳市场	总交易量 /百万吨	总交易额 /千万元	平均交易额 /万元	平均交易量 /万吨	平均成交价 /元
北京	10.21	53.79	36.20	0.69	52.01
上海	12.48	31.70	21.62	0.85	28.37
广东	43.22	70.87	48.28	2.94	24.78
天津	3.01	4.12	2.83	0.21	19.15
深圳	25.60	71.34	14.46	0.52	38.65
湖北	57.90	111.36	82.01	4.26	21.12
重庆	7.81	3.13	2.45	0.61	17.52
福建	4.17	9.75	18.74	0.80	25.62

资料来源：中国碳排放权交易网。

三、实证分析

（一）研究方法

倾向得分匹配法主要用于项目评估和政策效果评价，其实质是通过反事实使实验组和对照组的情况尽可能接近，进而分析政策或项目实施的影响。倾向得分，即匹配得分包含控制变量的信息，得分相同或接近的两个个体是匹配的。本章尝试借鉴此思想来测度两个碳市场的匹配度，进一步评估碳市场匹配深度和兼容性，进而探讨分析影响兼容性的因素。由于本章重点考虑地区变动对碳交易价格的影响，模型设定如下：

$$P_{it} = \beta_0 + \beta_1 D_1 + X_{it}\beta_j + \varepsilon_{it} \qquad (2-1)$$

式中：P_{it} 为碳交易价格，i 表示地区，t 表示交易；X_{it} 为控制变量，包括交易量、交易日期、交易额；D_1 代表地区虚拟变量；ε_{it} 为误差项。

根据 Marco 和 Sabine[23]、Rosenbaum 和 Rubin[24]的研究，倾向得分值可表示为：

$$p(x_i) = P(D_i = 1 \mid X_i = x_i) \qquad (2-2)$$

式中：i 表示碳市场碳配额交易的不同样本；x_i 为匹配变量；D_i 为虚拟变量，依据 D_i 将碳配额交易分为处理组和控制组，$D_i = 1$（处理组）表示两两碳市场中一个碳市场的碳配额交易，$D_i = 0$（控制组）表示两两碳市场中另一个碳市场的碳配额交易；$p(x_i)$ 为倾向得分值。

根据倾向得分将交易样本中的处理组和控制组进行匹配，本章选择最近邻匹配法、半径匹配法、核匹配法 3 种方法来检验，具体实现方法设计如下。

1. 最近邻匹配法

最近邻匹配法根据倾向得分值在交易样本的处理组和控制组中寻找倾向得分绝对值最小且最邻近的一组进行配对，表达式为：

$$D(P_i) = \min \| P_i - P_j \|, \qquad j \in W_0 \qquad (2-3)$$

式中：P_i 为处理组交易 i 的倾向得分值；P_j 为控制组交易 j 的倾向得分值；$D(P_i)$ 为样本交易中处理组和控制组的匹配程度；W_0 表示对照组。

2. 半径匹配法

半径匹配法设定一个常数 r（本章设定 $r = 0.01$），将处理组中倾向得分值与控制组中倾向得分值的差异在 r 内进行配对，若差异小于 r 则视为可匹配，否则不能匹配，表达式为（其中，I_0 为对照组）：

$$\| P_i - P_j \| < r, \qquad j \in I_0 \qquad (2-4)$$

3. 核匹配法

核匹配法是将处理组样本与由控制组所有交易样本的倾向得分值加权平均

所得的估计效果进行配对，权重由核函数计算得出，权重表达式为：

$$C(P_i, P_j) = \frac{G\left(\frac{P_i - P_j}{h}\right)}{\sum\limits_{j \in (Exp=0)} G\left(\frac{P_i - P_j}{h}\right)} \qquad (2-5)$$

式中：$G\left(\dfrac{P_i - P_j}{h}\right)$ 服从高斯正态分布，h 为带宽参数；$C（P_i，P_j）$ 表示当用交易 j 来代替交易 i 时，对交易 j 所赋予的权重。

根据两两碳市场匹配结果测度碳市场匹配深度。本章认为，匹配深度指两两碳市场能匹配的交易数占碳市场总样本数的比例，表达式为：

$$S_{it} = \frac{M_{it}}{N_{it}} \times 100\% \qquad (2-6)$$

式中：S_{it} 表示第 i 个和第 t 个碳市场的匹配深度；M_{it} 为第 i 个和第 t 个碳市场能匹配的样本数；N_{it} 为第 i 个和第 t 个碳市场总样本数。

（二）匹配深度结果分析

本章选择最近邻匹配（1：1 匹配）的方法进行研究分析，结果如表 2-2 所示。表 2-2 反映能实现匹配的碳市场结果，可知共计 33 组两两碳市场可以实现匹配，占两两碳市场总数的 53.23%，表明大部分两两碳市场存在交易相似特征。除广东和上海碳市场的匹配深度较大（匹配深度为 75.80%），重庆和 SZA-2018 碳市场的匹配深度较小（匹配深度为 35.22%）之外，其余碳市场的匹配深度都介于 49.00%~53.00%，其中大约 55.00% 的两两碳市场匹配深度超过 50.00%（分别为广东上海、北京 SZA-2013、广东 SZA-2016、福建 SZA-2018、福建 SZA-2015、福建 SZA-2014、福建 SZA-2013、上海 SZA-2018、广东 SZA-2018、福建 SZA-2016、福建湖北、上海 SZA-2015、上海 SZA-2016、天津重庆、北京 SZA-2015、福建天津、福建上海、湖北 SZA-2016），表明两两碳市场虽具有交易的相似特征，可实现匹配，但匹配深度不大。

表 2-2　部分匹配深度结果

匹配对象	总样本数/个	最近邻匹配法（$n=1$）		半径匹配法（$r=0.01$）		核匹配法（$h=0.05$）	
		匹配样本数/个	匹配深度/%	匹配样本数/个	匹配深度/%	匹配样本数/个	匹配深度/%
广东上海	1 934	1 466	75.80	1 466	75.80	1 466	75.80
北京 SZA-2013	3 137	1 651	52.63	1 644	52.41	1 651	52.63
广东 SZA-2016	1 205	607	50.37	605	50.21	607	50.37

（续）

匹配对象	总样本数/个	最近邻匹配法（n＝1）		半径匹配法（r＝0.01）		核匹配法（h＝0.05）	
		匹配样本数/个	匹配深度/%	匹配样本数/个	匹配深度/%	匹配样本数/个	匹配深度/%
福建 SZA－2018	320	161	50.31	150	46.88	161	50.31
福建 SZA－2015	1 044	524	50.19	524	50.19	524	50.19
福建 SZA－2014	1 044	524	50.19	524	50.19	524	50.19
福建 SZA－2013	1 044	524	50.19	490	46.93	524	50.19
上海 SZA－2018	321	161	50.16	152	47.35	161	50.16
广东 SZA－2018	321	161	50.16	127	39.56	161	50.16
福建 SZA－2016	1 043	523	50.14	521	49.95	523	50.14
福建湖北	1 042	522	50.10	487	46.74	522	50.10
上海 SZA－2015	1 783	893	50.08	893	50.08	893	50.08
上海 SZA－2016	1 212	607	50.08	564	46.53	607	50.08
天津重庆	2 559	1 281	50.06	1 254	49.00	1 281	50.06
北京 SZA－2015	1 784	893	50.06	829	46.47	893	50.06
福建天津	1 041	521	50.05	488	46.88	521	50.05
福建上海	1 041	521	50.05	461	44.28	521	50.05
湖北 SZA－2016	1 213	607	50.04	607	50.04	607	50.04
天津 SZA－2018	320	160	50.00	160	50.00	160	50.00
天津 SZA－2017	772	386	50.00	385	49.87	386	50.00
上海 SZA－2017	772	386	50.00	379	49.09	386	50.00
北京 SZA－2017	772	386	50.00	378	48.96	386	50.00
北京福建	1 040	520	50.00	415	39.90	520	50.00
上海 SZA－2014	2 471	1 235	49.98	1 222	49.45	1 235	49.98
广东 SZA－2015	1 215	607	49.96	605	49.79	607	49.96
重庆 SZA－2016	1 213	606	49.96	605	49.88	606	49.96
重庆 SZA－2015	1 213	606	49.96	605	49.88	606	49.96
天津 SZA－2015	1 784	891	49.94	887	49.72	891	49.94
广东 SZA－2014	2 473	1 235	49.94	1 235	49.94	1 235	49.94
天津 SZA－2014	2 465	1 230	49.90	1 212	49.17	1 230	49.90
广东湖北	2 722	1 358	49.89	1 350	49.60	1 358	49.89
重庆 SZA－2017	774	386	49.87	238	30.75	386	49.87
重庆 SZA－2018	247	87	35.22	87	35.22	87	35.22

经研究发现，还有 29 组两两碳市场不能实现匹配，占两两碳市场总数的 46.77%，分别为湖北上海、湖北天津、上海天津、广东重庆、湖北重庆、上海重庆、北京广东、北京湖北、北京 SZA－2014、北京上海、北京天津、北京重庆、福建广东、福建重庆、广东天津、北京 SZA－2016、北京 SZA－2018、福建 SZA－2017、广东 SZA－2013、广东 SZA－2017、湖北 SZA－2013、湖北 SZA－2014、湖北 SZA－2015、湖北 SZA－2017、上海 SZA－2013、天津 SZA－2013、天津 SZA－2016、重庆 SZA－2013、重庆 SZA－2014。8 个试点碳市场中，北京和重庆碳市场在两两碳市场中不能匹配数最多，区域性最强。

（三）稳健性分析

匹配方法会影响研究结论，因此本章采用不同匹配方法，包括半径匹配（$r＝0.01$）及核匹配（$h＝0.05$），对前述内容中两两碳市场的匹配深度结果进行稳健性分析，结果如表 2－2 所示。从表 2－2 可以发现，采用核匹配所得结果与采用最近邻匹配所得结果相同，而采用半径匹配所得的匹配深度略低于采用最近邻匹配法所得的匹配深度。但总体而言，稳健性结果与前述内容中最近邻匹配结果基本相差不大，得到的结论与前述内容中最近邻匹配得到的结论基本保持一致，说明前述内容中的结果具有稳健性。

因此，通过对上述两两碳市场匹配深度结果及稳健性结果分析可知，我国 8 个试点碳市场已具备匹配的基础，但匹配深度不大，在碳市场建设过程中仍需进行改进。

（四）兼容性结果分析

通过前述内容中两两碳市场匹配结果可进一步剖析各碳市场兼容性，结果如表 2－3 所示。兼容性是试点碳市场能否实现有效衔接的重要指标，若两两碳市场能实现相互匹配，则表明碳市场存在兼容性。从表 2－3 中可以看出，目前我国 8 个试点碳市场中深圳碳市场兼容性最强，能与其余 7 个碳市场兼容；其次是福建碳市场，可与除重庆、广东市场以外的 5 个碳市场兼容；上海、广东、天津、湖北碳市场的兼容性一般，只能实现与 3 个碳市场兼容；兼容性最差的是北京和重庆碳市场，仅能实现与 2 个碳市场的兼容。

深圳碳市场兼容性虽最强，但 6 种交易类型兼容性结果相差甚大，SZA－2013 兼容性最差，与其余 5 个碳市场不匹配，SZA－2015 和 SZA－2018 兼容性则较好。因为 6 种交易类型分别是深圳市 2013—2018 年的碳配额，不同时期的碳交易价格具有较大差异，纳管企业会根据自身情况来选择不同年份的碳配额进行交易，所以深圳碳市场兼容性存在不稳定性。

表 2 - 3　碳市场兼容性结果

碳市场	兼容碳市场
上海	广东、深圳、福建
深圳	上海、北京、广东、福建、湖北、天津、重庆
广东	上海、深圳、湖北
天津	重庆、深圳、福建
北京	深圳、福建
重庆	天津、深圳
湖北	深圳、福建、广东
福建	深圳、湖北、天津、上海、北京

　　碳交易价格会反映市场内外的信息、减排机制等制度、管理机构和法律法规的区域性，这可能是造成各碳市场兼容性差异较大的原因。

　　（1）本章比较分析各碳市场减排机制差异：①在覆盖温室气体类型方面，重庆碳市场是唯一控制《京都议定书》涵盖的 6 种温室气体的碳市场。②在配额分配机制方面，行业基准线法和历史排放法是我国免费配额分配时普遍采用的方法，深圳碳市场是唯一一个全面采用行业基准线法的碳市场，北京、天津、广东、重庆碳市场采用历史排放法和行业基准线法，上海、湖北、福建碳市场采用历史排放法和行业基准线法的同时还采用历史强度法。北京和深圳碳市场的配额总量设定较少（北京大约为 0.5 亿吨，深圳大约为 0.3 亿吨），入门门槛较低。由于第三产业所占比重较大，不仅覆盖工业部门，还包括公共建筑和服务业，纳管企业数量较多，上海覆盖行业还包括非工业部门（航空、港口、机场、商业、酒店和金融），而湖北和广东碳市场的配额较高（湖北大约为 2.5 亿吨，广东大约为 4.2 亿吨），且广东和天津地区更倾向于工业经济发展的模式，因此纳入的排放门槛较高，纳管企业数量也较少。纳管企业作为碳交易机制下的主体之一，会在一定程度上通过影响交易量来进一步影响碳市场匹配深度和兼容性，同时会对未按期履行减排的纳管企业进行相应的处罚，处罚措施主要分为现金处罚、配额或排放处罚、不享受政策利益 3 种，深圳与北京的违约处罚金额与其他碳市场处罚金额（5 万～10 万元）相比而言要更多[20]。③在抵消机制方面，上海、北京最高可抵消比例为 5%，重庆最高可抵消比例为 8%，其余最高可抵消比例为 10%，各地对可抵消的 CCER 的地区、时间、类型都有不同的限制。

　　（2）法律是建设碳市场的基础和保障，但仅深圳和北京碳市场将国家法律及地方法规作为碳市场开展业务的依据，其余 6 个试点地区仅根据当地行政法规来建立碳市场并交易。

（3）管理机构应对碳市场进行整体设计及负责，在进行机构改革前，深圳碳市场通过试点工作办公室来对碳市场进行专门管理，这种形式与其他地区的"地方发展和改革委员会＋支撑机构"的模式相比权责更明晰，机制更高效。

四、结论与建议

（一）主要结论

我国试点碳市场已运行 5 年有余，全国碳市场成立也已将近两年，本章深入研究我国 8 个试点碳市场的匹配深度及碳市场兼容性，以期了解我国碳市场的现状，为全国统一碳市场的建设提供参考依据。本章通过对我国 8 个试点碳市场的匹配深度进行实证研究，进一步剖析碳市场兼容性及原因分析，得出以下结论。

（1）目前，我国 8 个试点碳市场中两两碳市场可实现匹配的比例超过 53.00％，碳市场的交易特征具有相似性，具备衔接特质，但匹配深度基本介于 49.00％～53.00％，匹配能力不高，有大约 46.00％的两两碳市场碳交易价格差异较大，在衔接过程中仍需要对碳市场制度进行完善。

（2）深圳和福建碳市场具有较强的兼容性，其中深圳碳市场的不同交易类型兼容性相差较大。造成各地不同兼容性的原因主要是制度、法律法规和管理机构的差异。

（二）政策建议

在我国碳市场有效衔接整合并最终建成全国碳市场的必然趋势下，结合碳交易试点地区的实际情况及价格整合要求，本章提出以下建议。

（1）在进行碳市场衔接整合时，优先考虑福建碳市场。前文的结果表明，在 8 个试点碳市场中，深圳和福建碳市场相比其余碳市场兼容性更高，但是深圳碳市场不同交易类型的兼容性差异较大，具有不稳定性，且碳交易价格不稳定，因此优先考虑福建碳市场较为合理。

（2）推进碳配额政策建设。在全国碳市场启动之前，各试点碳市场希望以低成本实现本地的减排目标，各地通过实践取得的实际经验为建立全国碳市场提供依据。但因试点碳市场的碳配额方案差异较大，在全国碳市场建设初期需要完善碳配额方案，如重庆碳市场可逐步将配额分配方式由企业自主申请并免费分配，转变为免费分配与有偿相结合的方式；可根据试点市场实践过程中反映出的问题，科学、合理地设置全国配额总量，避免因配额分配过量造成碳交易价格较低、缓解气候变化效率低、各主体的参与积极性低等问题；可逐步使用相对科学合理的行业基准线法等。

（3）完善法律和监管体系。法律是建设全国碳市场的基础和保障，试点碳市场中仅北京和深圳碳市场按照国家法律及地方法规开展业务。目前尚未颁布与全国碳市场相关的国家法律，因此，首先要颁布与全国碳市场相关的法律法规并建成系统的体系，且通过细则等解释性文件来进一步完善细化；其次是建立统一的监管体系，政府建立专门部门进行管理，使权责更明晰，机制更高效，在进行核查监管时可考虑第三方机构与政府专门的监管部门相互结合并监督。

参 考 文 献

[1] LIU W Y，WANG Q W. Optimal pricing of the Taiwan carbon trading market based on a demand‐supply model [J]. Natural Hazards，2016，84（11）：209‐242.

[2] LAMBERT S，STEPHANIE L. Environmental integrity of international carbon market mechanisms under the Paris Agreement [J]. Climate Policy，2019，19（3）：386‐400.

[3] ZHOU K L，LI Y W. Carbon finance and carbon market in China：Progress and challenges [J]. Journal of cleaner production，2019，214（3）：536‐549.

[4] QI T Y，WENG Y Y. Economic impacts of an international carbon market in achieving the INDC targets [J]. Energy，2016，109（8）：886‐893.

[5] 庞韬，周丽，段茂盛. 中国碳排放权交易试点体系的连接可行性分析 [J]. 中国人口·资源与环境，2014，24（9）：6‐12.

[6] DASKALAKIS G，MARKELLOS R N. Are the European carbon markets efficient? [J]. Review of futures markets，2008，17（2）：103‐128.

[7] 汪中华，胡垚. 我国碳排放权交易价格影响因素分析 [J]. 工业技术经济，2018，37（2）：128‐136.

[8] 陈欣，刘明，刘延. 碳交易价格的驱动因素与结构性断点：基于中国七个碳交易试点的实证研究 [J]. 经济问题，2016（11）：29‐35.

[9] 赵立祥，胡灿. 我国碳排放权交易价格影响因素研究：基于结构方程模型的实证分析 [J]. 价格理论与实践，2016（7）：101‐104.

[10] 王倩，路京京. 中国碳交易价格影响因素的区域性差异 [J]. 浙江学刊，2015（4）：162‐168.

[11] LIN B Q，JIA Z J. What are the main factors affecting carbon price in emission trading scheme? A case study in China [J]. Science of the total environment，2019，654（3）：525‐534.

[12] 张婕，孙立红，邢贞成. 中国碳排放交易市场价格波动性的研究：基于深圳、北京、上海等6个城市试点碳排放市场交易价格的数据分析 [J]. 价格理论与实践，2018（1）：57‐60.

[13] LIU X F，ZHOU X X，ZHU B Z，et al. Measuring the maturity of carbon market in

China：an entropy－based TOPSIS approach ［J］. Journal of cleaner production，2019，229（8）：94－103.

［14］王倩，王硕. 中国碳排放权交易市场的有效性研究 ［J］. 社会科学辑刊，2014（6）：109－115.

［15］汪文隽，周婉云，李瑾，等. 中国碳市场波动溢出效应研究 ［J］. 中国人口·资源与环境，2016，26（12）：63－69.

［16］CHEN B，BIAN C Y，SHEN W. The impact analysis of policy events on China's carbon market ［J］. Chinese journal of population resources and environment，2018，16（4）：289－298.

［17］ZHOU J G，HUO X J，JIN B L，et al. The efficiency of carbon trading market in China：evidence from variance ratio tests ［J］. Environmental science and pollution research，2019，26（14）：14362－14372.

［18］WANG W J，XIE P C，WANG W X，et al. Overview and evaluation of the mitigation efficiency for China's seven pilot ETS ［J］. Energy sources，part A：recovery，utilization，and environmental effects，2019（7）：1－15.

［19］陈波. 基于碳市场连接的宏观调控机制研究 ［J］. 中国人口·资源与环境，2015，25（10）：18－22.

［20］HUA Y F，DONG F. China's carbon market development and carbon market connection：a literature review ［J］. Energies，2019，12（9）：1－25.

［21］谢晓闻，方意，李胜兰. 中国碳市场一体化程度研究：基于中国试点省市样本数据的分析 ［J］. 财经研究，2017，43（2）：85－97.

［22］王倩，高翠云. 中国试点碳市场间的溢出效应研究：基于六元 VAR－GARCH－BEKK 模型与社会网络分析法 ［J］. 武汉大学学报（哲学社会科学版），2016，69（6）：57－67.

［23］MARCO C，S ABINE K. Some practical guidance for the implementation of propensity score matching ［J］. Journal of economic surveys，2008，22（1）：31－72.

［24］ROSENBAUM P，R UBIN D. The central role of the propensity score in observational studies for causal effects ［J］. Biometrika，1983（70）：41－50.

第三章 碳市场交易价格的共同趋势特征研究

摘要： 本章以碳交易价格为研究对象，利用 2013 年 6 月至 2019 年 3 月我国 8 个试点碳市场的碳交易价格数据，采用面板协整检验方法，从统一整合的视角挖掘国内碳交易价格的共同趋势特征。研究结果表明：在 5％显著水平下，2 或 3 个试点碳市场间的共同趋势特征较明显；4 或 5 个试点碳市场间有一定的共同趋势特征；6 个及以上试点碳市场间没有共同趋势。尽管 8 个试点碳市场交易价格差异较大，但是在全国碳市场统一趋势下，整体兼容性存在很大的改善空间。因此，为实现我国碳市场的衔接统一，需要推进配额分配方案建设。碳市场交易需要完善碳交易价格机制，丰富碳交易品种和交易方式。碳市场建设需要推进碳试点过渡，健全相关法律政策体系，从而促进全国碳市场衔接。

一、引言

全球气候变暖是人类迄今为止所面临的严重的环境问题之一，该环境问题一直是我国所面临的严峻挑战。中国政府承诺到 2030 年单位 GDP 的二氧化碳强度比 2005 年下降 60％～65％[1]。此外，我国已明确提出：2020 年以后，全国统一碳市场将跨入高速发展阶段[2]。在现有碳试点经验逐步推广的基础上，未来全国统一碳市场终将建成，这标志着碳市场的衔接是必然趋势。碳交易价格作为碳市场的核心，是碳市场的指示器和风向标。全球规模最大的欧盟碳排放权交易体系（European Union emission tranding scheme，EU ETS）建立至今经历了 3 次剧烈的碳交易价格波动，对整个碳市场造成严重影响[3-5]。碳交易价格的不确定性和波动性对 8 个试点碳市场的碳交易价格整合，以及碳市场能否有效衔接至关重要，因而成为专家学者研究的热点。碳交易价格的形成还受其他因素的影响。

（1）从供给方面来看，碳配额是人为创造的碳减排目标，国家对碳减排成本信息掌握不完全、相关减排政策法规和目标的调整，以及碳配额分配形式的改变都会对碳配额供给产生直接影响，进而使碳交易价格发生改变[5]。

（2）从需求方面来看，经济形势、能源价格波动、低碳与高碳能源价格相对变动导致的能源替代效应、替代能源技术发展状况、国际碳交易价格的影响都会导致碳排放权需求及价格的波动。

关于碳交易价格的影响因素和碳交易价格预测，国内外已有相当丰富的研究成果。国外学者主要从碳交易价格波动性预测方面展开研究[3-4,6]，国内学者不仅对碳交易价格的影响因素进行了分析[7-13]，也在碳交易价格预测方面有所关注，大部分学者对国际碳市场或国内碳试点市场的碳交易价格进行预测[14-19]。部分学者根据 GARCH 模型对部分试点碳市场的价格波动特征进行探究，发现试点碳市场具有非对称特征[20]；少数学者以我国 6 个试点碳市场的日均交易收盘价格为样本，研究了 6 个试点碳市场的价格波动特性，并分析比较各碳试点市场波动特征的异同[21]；极少部分学者分类分析了我国碳交易价格的变化[21]。关于各试点碳市场的碳交易价格的共同趋势特征研究却鲜有成果，且多局限于分析单个或几个碳试点市场，尚未涉及碳试点市场之间的衔接。因此，在面临全球气候变暖这一严峻的环境问题挑战，以及由区域性交易市场迈向全国性市场的关键节点，根据国内 2013 年 6 月至 2019 年 3 月各个碳交易所的碳交易数据，以碳交易价格为研究对象，采用面板协整检验方法从统一整合的视角分析 8 个试点碳市场交易价格的共同趋势特征，具有积极的意义。一方面，研究碳试点市场的共同趋势特征可以检验各个试点碳市场的建设成效，为构建全国统一碳市场提供经验基础；另一方面，研究试点碳市场的共同趋势特征可以为监管部门和市场交易主体及构建全国统一的碳排放权交易市场等提供相关信息支撑和建议，从而可以引导碳试点顺利向全国统一碳市场过渡。此外，从定量分析的视角探索我国各个碳试点市场的碳交易价格的共同趋势特征，还可以在一定程度上弥补相关量化研究不足的缺陷。

二、数据与方法

（一）数据来源

本章利用爬虫技术从各试点碳市场交易网站获取相关数据，以碳排放配额现货日交易的成交价作为变量，为了保证数据的一致性与可比性，选取时间范围为 2014 年 6 月 19 日至 2019 年 3 月 1 日，即选取所有碳交易试点市场均开始进行碳交易的 2014 年 6 月 19 日为时间起点。因为深圳碳市场存在 6 种交易类型，相对于 SZA－2013 这一交易类型，其他交易类型存在成交年限较短、成交价格等相关数据不全面等问题，所以选取 SZA－2013 这一交易类型的成交价作为分析对象。

（二）分析方法

为了缩小误差，对碳排放配额现货日交易的成交价序列进行自然对数处理，所得到的序列即为收益率序列[21]，则有：

$$r_t = \log P_t - \log(P_{t-1}) \tag{3-1}$$

式中：r_t 表示在时间 t 时的收益率；P_t 表示在时间 t 时的碳交易价格；P_{t-1} 表示在时间 $t-1$ 时的碳交易价格。

截至 2019 年 11 月，碳市场交易主要采用碳配额形式。假设我国碳试点市场的企业成本是政府的收入，基本机制是如果企业的能源需求大于免费限额，那么这些企业应该按照碳排放权交易机制（emission trading systems，ETS）价格向政府支付；如果排放量大于企业的碳排放配额，则超排放企业应按 ETS 价格的 3 倍罚款支付。根据 8 个碳试点市场，2017—2030 年免费津贴将为 90%，ETS 市场可以通过以下 3 个方程[17]来表达。

$$EM_i = COAL_i \times \gamma^{coal} + O\_G_i \times \gamma^{o-g} \tag{3-2}$$

$$PLC_{ei} = \begin{cases} p^t(CA_{ei} - FA_{ei}) + p^f(EM_i - CA_{ei}) & EM_i \geqslant CA_{ei} \\ p^t(CA_{ei} - FA_{ei}), & EM_i \leqslant CA_{ei} \end{cases} \tag{3-3}$$

$$far = \frac{\sum_{ei} FA_{ei}}{\sum_{ei} CA_{ei}} \tag{3-4}$$

式中：EM_i 表示工业的二氧化碳总排放量；$COAL_i$ 和 O_G_i 代表工业的化石消费；γ^{coal} 和 γ^{o-g} 表示煤、石油和天然气的 CO_2 排放系数；PLC_{ei} 表示 ei 行业中 ETS 市场的政策成本，ei 表示参与 ETS 市场的行业；p^t 表示 ETS 价格；而 p^f 代表 ETS 对过度排放企业的罚款；CA_{ei} 表示 ei 行业的碳排放配额；FA_{ei} 表示 ei 行业中的免费津贴；far 表示免费津贴率。

经济市场领域中，大量的时间序列存在着共同运动的趋势，表现为一阶矩阵层面的协整关系和二阶矩阵层面的协同持续性。由于重点考虑各碳试点市场之间碳交易价格的共同趋势并希望有效利用面板数据，可以使用面板协整模型来分析碳交易价格的共同趋势。共同趋势模型的基本原理是，如果变量之间存在协整关系，那么在市场力量作用下变量在长期会趋于一致。

首先，对碳交易成交价序列的一阶差分进行单位根检验（augmented dickey fuller，ADF），观测我国碳排放权交易市场的实际交易数据的平稳性。然后，建立面板协整计量模型来量化我国 8 个试点碳市场的碳交易价格之间的内在联系。

进行协整检验之前首先要进行单位根检验，判断单位根检验的序列是否是平稳序列，若不是，则对其差分，d 次差分后的序列通过单位根检验则为 d 阶单整序列，只有两序列阶数相同才能进行协整检验。也就是只有同阶数据间才有可能存在协整关系[22]。

系统方程向量协整检验的基本思路如下：在向量自回归模型的基础上，建立向量误差校正模型，进而运用极大似然估计法来研究系统内多个协整关系的估计及检验。相应的假设检验如下。

（1）在估计之前确定 m 维向量时间序列 $\{\boldsymbol{X}_t\}$ 中协整关系的个数，即协整的秩，Johansen 基于似然比检验构造了两种形式的检验统计量[23]，一种是最大特征根统计量，另一种是迹统计量。假设 rank $\{\boldsymbol{\Pi}\}=r$，那么使用最大特征根统计量假设为：

$$H_0: r \leqslant r_0 \text{ 和 } H_1: r \leqslant r_0+1, \quad 0 \leqslant r_0 \leqslant m$$

检验统计量为：

$$\lambda_{\max} = -T\ln(1-\lambda r_0+1), \quad r_0 = 1, 2, \cdots, m-1 \quad (3-5)$$

式中：$\lambda_1 \geqslant \lambda_2 \geqslant \cdots \geqslant \lambda_m$ 为影响矩阵 $\boldsymbol{\Pi}$ 的特征根。

（2）使用迹统计量，假设为：

$$H_0: r \leqslant r_0 \text{ 和 } H_1: r \geqslant r_0, \quad 0 \leqslant r_0 \leqslant m$$

检验统计量为：

$$\lambda_{\max} = -T\sum_{i=r_0+1}^{r}\ln(1-\lambda_i) \quad r_0 = 1, 2, \cdots, m-1 \quad (3-6)$$

检验过程为连续检验，具体方法如下：检验 $r=0$，若 $\lambda_{\max}<$ 临界值，则接受原假设，检验终止，表明 $\{\boldsymbol{X}_t\}$ 中不存在协整关系；反之，检验继续；依次检验 $r \leqslant 1$，$r \leqslant 2$，$\cdots$，$r \leqslant m-1$，直至出现 r^*，使 $r \leqslant r^*-1$ 被拒绝，而 $r \leqslant r^*$ 被接受，则结论为 rank $\{\boldsymbol{\Pi}\}=r^*$，表明 $\{\boldsymbol{X}_t\}$ 中存在 r^* 个协整关系。

（三）数据处理方法

数据处理的具体方法如下。

（1）通过 R3.53 软件对 2013 年 6 月至 2019 年 3 月 8 个试点碳市场的碳成交价序列的一阶差分进行 ADF 检验，确保碳成交价序列的平稳性，即均为一阶单整序列。

（2）运用 Enger - Granger 两步法将各试点碳市场的碳交易价格进行两两协整估计与检验。

（3）使用系统方程向量协整检验来研究 3 个试点碳市场、4 个试点碳市场、5 个试点碳市场及 6 个试点碳市场等不同组合间的协整关系。结合碳市场统一的必然趋势，探讨碳市场交易价格的共同趋势特征。

三、结果与分析

（一）碳市场交易价格的波动特征

各碳市场交易机制、政策及活跃程度不同，使碳排放配额现货成交量存在较大差异，并且各试点碳市场的碳交易价格波动性也存在较大差异。但其价格波动趋势相似，都是在初期经历较大涨幅之后渐趋下降，最后基于完善碳市场机制和政策，最终价格波动渐趋于平稳。

（二）碳交易价格平稳性检验

碳成交价的 ADF 检验结果如表 3-1 所示。所有的碳交易价格序列均在 1% 的水平上拒绝了原假设，意味着其是平稳的，即均为一阶单整序列，可以应用向量协整模型对其进行检验。

表 3-1　碳成交价的 ADF 检验

试点碳市场	检验统计量	与临界值相比	（在 1% 水平下）是否接受原假设	是否平稳	一阶差分后是否平稳
北京	−1.027 2	大于	接受	不平稳	平稳
上海	−0.962 0	大于	接受	不平稳	平稳
广东	0.254 6	大于	接受	不平稳	平稳
天津	−0.334 4	大于	接受	不平稳	平稳
深圳	−0.966 7	大于	接受	不平稳	平稳
湖北	−0.880 3	大于	接受	不平稳	平稳
重庆	−0.480 1	大于	接受	不平稳	平稳
福建	−0.184 3	大于	接受	不平稳	平稳

（三）单方程协整检验的共同趋势分析

单方程协整检验的共同趋势检验如表 3-2 所示，其中 $\hat{u}_t$ 为回归残差。由协整理论可知，具有协整关系就表明存在共同趋势。

表 3-2　单方程协整检验的共同趋势检验

协整试点碳市场	协整方程	残差 ADF 检验值	残差检验 p 值	是否存在共同趋势
北京和上海	北京$_t$=3.239 5+0.216 8 上海$_t$+$\hat{u}_t$	−4.940 2	4.254 0×10⁻⁵	是

（续）

协整试点碳市场	协整方程	残差 ADF 检验值	残差检验 p 值	是否存在共同趋势
北京和广东	北京$_t$＝3.760 4＋0.091 2广东$_t$＋$\hat{u}_t$	−4.909 4	0.081 7	否
北京和天津	北京$_t$＝3.817 0＋0.078 3天津$_t$＋$\hat{u}_t$	−4.926 5	0.013 0	是
北京和深圳	北京$_t$＝3.054 8＋0.261 2深圳$_t$＋$\hat{u}_t$	−5.367 5	$5.834\ 0×10^{-14}$	是
北京和湖北	北京$_t$＝3.517 2＋0.167 7湖北$_t$＋$\hat{u}_t$	−5.173 2	$5.238\ 0×10^{-14}$	是
北京和重庆	北京$_t$＝3.978 7＋0.013 9重庆$_t$＋$\hat{u}_t$	−4.915 4	0.047 3	是
北京和福建	北京$_t$＝4.614 6＋0.190 1福建$_t$＋$\hat{u}_t$	−5.376 5	$2.503\ 0×10^{-15}$	是
上海和广东	上海$_t$＝3.370 7＋0.059 2广东$_t$＋$\hat{u}_t$	−3.733 4	0.173 0	否
上海和天津	上海$_t$＝2.935 9＋0.247 5天津$_t$＋$\hat{u}_t$	−4.141 2	$<2.200\ 0×10^{-16}$	是
上海和深圳	上海$_t$＝3.167 1＋0.099 5深圳$_t$＋$\hat{u}_t$	−3.854 7	0.000 7	是
上海和湖北	上海$_t$＝3.394 3＋0.046 4湖北$_t$＋$\hat{u}_t$	−3.773 8	0.014 2	是
上海和重庆	上海$_t$＝3.467 6＋0.033 0重庆$_t$＋$\hat{u}_t$	−3.907 1	$8.162\ 0×10^{-9}$	是
上海和福建	上海$_t$＝3.658 4−0.040 3福建$_t$＋$\hat{u}_t$	−3.785 5	0.048 8	是
广东和天津	广东$_t$＝1.893 5＋0.326 1天津$_t$＋$\hat{u}_t$	−4.959 6	$<2.200\ 0×10^{-16}$	是
广东和深圳	广东$_t$＝3.284 5−0.167 6深圳$_t$＋$\hat{u}_t$	−4.218 5	$1.547\ 0×10^{-8}$	是
广东和湖北	广东$_t$＝1.857 8＋0.281 2湖北$_t$＋$\hat{u}_t$	−5.093 6	$<2.200\ 0×10^{-16}$	是
广东和重庆	广东$_t$＝2.631 2＋0.023 7重庆$_t$＋$\hat{u}_t$	−4.153 8	$5.669\ 0×10^{-5}$	是
广东和福建	广东$_t$＝2.190 6＋0.151 0福建$_t$＋$\hat{u}_t$	−4.298 0	$1.005\ 0×10^{-13}$	是
天津和深圳	天津$_t$＝3.808 6−0.388 3深圳$_t$＋$\hat{u}_t$	−1.345 3	$1.162\ 0×10^{-15}$	是
天津和湖北	天津$_t$＝1.198 4＋0.412 4湖北$_t$＋$\hat{u}_t$	−1.001 0	$<2.200\ 0×10^{-16}$	是
天津和重庆	天津$_t$＝2.378 1＋0.301 0重庆$_t$＋$\hat{u}_t$	−0.819 9	0.303 8	否
天津和福建	天津$_t$＝1.408 3＋0.308 1福建$_t$＋$\hat{u}_t$	−1.509 4	$<2.200\ 0×10^{-16}$	是
深圳和湖北	深圳$_t$＝3.809 4−0.059 5湖北$_t$＋$\hat{u}_t$	−2.524 7	0.035 3	是
深圳和重庆	深圳$_t$＝3.573 6＋0.033 0重庆$_t$＋$\hat{u}_t$	−2.489 6	$9.147\ 0×10^{-5}$	是
深圳和福建	深圳$_t$＝4.880 7−0.387 8福建$_t$＋$\hat{u}_t$	−3.720 2	$<2.200\ 0×10^{-16}$	是
湖北和重庆	湖北$_t$＝2.832 9＋0.039 5重庆$_t$＋$\hat{u}_t$	−1.606 2	0.003 5	是
湖北和福建	湖北$_t$＝3.098 2−0.059 8福建$_t$＋$\hat{u}_t$	−1.629 5	0.210 7	否
重庆和福建	重庆$_t$＝4.375 3−0.784 3福建$_t$＋$\hat{u}_t$	−1.430 4	$3.345\ 0×10^{-7}$	是

1. 具有共同趋势的两两试点碳市场

为了考察 8 个试点碳市场交易价格的共同趋势，首先对两两试点碳市场共 28 组进行协整检验。北京碳市场和上海碳市场的协整检验统计量值为－4.940 2。根据 MacKinnon[24]，计算出在 5%显著水平下检验临界值为－1.95。－4.940 2＜－1.95，即检验统计量在 5%水平下小于临界值，从而拒绝原假设，认为残差序列 $\hat{u}_t$ 平稳。结合协整方程，表明北京和上海在 5%水平下存在共同趋势，并且长期均衡系数为 0.216 8，说明上海碳市场的碳交易价格每变化 1%，北京碳市场的碳交易价格变化 0.216 8%。同理可得，在 5%水平下，北京、天津、深圳、湖北、重庆和福建均存在共同趋势；上海、天津、深圳、湖北、重庆和福建均存在共同趋势；广东、天津、深圳、湖北、重庆和福建均存在共同趋势；天津、深圳、湖北和福建均存在共同趋势；深圳、湖北、重庆和福建均存在共同趋势。由此可以看出，即具有共同趋势的两两碳试点市场一共有 24 组。

2. 不具有共同趋势的两两试点碳市场

同理可知，在 5%水平下，北京和广东、上海和广东、湖北和福建、天津和重庆不存在共同趋势，即不具有共同趋势的两两碳试点市场有 4 组。

（四）系统方程协整检验的共同趋势分析

运用系统方程协整检验对两两试点碳市场间存在协整关系的依次进行 3 个试点碳市场间的协整，以此类推，逐个进行 4 个市场、5 个市场等不同组合间协整关系检验，结果如表 3-3 和表 3-4 所示。

8 个试点碳市场的交易价格共同趋势没有普遍性的可能原因如下：①每个试点碳市场有其独特的资源禀赋、经济态势、能源结构、产业规划和技术条件等。②在地理上，各试点分散在我国的东部和中部地区。③每个 ETS 在经济结构方面都有明显的特征，如北京、上海、天津和深圳的服务业 GDP 比率较高，其 ETS 不仅涵盖工业部门，还涵盖非工业部门。重庆和湖北处于工业化的中间阶段，其 ETS 仅覆盖工业部门。但是在试点碳市场和统一碳市场共存的特殊阶段，相关部门的政策制定者必须认识到建立碳市场过程中的紧迫因素，从而促进统一碳市场尽快进入成熟稳定的状态。

1. 3 个试点碳市场间

北京和天津碳市场与其他碳市场存在共同趋势的可能性很高，北京、深圳碳市场和北京、湖北碳市场与其他碳市场存在共同趋势的可能性较高，北京、重庆碳市场与其他碳市场存在共同趋势的可能性较低，北京、上海碳市场与其他碳市场不存在共同趋势；上海碳市场只有和天津或深圳碳市场组合在一起才与其他碳市场可能存在共同趋势，即上海碳市场在 3 个市场协整中的兼容性最差；广东和天津碳市场与其他碳市场存在共同趋势的可能性很高，广东、湖北碳市场和广东、深圳碳市场与其他碳市场存在共同趋势的可能性较高，广东、重庆碳市场与其他碳市场存在共同趋势的可能性较低；湖北、天津碳市场和湖

表3-3 系统方程协整检验的共同趋势检验（试点碳市场间存在共同趋势）

3个试点碳市场	4个试点碳市场	5个试点碳市场
北京-天津-深圳[1,2]	北京-天津-深圳-湖北[1,2]	北京-天津-深圳-湖北-重庆[1,2]
北京-天津-湖北[1]	北京-天津-深圳-福建[2]	北京-天津-深圳-湖北-福建[1,2]
北京-天津-重庆[1]	北京-天津-湖北-福建[1]	北京-天津-深圳-重庆-福建[2]
北京-深圳-湖北[1,2]	北京-深圳-重庆-福建[1]	上海-天津-深圳-湖北-福建[2]
北京-深圳-重庆[1,2]	上海-天津-深圳-湖北[1,2]	上海-天津-深圳-湖北-重庆-福建[1,2]
北京-湖北-福建[1]	上海-天津-深圳-重庆[1,2]	
上海-天津-福建[2]	广东-天津-深圳-重庆[1,2]	
上海-深圳-福建[1]	广东-湖北-重庆-福建[1]	
广东-天津-湖北[1,2]		
广东-天津-福建[1]		
广东-深圳-湖北[1]		
广东-深圳-福建[2]		
广东-湖北-福建[1,2]		
深圳-湖北-福建[1]		

注：在5%显著水平下，1) 表示最大特征根统计量；2) 表示迹统计量。

表3-4 系统方程协整检验的共同趋势检验（试点碳市场间不存在共同趋势）

3个试点碳市场	4个试点碳市场	5个试点碳市场
北京-上海-天津[1,2]	北京-上海-湖北[1,2]	上海-天津-深圳-湖北-重庆[1,2]
北京-上海-深圳[1,2]	上海-天津-湖北[1,2]	广东-天津-深圳-重庆-福建[1,2]
上海-天津-湖北[1,2]	上海-深圳-湖北[1,2]	
上海-天津-重庆[1,2]	上海-重庆-福建[1,2]	
广东-重庆-福建[1,2]	广东-天津-深圳[1,2]	
湖北-深圳-福建[1,2]	湖北-深圳-福建[1,2]	
天津-深圳-福建[1,2]		

注：在5%显著水平下，1) 表示最大特征根统计量；2) 表示迹统计量。

北、深圳碳市场与其他碳市场不存在共同趋势；深圳、天津碳市场与福建碳市场不存在共同趋势，深圳、重庆碳市场与福建碳市场存在共同趋势的可能性较低。

2. 4个试点碳市场间

北京、天津和深圳碳市场与其他碳市场存在共同趋势的可能性很高，北京、湖北和深圳碳市场与其他碳市场存在共同趋势的可能性较高，其余存在共同趋势的可能性很低；上海、天津和深圳碳市场与其他碳市场存在共同趋势的可能性很高；广东、湖北、天津碳市场与其他碳市场存在共同趋势的可能性较高，其余存在共同趋势的可能性很低，广东、天津、重庆和福建碳市场，以及广东、天津、深圳和重庆碳市场都不存在共同趋势。

3. 5个试点碳市场间

北京、天津、深圳和湖北碳市场与福建碳市场存在共同趋势，北京、天津、深圳和湖北碳市场与重庆碳市场，以及北京、天津、深圳、重庆和福建碳市场可能存在共同趋势；上海、天津、深圳、重庆和福建碳市场，以及上海、天津、深圳、湖北和福建碳市场存在共同趋势。上海、天津、深圳、湖北和重庆碳市场不存在共同趋势。此外，6个及以上碳市场间没有共同趋势，即无长期均衡关系。

四、结论与建议

（一）结论

在5%显著水平下，2个试点碳市场大多存在共同趋势，3个试点碳市场间的共同趋势特征较明显，4个试点碳市场间具有明显共同趋势的较少，5个试点碳市场间具有明显共同趋势的仅有3个，6个及以上试点碳市场间没有共同趋势，即无长期均衡关系；尽管8个试点碳市场交易价格差异较大，但是在全国碳市场统一趋势下，整体兼容性存在很大的改善空间。

（二）政策建议

在碳市场衔接的必然趋势及充分考虑各试点碳交易所具体实际情况的基础上，根据试点经验逐步推广，最终建成全国统一碳市场，可从如下3个方面开展。

1. 推进配额分配方案建设

（1）在借鉴国际碳市场相关经验的前提下，区分我国不同地区的碳配额，利用各试点碳市场经济发展水平和资源禀赋的差距，加大对发展相对落后地区的配额分配力度，每个试点碳市场的配额可从监管角度进行设计，并促进有偿分配方式的推进。

（2）相关部门在立足各试点碳市场实际发展情况下，科学合理地选择历史排放参照期，对早期参加减排行动的企业制定相应的配奖励机制和优惠政策。

（3）在全国统一碳市场建设中，对配额分配方案要进一步细化，并且说明相应的配额调整情况，将配额分配方案等相关的信息进行公示，从而提高配额分配过程的透明度，强化全国统一碳市场配额分配机制的公信力。

（4）值得注意的是，我国更侧重于重工业行业的碳配额分配方案或方式，对第三产业的碳排放配额也应当给予足够的重视，以实现全国碳市场的衔接统一。

2. 完善碳交易价格机制，丰富碳交易品种和交易方式

（1）在加强宏观调控基础上，从碳试点市场经验中了解碳价作用的机理，由初期的碳排放配额现货交易向碳金融、碳期货、碳期权等多种交易产品发展，逐步建立以市场为导向的碳市场，进而探索可发挥市场作用的统一定价机制。

（2）根据欧盟碳金融、碳期货等市场经验，我国可以允许企业在实际碳排放量超过持有碳配额的情况下预支下期碳配额，防止碳交易价格的剧烈波动，增强控排企业参与碳金融、期货等市场的活跃度。

（3）为防止减排成本增加而导致的企业发展困难等问题，政府对减排企业除政策支持外，还可以加大财政补贴力度，提高企业积极性。

3. 推进碳试点过渡，健全相关法律政策体系

碳市场法制建设与碳市场机制设计是相辅相成的。在制定相关法律时，政府应侧重于碳配额属性、市场监管主体、交易当事人的权利义务及惩罚措施等方面，并且碳交易所应及时发布相关的解释文件，披露每一个交易步骤的细节。通过建立一套合理、科学和有效的碳市场法律政策体系，为政府落实应对气候变化和低碳发展政策提供法制保障。此外，在试点碳市场过渡阶段应注意相关法律法规的时效性和政策的阶段性，从而引导碳试点顺利向全国统一碳市场过渡。

参 考 文 献

[1] 何建坤，卢兰兰，王海林. 经济增长与二氧化碳减排的双赢路径分析 [J]. 中国人口·资源与环境，2018，28（10）：12-20.

[2] 杜娟，胥敬华. 基于交互式迭代算法的中国碳减排目标分配研究 [J]. 中国管理科学，2018，26（5）：31-39.

[3] ELLERMAN A D, BUCHNER B K. Over - allocation or abatement? A preliminary

analysis of the EU ETS based on the 2005 - 06 emissions data [J]. Environmental and resource economics, 2008, 41 (2): 267 - 287.

[4] SCHLEICH J, EHRHARTC KM, HOPPEC C, et al. Banning banking in EU emissions trading? [J]. Energy policy, 2006, 34 (1): 112 - 120.

[5] 莫建雷, 朱磊, 范英. 碳交易价格稳定机制探索及对中国碳市场建设的建议 [J]. 气候变化研究进展, 2013, 9 (5): 368 - 375.

[6] CHEVALLIER J. Volatility forecasting of carbon prices using factor models [J]. Economic bulletin, 2010, 30 (2): 1642 - 1660.

[7] 陈欣, 刘明, 刘延. 碳交易价格的驱动因素与结构性断点: 基于中国七个碳交易试点的实证研究 [J]. 经济问题, 2016 (11): 29 - 35.

[8] 周天芸, 许锐翔. 中国碳排放权交易价格的形成及其波动特征: 基于深圳碳排放权交易所的数据 [J]. 金融发展研究, 2016 (1): 16 - 25.

[9] 赵立祥, 胡灿. 我国碳排放权交易价格影响因素研究: 基于结构方程模型的实证分析 [J]. 价格理论与实践, 2016 (7): 101 - 104.

[10] 汪中华, 胡垚. 我国碳排放权交易价格影响因素分析 [J]. 工业技术经济, 2018, 37 (2): 128 - 136.

[11] 陈晓红, 王陟昀. 碳排放权交易价格影响因素实证研究: 以欧盟排放交易体系 (EU-ETS) 为例 [J]. 系统工程, 2012, 30 (2): 53 - 60.

[12] 陈晓红, 胡维, 王陟昀. 自愿减排碳交易价格影响因素实证研究: 以美国芝加哥气候交易所 (CCX) 为例 [J]. 中国管理科学, 2013, 1 (4): 4 - 81.

[13] 马艳艳, 王诗苑, 孙玉涛. 基于供求关系的中国碳交易价格决定机制研究 [J]. 大连理工大学学报 (社会科学版), 2013, 34 (3): 42 - 46.

[14] 朱帮助, 魏一鸣. 基于 GMDH - PSO - LSSVM 的国际碳交易价格预测 [J]. 系统工程理论与实践, 2011, 31 (12): 2264 - 2271.

[15] 崔焕影, 窦祥胜. 基于 EMD - GA - BP 与 EMD - PSO - LSSVM 的中国碳交易价格预测 [J]. 运筹与管理, 2018, 27 (7): 133 - 143.

[16] 姚奕, 吕静, 章成果. 湖北碳交易价格形成机制及价格预测 [J]. 统计与决策, 2017 (19): 166 - 169.

[17] 张晨, 杨仙子. 基于多频组合模型的中国区域碳交易价格预测 [J]. 系统工程理论与实践, 2016, 36 (12): 3017 - 3025.

[18] 杨星, 梁敬丽, 蒋金良, 等. 多标度分形特征下碳排放权价格预测算法 [J]. 控制理论与应用, 2018, 35 (2): 224 - 231.

[19] 高杨, 李健. 基于 EMD - PSO - SVM 误差校正模型的国际碳金融市场价格预测 [J]. 中国人口·资源与环境, 2014, 24 (6): 163 - 170.

[20] 吕勇斌, 邵律博. 我国碳排放权价格波动特征研究: 基于 GARCH 族模型的分析 [J]. 价格理论与实践, 2015 (12): 62 - 64.

[21] 张颖, 张莉莉, 金笙. 基于分类分析的中国碳交易价格变化分析: 兼对林业碳汇造林的讨论 [J]. 北京林业大学学报, 2019, 41 (2): 116 - 124.

［22］纪广月．基于面板数据模型的人口城镇化与能源消费关系的实证研究［J］．数学的实践与认识，2014，44（16）：97－102.

［23］钟志威，雷钦礼．Johansen 和 Juselius 协整检验应注意的几个问题［J］．统计与信息论坛，2008（10）：81－86，91.

［24］MACKINNON D P，LOCKWOOD C M，HOFFMAN J M，et al. A comparison of methods to test mediation and other intervening variable effects［J］．Psychological methods，2002，7（1）：83－104.

第四章 碳市场交易价格集中度特征研究

摘要：本章以 2014—2019 年我国 8 个试点碳市场不同时频的交易价格为研究对象，共收集 11 036 个数据，运用赫芬达尔指数（HHI）分别测度 8 个碳市场交易价格集中度。研究结果表明：各碳市场交易价格集中度处于整体上升趋势；不同碳市场交易价格集中度存在较大的差异；交易价格在履约期内集中程度较低。为改善碳市场交易价格集中度现状，以推进我国碳市场的整合，应缩小地区交易价格差异，实施统一准则；应扩大碳市场企业覆盖范围，提高市场流动性；应完善配额分类管理机制体系。

一、引言

近年来，二氧化碳等气体的大量排放，成为造成全球生态环境恶化的重要原因之一。刘冠辰等指出，减少二氧化碳排放、美化环境，无疑成为当今人类需要共同完成的任务和使命[1]。碳市场的出现有效推动了碳金融行业和国家节能减排技术的发展，其作为节能减排环节中不可或缺的一部分发挥着重要的作用。但是，目前我国碳市场是一个新兴市场，正处于迅猛发展时期，各个方面处于不断调整进步阶段。稳定碳交易价格是目前调控碳市场交易的有效技术手段，是碳市场的核心内容。碳交易价格聚集的出现是碳市场发生交易风险的原因之一。同时，碳交易价格聚集的存在被认为是市场效率低下的原因，它会影响交易政策的制定和实施，并影响市场结构。价格聚集水平越高，价格波动性就越强，交易频率就越低，市场政策措施的实施和建立就会受到阻碍，导致各个碳市场的配额指标、分配方式、奖罚措施及减排举措存在着较大的差异，不利于建立全国统一碳市场目标的实现。

O'Brien 指出，价格集中度的研究有着悠久的历史，市场价格集中度可以定义为市场交易价格的聚集程度[2]。Palao 和 Pardo 认为，市场中价格集中度过高是市场效率低下的一个标志，这会影响市场交易策略，并首次采用赫芬达尔指数（HHI）方法对欧洲碳期货市场价格的集中度进行评价，发现欧洲碳期货市场价格存在显著的集中度特征，而且当碳交易成本较高时，价格也呈现较高的聚集，研究结果也符合"引力价格"假说[3]。事实上，HHI方法也适用于股票市场价格集中度测度，Ikenberry和Weston运用HHI方法讨论了美国股票价格的聚集程度。可见，价格集中度可以比其他方法更容易发现碳交易价格聚集的现象，并能及时发现碳交易价格聚集所带来的碳市场风险[4]。利用HHI模型对我国7个试点碳市场及福建碳市场进行价格集中度测算和实证分析，可以对价格集中度的趋势和特征有较深的认识，把握价格变化的规律，从而有利于全国统一碳市场的建立，有利于碳市场设计者制定符合我国碳交易现状的政策措施，有利于碳市场主要参与者对碳交易价格未来趋势进行预测分析及碳资产风险管理，有利于展示我国负责任大国的形象，为世界绿色金融的发展及资源可持续利用贡献出中国力量。

市场中存在价格集群或市场价格集中度过高被认为是市场效率低下的原因，也是阻碍建立全国统一碳市场的重要因素，因而逐渐受到学者的关注。彭耿和刘芳介绍了工业聚集度的计量方法及这些方法在实际中的应用，并指出了优化方向[5]。王志刚和徐传谌采用了贝恩分类法对市场集中度的特征进行分类总结，提出了市场垄断力量、市场结构构成会受到市场集中度影响的观点[6]。Keppler和Mansanet-Bataller将TGARCH模型运用到欧盟碳交易价格影响因素的研究中，并进行多次实验，认为碳交易价格与国家社会经济增长和气候的变化没有直接的关系，而国内能源的数量和价格是影响碳交易价格的最主要因素[7]。聂普焱等通过对33个行业市场集中度、技术革新及碳排放强度之间关系的测算，建立了行业面板模型，用广义矩估计法（generalized method of moments，GMM）考察了三者的关系，认为聚集度与行业碳排放强度有异质性关系[8]。莫建雷等在总结欧盟碳市场实践经验的基础上，研究了碳市场过度波动对碳交易价格的影响，发现需要设计一套符合我国基本国情、简单易行、实施成本低的定价方案[9]。宋亚植等对能源价格通过何种途径对碳交易价格产生影响进行研究，结果表明，波动性途径对碳交易价格升高的影响大于均值途径[10]。齐绍洲等基于集成经验模态分解（ensemble empirical mode decomposition，EEMD），模型得到碳交易价格的形成受到短期市场供需不平衡和重大事件影响两个主要方面的干扰结论[11]。李晨洋等对碳交易价格与环境能源相关性问题进行了论述，通过灰色关联法和供求关系论的对比研究发现，资源环境会对碳交易价格产生一定的影响[12]。Carroaro和Favero、Alberola和Chevallier认为配额的长期供给量多少会受到多种因素的影响，包括政府政策、碳交易价格设定机制、国际价格影响，这也导致了碳交易价格集中度的不确定性。价格集中度可以很好地反映市场的竞争情况，集中度越高，竞争就越弱,效率就越低下[13-14]。

通过对比相关集中度研究方法可以看出,HHI能较好地测算市场集中度,而国内外对碳市场交易价格集中度特征研究鲜有成果。鉴于此,本章将首次采用HHI对我国碳交易价格集中度进行测算,探究我国碳交易价格集中度特征,并进一步分析可能的影响因素,最后为改善我国碳市场交易价格集中度现状,以推进我国试点碳市场的整合提出相关政策建议。本章研究成果可为我国碳市场的稳步衔接,实现全国统一碳市场构建目标提供相关科学参考依据。

二、研究方法

HHI是指某一行业中所有参与竞争的企业所占市场份额的平方和。在一般的研究当中,将HHI的值规定为0~1,所得的值越接近1,表示该市场集中度较高;越接近0,表示该市场集中度较低。Alberola和Chevallier[14]指出,在实际应用中,经常用10 000倍于其数值的乘积来表示HHI,所以HHI值一般为0~10 000。本章借鉴Palao和Pardo及Ikenberry和Weston利用HHI对市场价格集中度的测算方法,列出计算公式为:

$$HHI = \sum_{i=1}^{n} \left(\frac{X_i}{X}\right)^2 \times 10^4$$

其中,X表示8个碳市场的交易价格之和;X_i表示第i个碳市场的交易价格;n为全国碳市场的市场数量。

通过日本学者植草益根据HHI对市场结构进行分类的方法,可以得到市场结构分类表,如表4-1所示[15]。从整体上可以看出,市场结构分为寡占型市场和竞争型市场:①当HHI值大于1 000时,属于寡占型市场,则此时碳交易价格集中度较高,市场的垄断力量更大,市场活跃程度较低,容易形成合谋行为,形成价格控制。②当HHI值小于1 000时,属于竞争型市场,此时碳市场的碳交易价格集中度较低,市场竞争激烈,市场活跃程度较高。另外,从表4-1中不难发现,HHI值越小,市场活跃程度就越大,交易频率越高,所以无论是处于竞争型市场还是寡占型市场,都需要最大限度地降低价格集中度,提升市场活跃程度,提高交易频率,防止垄断市场情况的发生。

表4-1 以HHI值为基准的市场结构分类

市场结构	寡占型				竞争型	
	高寡占Ⅰ型	高寡占Ⅱ型	低寡占Ⅰ型	低寡占Ⅱ型	竞争Ⅰ型	竞争Ⅱ型
HHI值 (0~10 000)	$HHI \geqslant 3\,000$	$3\,000 > HHI \geqslant 1\,800$	$1\,800 > HHI \geqslant 1\,400$	$1\,400 > HHI \geqslant 1\,000$	$1\,000 > HHI \geqslant 500$	$500 > HHI$

三、统计描述与集中度测算

（一）数据来源

本章研究的数据是我国碳排放权交易网上发布的 2014 年 6 月 19 日至 2019 年 12 月 31 日期间 7 个试点碳市场（北京、上海、广东、天津、深圳、湖北、重庆）每日碳交易价格，其中福建碳市场起步较晚，选取了 2017 年 1 月 5 日至 2019 年 12 月 31 日数据，除去节假日与各试点调整休市，实际数据共 11 036 个。

（二）描述性统计分析

本章对 8 个碳市场的成交价进行了描述性统计分析，结果如表 4-2 所示。

表 4-2 碳市场交易特征

碳市场	平均值	标准差	最大值	最小值	偏度	峰度
北京	55.962	11.084	76.660	45.850	1.605	2.934
上海	29.648	12.026	39.770	9.950	1.100	0.249
广东	20.922	10.900	41.950	13.170	1.916	3.807
天津	17.137	6.487	27.020	11.120	0.677	1.139
深圳	33.467	9.248	42.390	20.420	0.711	1.626
湖北	22.517	5.845	32.150	15.340	0.665	0.753
重庆	17.132	8.302	30.800	6.540	0.649	0.873
福建	22.670	6.794	30.340	17.410	1.395	0.027

资料来源：表中数据根据中国碳排放权交易网公布数据计算而得。

（1）北京碳市场碳交易价格平均值最高，说明北京碳市场的交易价格整体较高，且北京碳市场的交易价格极大值和极小值的极差较大，表明北京碳市场存在很大的不稳定性。

（2）通过标准差对比可知，湖北碳市场标准差最小，说明湖北碳市场交易价格稳定，碳市场发展较为完善。

（3）从偏度来看，我国 8 个碳市场的碳交易价格偏度都大于 0，甚至广东碳市场偏度达到了 1.916，表明我国碳市场具有明显右偏的概率分布特征。

（4）从峰度来看，除广东碳市场交易价格外的峰值大于 3 以外，其余碳市场交易价格的峰度都小于 3，整体分布较为平缓。

纵观全国 8 个碳市场的时频特征可以发现，我国碳市场的交易价格最显著的缺陷就是标准差和最大、最小值的数值相差较大，说明各个碳市场的碳交易价格波动较大，碳市场存在交易风险，这可能是我国碳市场作为新兴市场导致其供求不稳定造成的。

（三）碳市场交易集中度测算

从碳市场日度交易集中度来看（图4-1），我国8个碳市场中，北京碳市场交易价格集中度远高于全国其他碳市场，HHI 值最高达到1 630，2016年和2019年的交易价格集中度较高，2016年2月至2016年8月增长趋势变化较大。这是北京碳市场实行限制竞价交易的原因所造成的，北京规定的限价涨幅为±20%。湖北碳市场和天津碳市场的价格集中度最低，且变化趋势较为稳定。因为湖北碳市场制度较为完善，市场较为活跃。天津碳市场参与主体覆盖范围较广，对碳配额的需求较大。重庆碳市场在2016年8月至2016年12月间交易价格集中度趋势涨幅较大，其余时间趋势较为稳定。深圳碳市场的交易价格在2015年12月至2016年8月之间出现了较大的波动，HHI 值最低为270，最高达到1 140，数值差距较大，说明这个时间段深圳碳市场的交易价格不稳定。从每日碳市场交易价格日度 HHI 走势图可以看出，我国8个碳市场的交易价格集中度存在着明显的上升趋势，并且这种上升趋势还伴随着较大的波动。

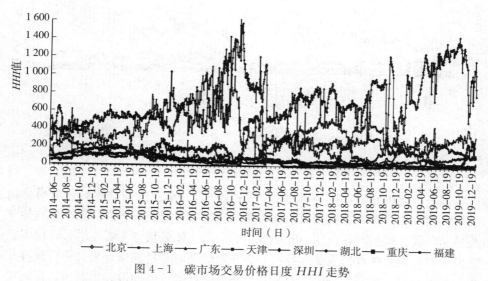

图4-1 碳市场交易价格日度 HHI 走势

进一步分析发现，交易价格集中度与碳交易价格波动紧密相关。北京、上海、广东、深圳的交易价格波动较大，这4个地区的交易价格集中度也明显高于其他地区。而重庆、天津、湖北的交易价格波动较小，其交易价格集中度也相对较低。碳交易价格波动具有聚集效应，会造成有效交易频率下降，直接影响企业参与碳排放权交易的需求和动力，降低市场参与主体参与力度，降低市场交易频率和流动性，导致价格集中度的上升。

再从碳市场周交易集中度来看（图4-2），北京碳市场的周度HHI较高，远高于全国其他碳市场，2016年3月24日至2016年8月24日北京碳市场交易价格HHI发生较大的波动，由最低值460增长到最高值1 550。但是在2019年10月10—16日，至2019年12月2日，北京碳市场交易价格集中度又出现了大幅度下降。全国其他碳市场交易价格变化趋势较为稳定，没有发生大规模波动情况。上海碳市场自2017年起交易价格的集中度开始缓慢持续地上升，截至2019年，HHI已增长到390。福建碳市场自成立之日起，价格集中度虽发生过上升和下降，但截至2019年12月，福建碳市场的交易价格集中度指数降为全国最低，仅为10，从每周HHI走势图可以看出，在2016年后，我国8个碳市场的交易价格集中度发生较大的波动并有逐步上升趋势，由于我国控排企业覆盖范围有限，市场流动性减弱，市场活跃程度降低，价格出现波动，阻碍了碳市场投资主体加入碳市场交易。

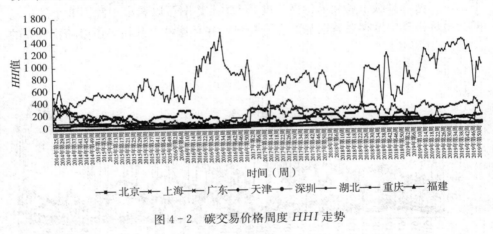

图4-2 碳交易价格周度HHI走势

进一步分析发现，在每年的21～28周临近各试点的履约期时，交易价格集中度会发生下降，主要是因为履约期的成交量和成交频率要明显高于其他非履约期时间。履约期临近这一时期市场的参与主体数量也大幅度增长，很多企业因为担心超量排放违规受到处罚，会在履约期时通过碳交易平台进行碳排放权的买卖交易，提高市场的交易率及市场的活跃度。由此可以推断出，控制碳排放企业和个人等碳市场参与主体履约意识的强弱会对碳市场活跃度和碳交易价格集中度产生重要的影响。

从碳市场年度交易集中度来看（表4-3），北京市碳市场交易价格整体较为稳定，除2019年属于低寡占Ⅱ型市场，其他年份都处于竞争Ⅰ型市场。上海碳市场整体交易价格也趋于稳定，2014—2019年都处于竞争Ⅰ型市场。而广东碳市场和天津碳市场交易价格的 *HHI* 都显示这两个碳市场同属于竞争Ⅱ型市场。深圳碳市场在2016年时的 *HHI* 达到了竞争Ⅰ型市场，其余年份还都处于竞争Ⅱ型市场。湖北碳市场交易价格的 *HHI* 较小，属于竞争Ⅱ型市场。重庆碳市场的情况同样如此，HHI 较小，属于竞争Ⅱ型市场。福建碳市场由于起步时间较晚，只有2017—2019年这3年的数据显示福建碳市场的交易价格趋于稳定，同属于竞争Ⅱ型市场。

表4-3　碳市场交易价格年度 *HHI*

碳市场	2014 年	2015 年	2016 年	2017 年	2018 年	2019 年
北京	530	570	860	680	700	1 070
上海	260	110	40	290	270	290
广东	300	100	60	50	40	90
天津	120	130	120	30	30	30
深圳	100	460	530	310	380	80
湖北	100	160	120	60	100	190
重庆	160	110	130	10	40	30
福建				240	90	60

进一步将交易价格集中度相对较高的碳市场和较低的碳市场进行对比，分析可能影响我国碳市场交易价格集中度的主要因素，如下。

（1）受到碳配额需求的影响。我国碳配额分配量以往呈现东部沿海地区较少，中部和西部地区较多的现象。北京碳市场交易价格集中度明显高于全国其他碳市场，而天津碳市场交易价格集中度低于全国其他地区。主要是北京是我国政治中心，也是我国第一批试点碳市场试行地，在试运行期间北京碳市场按照"1＋1＋N"的原则，对碳配额量进行逐年发放，并且每年都会预留出5％的碳配额量进行拍卖，这会促使各履约企业加快技术创新，实施低碳节能，降低地区碳排放总量及企业的碳配额需求量。天津履约企业的碳排放总量远超过北京，每一年直接或间接排放量多于北京的2倍。天津严格控制给予企业的配额总量，并且只实行免费分配的配额原则，导致天津碳市场参与主体对碳配额的需求量增大，从而降低了交易价格的集中度。

（2）受市场参与主体范围的影响。北京碳市场的交易主体主要包括履约企业和符合条件的其他企事业单位，交易主体覆盖范围较小，价格集中度较高。天津碳市场的交易主体包括履约企业及国内外机构、企业、社会团体、组织和个人，交易主体覆盖范围较广，参与人数较多，市场流动性较强，价格集中度低。

（3）受控排企业履约意识的影响。 为有效改善交易价格集中度，要加大市场参与者的参与力度，提高交易频率。除了限制配额量以外，最好的方法就是加大对未履约企业的处罚力度，提高控制碳排放企业提高自身的履约意识，号召更多企业加入碳排放权交易中来。有些地区实行经济和政策处罚，也有些地区只进行经济处罚，而天津地区只限令限期整改并且 3 年内不享受政策优惠。如果处罚的力度不足，不仅不利于养成履约企业的履约意识和参与意识，还不利于提升碳市场的有效交易频率和市场流动性。

四、结论与建议

（一）结论

为进一步缓解我国气候变化所带来的一系列影响，加快我国节能减排的步伐，稳定碳排放权交易价格和效率，减少碳市场间的差异，优化市场结构，消除各碳市场间的价格壁垒，确保各碳市场相对稳定，为建成全国统一碳市场奠定基础，本章以 2014—2019 年全国 8 个碳市场不同时频的交易价格为研究对象，运用 HHI 分别测度 8 个碳市场交易集中度，分析各碳市场的交易价格集中度特征，得到以下主要结论。

（1）各碳市场集中度处于整体上升趋势。 根据产品生命周期理论，碳市场及碳衍生品进入产品生命周期的成熟阶段后，市场会迅速被大型控排企业占据，价格集中度会发生大规模上涨。同时，反映出碳市场市场流动性低，缺乏吸引外部投资的动力，长此以往会导致市场垄断现象的发生。

（2）不同碳市场的价格集中度存在较大的差异。 例如，北京碳市场交易价格集中度一直高于全国其他碳市场，这是由于北京市政府要求参与碳市场交易的重点减排企业加强对节能减排技术的创新和应用，并且每年都会预留一定比例的碳配额用于调节企业所需求的碳排放权所造成的。北京碳市场还实行限制挂牌竞价交易，其规定的限制价格涨跌比例为±20％。

（3）碳交易价格集中度在履约期内集中程度较低。 每年的 5—7 月，交易价格集中度呈现明显下降的趋势，这是因为 5—7 月是我国各控制碳排放企业集中履约的时期，在履约期集中履约会导致各控制碳排放企业和个人等对碳市场碳排放权的需求增大，这也从侧面反映出碳交易价格集中度的高低与碳配额需求程度紧密相关。

（二）政策建议

根据上述研究结论，为改善碳市场碳交易价格集中度，以推进我国碳试点市场的整合，本章提出如下几点政策建议。

（1）缩小碳交易价格差异，实施统一准则。我国碳市场存在明显的地域性差异，市场碳交易价格集中度差距较大，市场活跃度不一。蒋惠琴等指出，这与各地区准入门槛、核查标准、审计监督有直接的关系[16]。交易价格集中度差异较大，不利于全国统一碳交易价格信号的形成，导致各地区企业减排成本存在较大差异，不能形成良好和公平的竞争市场。

（2）扩大碳市场覆盖企业范围，提高市场流动性。我国碳市场的市场活跃度较低，价格集中度高，市场流动性还需要很大的发展。尤其受地域分割的限制，各碳市场之间无法直接进行交易，资金流动受限，难以形成统一的碳市场。另外，碳市场参与主体单一，都以传统工业部门为主，很多参与者和投资者对碳交易价格敏感度低及碳市场预期较低，对进入碳市场投资望而却步，严重影响了碳市场的流动性。政府主管部门和碳市场设计者应从参与主体角度出发，设身处地考虑控排企业和参与者个人的需求，结合实情开设多途径的参与渠道，扩大覆盖范围，消除地域限制。刘玲和张荣荣指出，可以让更多的企业和个人参与其中，从而增强碳市场流动性[17]。

（3）完善配额分类管理机制体系。因为我国碳市场起步较晚，配额分配管理机制体系尚不完善，随着我国经济的高速增长，企业发展程度也有很大的不同，所以我国政府很难做到碳排放权配额的精准分配。祝雅璐等指出，为了有效缓解对于碳配额总量设定的偏差，我国需要建立起一套完善的配额管理和注销机制，以确保形成实际有效的配额分配机制[18]。可以借鉴当前国际先进碳市场多层次发展的思想，对东部沿海等经济较为发达地区实现强制减排措施，适当降低碳排放权配额的划分比例，对西部经济欠发达地区实行自愿减排举措，适当提高碳排放权配额的划分比例。促进东部沿海地区与西部地区之间的减排合作与交易，推动东部地区先进技术与资金向西部欠发达地区转移，从而在带动经济发展的同时实现全国生态环境的根本好转。

参 考 文 献

[1] 刘冠辰，田昆儒，李元祯. 欧美国家碳排放权交易价格问题研究综述及其启示 [J]. 现代财经（天津财经大学学报），2012（12）：115 - 123.

[2] O'BRIEN D P. Price - concentration analysis: ending the myth, and moving forward [R]. Working paper, 2017（7）：1 - 32.

[3] PALAO F, PARDO A G. Assessing price clustering in European Carbon Markets [J]. Applied energy, 2012, 92: 51 - 56.

[4] IKENBERRY D L, WESTON J P. Clustering in US stock prices after decimalisation [J]. European financial management, 2008（1）：30 - 54.

［5］彭耿，刘芳．产业集聚度测量研究综述［J］．技术与创新管理，2010，31（2）：181-184，201.

［6］王志刚，徐传谌．现阶段中国房地产业市场结构优化研究：基于市场集中度的实证分析［J］．工业技术经济，2019（1）：125-132.

［7］KEPPLER J H，MANSANET - BATALLER M. Causalities between CO₂，electricity，and other energy variables during phase Ⅰ and phase Ⅱ of the EU ETS［J］．Energy policy，2010（7）：3329-3341.

［8］聂普焱，罗益泽，谭小景．市场集中度和技术创新对工业碳排放强度影响的异质性［J］．产经评论，2015（3）：25-37.

［9］莫建雷，朱磊，范英．碳交易价格稳定机制探索及对中国碳市场建设的建议［J］．气候变化研究进展，2013（5）：368-375.

［10］宋亚植，梁大鹏，宋晓秋．不同路径下能源价格对碳交易价格的传导关系研究［J］．运筹与管理，2018（8）：109-115.

［11］齐绍洲，赵鑫，谭秀杰．基于EEMD模型的中国碳交易价格形成机制研究［J］．武汉大学学报（哲学社会科学版），2015（4）：56-65.

［12］李晨洋，李晓丹，吕福财．基于碳交易价格与环境能源关联分析的中国碳市场研究［J］．商业研究，2010（8）：113-118.

［13］CARRARO C，FAVERO A. The economic and financial determinants of carbon prices［J］．Czech journal of economics and finance，2009（5）：396-409.

［14］ALBEROLA E，CHEVALLIER J. European carbon prices and banking restrictions：evidence from phase Ⅰ（2005—2007）［J］．Energy journal，2009（3）：51-79.

［15］陈明．植草益的经济规制理论评介［J］．财经政法资讯，1994（1）：64-66.

［16］蒋惠琴，张潇，邵鑫潇，等．中国试点碳市场收益率波动性研究及启示：基于ARMA-GRACH模型的实证分析［J］．广州大学学报：社会科学版，2017（10）：72-78.

［17］刘玲，张荣荣．国际碳交易价格波动对我国碳市场的影响研究：基于欧盟碳市场的视角分析［J］．中外能源，2015（9）：7-12.

［18］祝雅璐，顾光同，吴伟光．我国碳市场匹配深度研究［J］．林业资源管理，2020（1）：15-21.

第五章　碳市场有效性的决定因素

摘要：温室气体大量排放引起的全球变暖受到广泛关注，中国政府试图通过发展碳市场以缓解气候变化问题和实现经济的绿色可持续发展。碳市场的有效性不仅对于能否实现减排目标、有效降低减排成本有重要影响，而且对我国统一碳市场的建立具有重要参考价值。目前全国统一碳市场正处于政策设计、基础建设和模拟运行阶段，由于碳交易是人为创设的市场，配额分配、惩罚、可抵消等政策制度对其有效性的影响值得深入分析。本章基于我国7个省市试点碳市场碳交易历史数据，首先构造指标体系，对试点碳市场有效性进行测度；然后建立双向固定效应模型，定量估计政策制度因素差异对市场有效性的影响，旨在为优化我国统一碳市场政策制度，从而提高碳市场有效性提供依据。研究表明：①2014—2018年，我国7个省市试点碳市场有效性峰值在一年之中二、三季度出现。各试点碳市场有效性相差较大，其中，湖北碳市场有效性最高，而天津、重庆碳市场有效性较低。②相较于需求状况而言，目前碳市场的供给状况对碳市场有效性的影响更大。从需求角度来看，控排企业数量、惩罚力度对有效性的影响较大；从供给角度来看，配额总量的影响作用较大。③宏观经济产业结构对碳市场有效性影响明显，尤其是三产比重。④地区可再生能源占比对碳市场有效性具有正面影响。基于上述研究结论，本章认为目前应重点完善配额发放模式、惩罚机制和逐步增加控排企业数量，以提高碳市场有效性。

一、引言

气候变化是当今世界各国共同面临的重大挑战，碳交易机制被认为是实现温室气体减排最为有效的途径[1]。目前全球已有21个碳交易排放体系正在运行[2]。我国于2013年率先在北京、上海等7个省市试点探索建立碳交易，并于2017年开始着手推进全国统一碳市场建设，2021年全国碳市场首个履约周期正式启动。碳市场有效性对于实现我国承诺的减排目标，有效降低减排成本，提高中国在全球碳市场中的地位及国际气候变化中的发言权等均有重要影响。但我国试点碳市场仍是新兴市场，交易主体大部分是纳入强制减排的企业，且控排企业参与碳市场交易的积极性不强，导致碳市场活跃度和流动性不高，整体有效性偏低。与欧盟等国际较为成熟的碳市场相比，我国试点碳市场存在配额总量和配额分配方法不合理、碳排放数据的数量和质量较低、法律基础薄弱等不足，在发展过程中，碳排放配额分配方式、配额总量及覆盖面相关的制度亟须改进。因此，对我国试点碳市场有效性作出科学评估，并探究影响市场有效性的制度性因素，对于我国统一碳市场建设及提高运行效率具有重要借鉴意义。

围绕我国试点碳市场有效性已有一定的研究积累，但尚不深入。夏晖等[3]、王文举等[4]、赵永斌等[5]、潘晓滨[6]就中国试点碳市场配额总量和分配方法的优化，王文军等[7]就碳市场制度的评价，谭冰霖[8]就如何完善市场制度与法律进行了探讨。吕靖烨等[9]、Liu 等[10]、易兰等[11]、Zhang 等[12]对中国试点碳市场的有效性和发育度等进行了测算和评价。但已有相关研究往往将碳市场有效性与政策制度因素割裂开来；换句话说，并没有在对有效性进行测度的基础上，研究政策制度因素对市场有效性的定量影响。同时，已有碳市场有效性评价指标体系设置也存在一定的缺陷：①基于年度数据进行评价缺乏时效性；②仅仅以市场主体数量来衡量市场结构缺乏全面性。

鉴于此，本章拟以我国 7 个省市试点碳市场为对象，首先，对已有有效性指标体系进行完善，并基于更具时效性的季度时频数据，对试点碳市场有效性进行定量测度；然后，构建双向固定效应模型，定量分析碳市场有效性的决定因素，进而提出相应政策建议。

二、机制分析与研究方法

(一) 政策制度对碳市场有效性的影响机制分析

碳市场是人为建立的市场交易体系，碳市场政策制度与交易规则对碳市场供给与需求状况及其有效性有直接影响[13,14]，惩罚规模、配额分配等制度会对碳价格产生影响[15]。碳市场政策等对供给和需求产生影响，供给、需求状况的改变会影响有效性，有效性又主要体现在试点省市与碳配额相关的市场交易中，包括市场交易价格和交易量，进而影响市场的规模、活跃度和波动性等。总体来说，在地区经济、能源、环境既定的条件下，碳市场供给与需求状况取决于控排企业实际排放量与政府碳配额发放情况，以及相应的违约惩罚力度与允许的抵消比例。图 5-1 是政策制度因素对市场有效性的影响机制示意。

具体而言，从需求角度来看，在其他条件既定的情况下，纳入控排的覆盖行业范围越大、纳入门槛越低、控排企业数量越多，实际碳排放量相应就越大，理论上可能的需求量也就越大。此外，碳需求还取决于政府对控排企业违约的惩罚力度，惩罚力度越大、企业不履约的成本越高，相应的需求也就越大，从而市场有效性越高。

从供给角度来看，主要来源于政府发放的配额数量以及允许抵消比例。一般而言，政府发放的免费配额越多，则允许抵消比例越大，进而碳市场供给量越大；在市场需求既定的情况下，那么市场有效性就越低。

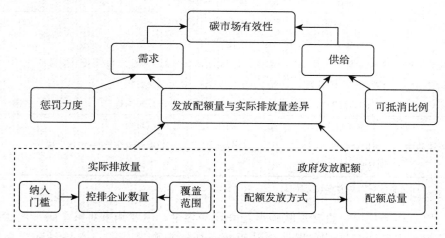

图 5-1　碳市场政策制度对有效性影响机制

（二）有效性测度指标体系构建

科学合理的指标体系是碳市场有效性测度的关键。国际著名金融经济学家Fama 于 1965 年提出有效市场理论，并于 1970 年提出有效市场假说，将市场划分为强式有效、半强式有效、弱式有效 3 种形式。Daskalakis 等[16]根据 Fama 的理论与假说把碳金融市场的有效性定义为：碳配额的价格反映了碳市场内外的所有信息。由此可见，碳市场有效性本质上是反映价格对碳市场内外信息的充分程度。活跃度是评价碳市场有效性的核心因素，但由于目前碳市场作为新兴市场仍较不成熟，仅依靠活跃度无法准确评价，因此，本章在参考已有相关研究指标体系的基础上[11,12,17]，选择市场规模、市场结构、市场活跃度、市场波动性 4 个一级指标，并对二级指标进行了优化与改进。例如，考虑到交易主体和产品均会对有效性产生一定影响，在市场结构指标下设置交易主体和产品种类两个二级指标，而不是仅通过交易主体数量来测算[18]；考虑到目前试点市场交易主要集中在第二、三季度，以年度数据评价市场有效性，无法反映年度内不同时期的差异，测度结果缺乏时效性[11]，本章将以季度为时间单位对碳市场有效性进行评价。具体评价指标（表 5-1）选择如下。

表 5-1 碳市场有效性评价指标

一级指标	二级指标	单位	定义	方向
市场规模	交易量 X_1	万吨	季度交易量	+
	交易额 X_2	万元	季度交易额	+
市场结构	交易主体种类 X_3	种	碳市场参与者的类型	+
	产品种类 X_4	种	碳市场产品类型	+
市场活跃度	最大日交易量 X_5	万吨	季度最大日交易量	+
	平均日交易量 X_6	万吨	季度累计日交易量/交易总天数	+
	交易量集中度 X_7	无	日交易量前 20%的交易量之和/季度总交易量	—
	有效交易日比率 X_8	无	有效交易日/季度总交易日	+
	流动性 X_9	无	季度总交易量/年度总配额量	+
市场波动性	收盘差价 X_{10}	元	最高收盘价—最低收盘价	—
	碳价格幅度 X_{11}	无	(最高碳成交价—最低碳成交价)/最低碳成交价	—
	交易量分散度 X_{12}	无	日交易量的标准差/平均日交易量	—

注：日交易量不为 0 为有效交易日。

（1）市场规模可直接反映碳市场表现和容量，主要侧重对整个碳市场状况的了解，以累计交易量和累计交易额两个指标来衡量[19,20]，交易量和交易额越大，表明市场表现越好、有效性越高。

（2）市场结构包括市场主体的参与规模和产品结构，可间接反映出潜在交易量，并衡量市场交易模式是否多样化，交易产品类别是否充裕。若市场多样化程度较高，那么其应对风险的能力也较高，相对而言市场波动性会较小，则市场较为稳定。目前，碳市场的交易主体主要包括企业、投资机构和个人，产品类型主要包括配额和抵消项目，抵消项目包括 CCER 及其他项目。交易主体和产品种类越多，说明市场结构越多元化，有效性越高。

（3）市场活跃度主要侧重于了解市场参与者的积极性和参与度，从市场日交易量的角度进行衡量。运行良好的碳市场一般市场活跃度较高[21]。可通过最大日交易量、平均日交易量、交易量集中度、有效交易日比率、流动性来衡量[12,22]。其中，流动性主要源于股票市场，碳配额作为金融资产考虑时，可通过流动性来衡量碳市场的有效性，流动性是衡量有效性的关键指标[23]。流动性越高，则市场活跃度越高，进而有效性越高。

（4）市场波动性反映市场是否稳定和市场应对风险的能力，主要通过收盘差价、碳价格幅度、交易量分散度 3 个指标来进行衡量。市场波动性越大，表明市场应对风险的能力越弱，市场有效性越低。

（三）碳市场有效性测度方法

常规的有效性测度方法主要包括模糊综合评价、因子分析、灰色关联度评价、层次分析法等。其中，灰色关联度评价、模糊综合评价和层次分析法主要基于专家打分方法来确定最优序列和指标权重，具有较强的主观性；因子分析可解释度相对较差，且不直观。基于熵的 TOPSIS 方法是一种理想点排序法，其目的是找到最接近理想点的方案，并且是根据每个指标的变化程度来确定权重，具有较强的客观性，而且可以很好地反映各指标之间的差异[11,24]。此方法目前在金融股票等资本市场、水资源等环境质量评价领域已有广泛使用，而温室气体碳排放权与金融资产具有相似性，碳配额在某种程度上可以视为金融资产[25]，因此本章采用此方法对试点碳市场有效性进行测度。

碳市场有效性指标的初始矩阵为 $\boldsymbol{X} = [x_{ij}]_{m \times n}(0 \leqslant i \leqslant m, 0 \leqslant j \leqslant n)$，$m$、$n$ 分别为碳市场数量及指标数量。

1. 建立无量纲数据矩阵

在初始矩阵上执行无量纲处理以消除索引维度的影响，以此获得无量纲数据矩阵 $[x_{ij}^*]_{m \times n}$。

$$正向指标：x_{ij}^* = \frac{x_{ij} - \min x_j}{\max x_j - \min x_j}, 0 \leqslant i \leqslant m, 0 \leqslant j \leqslant n \quad (5-1)$$

$$负向指标：x_{ij}^* = \frac{\max x_j - x_{ij}}{\max x_j - \min x_j}, 0 \leqslant i \leqslant m, 0 \leqslant j \leqslant n \quad (5-2)$$

式中：x_{ij} 为第 i 个碳市场第 j 项指标，$\min x_j$ 和 $\max x_j$ 为第 j 个指标的最小值和最大值。

2. 矩阵加权

碳市场 i 对评价指标 j 的指数 p_{ij} 比率定义为：

$$p_{ij} = \frac{x_{ij}}{\sum\limits_{i=1}^{m} x_{ij}} \quad (5-3)$$

评估指标 j 的熵 e_j 定义为：

$$e_j = -\frac{1}{\ln m} \sum_{i=1}^{m} p_{ij} \ln(p_{ij}) \quad (5-4)$$

权重 w_j 定义为：

$$w_j = \frac{1 - e_j}{\sum\limits_{j=1}^{n}(1 - e_j)} \quad (5-5)$$

进而得到加权矩阵 $\boldsymbol{Y} = [y_{ij}]_{m \times n} = x_{ij}^* \times w_j$。

3. 有效性综合评价

加权矩阵后得到正负理想解为：$y_j^+ = \max_{1 \leqslant i \leqslant m} (y_{ij})$，$y_j^- = \min_{1 \leqslant i \leqslant m}$ (y_{ij})，再由与正负理想解的欧式距离求得 s_i^+、s_i^-，进而得到市场有效性为 $d_i = \dfrac{s_i^-}{s_i^+ + s_i^-}$。

（四）模型设定

影响有效性的因素较为复杂，除了受政策制度、经济发展、能源消耗、资源环境等可观测因素影响以外，可能还受其他非观测因素的影响[26-28]。对于研究对象存在明显的非观测效应情形，采用普通的 OLS 估计，将会导致参数估计偏误。对于非观测效应计量经济学目前已有较为成熟的方法，主要有固定效应模型和随机效应模型两类[29]。其中，固定效应模型假定非观测效应与随机扰动项相关，随机效应则假定非观测效应与随机扰动项不相关。在具体应用中，到底应该选择固定效应模型还是随机效应模型，一般可以通过 Hausman 检验进行判断。本章通过 Hausman 检验，得到 $\chi^2 (6) = 39.28$，p 值为 0.000 0，故拒绝原假设，选择固定效应模型。非观测效应模型中包括不随时间变化的个体差异，同时加入季度时间虚拟变量来刻画随时间变化的差异及考虑碳市场存在时变效应，具体模型设计如下：

$$d_{kt} = \alpha + \sum_{l=1}^{q} \beta_l Z_{kt} + \sum_{v=1}^{c} \gamma_v r_{kt} + \sum_{h=1}^{f} \lambda_h t_k b_k + u_k + T_t + \varepsilon_{kt} \qquad (5-6)$$

式中：k 表示地区，t 表示时间，即季度时频。模型中的被解释变量 d_{kt} 是第 k 省市第 t 季度的碳市场有效性；Z_{kt} 为控制变量，包括地区经济，用一产和三产比重、人均 GDP、GDP 增速来衡量，能源消耗，用能源消耗量、单位 GDP 能耗、可再生能源占比来衡量，森林资源，用森林覆盖率来衡量。l 表示 Z_{kt} 的第 l 个参数 β_l，共 q 个；解释变量 r_{kt} 为碳市场各制度因素，包括控排企业数量、覆盖范围、纳入门槛、惩罚力度、配额总量、配额分配标准。v 表示 r_{kt} 的第 v 个参数 γ_l，共 c 个；b_k 为可抵消比例，因碳市场的可抵消比例不随时间变化，因此将其与季度时间虚拟变量相结合观察随时间的变化情况。h 表示 $t_k b_k$ 的第 h 个参数 λ_h，共 f 个。α 代表不随时间和省市个体改变的平均效应；u_k 为 k 省市个体特有的且不随时间变化的非观测效应，比如各碳市场的地理位置，碳市场间的空间距离等；T_t 表示不因省市个体而改变的时间效应，比如国家出台的碳市场政策制度；ε_{kt} 表示随机扰动项；β、γ、λ 等为待估参数。

三、数据来源与描述性统计

（一）数据来源

本章的数据主要来源于：①试点地区经济、能源、资源环境等统计数据。基于全球统计数据分析平台（economy prediction system，EPS）、国家和 7 个试点省市的统计年鉴，获取试点地区经济（GDP，一二三产 GDP，人均 GDP）、能源（能源消耗量、可再生能源使用量）、资源环境（森林覆盖率）等数据。②碳市场交易数据。基于中国碳排放权交易网平台，获取 7 个试点碳市场的交易数据。③碳市场政策相关资料。本章基于国家发改委、生态环境部、7 个试点省市的发改委及生态环境局（厅）、中国碳排放权交易网等官方网站以及《全国七省市碳交易试点调查与研究》，获取配额总量、控排企业数、覆盖行业范围、纳入门槛、惩罚力度、可抵消比例、配额分配标准等数据。

（二）试点碳市场交易现状

国家发改委于 2011 年发布了《关于开展碳排放权交易试点工作的通知》。深圳碳市场于 2013 年 6 月率先启动，随后北京、上海、广东（不含深圳，下同）、天津、湖北、重庆碳市场相继开始交易。本章选取 7 个省市的试点碳市场 2013—2019 年共计 16 063 组日交易数据，分析各试点市场交易动态变化与特征差异，具体见表 5 - 2。①从市场规模来看，湖北、广东碳市场位居前两位，累计交易量与交易额分别为 63.82、55.64 百万吨和 12.88、9.92 亿元；天津与重庆市场规模最小，累计交易量与交易额分别为 3.05、8.46 百万吨和 0.42、0.48 亿元。②从碳交易平均价格来看，北京碳市场最高，超过 55 元/吨；深圳与上海碳市场分别为 33.84 元/吨和 29.95 元/吨；天津与重庆碳市场最低，不足 2 元/吨。

表 5 - 2　2013—2019 年试点碳市场交易现状

碳市场	累计交易量/百万吨	累计交易额/亿元	平均碳价/元
北京	13.30	7.95	55.31
上海	15.08	4.26	29.95
天津	3.05	0.42	18.42
湖北	63.82	12.88	22.64
重庆	8.46	0.48	16.93
广东	55.64	9.92	24.68
深圳	26.41	7.25	33.84

数据来源：中国碳排放权交易网。

　　与欧盟碳市场相比，中国试点碳市场无论在交易规模还是交易价格上均有较大差距。2019 年国际碳行动伙伴组织（ICAP）报告显示，2018 年欧盟碳市场的平均价格是 15.82 欧元/吨，交易额达到 142 亿欧元，自市场建立以来累计交易额达到 359 亿欧元。交易规模与交易价格是市场有效性的重要指标，表明相比欧盟碳市场，中国试点碳市场有效性仍存在较大的提升空间。气候变化与经济、能源、资源环境等均具有高度关联性，各试点碳市场区域跨度大，经济发展、能源消费、资源环境等均存在明显差异，碳市场政策制度设计需充分考虑上述因素的差异及其可能的影响。从本质上来讲，碳市场有效性直接取决于碳市场供给和需求状况，而经济发展、能源消耗、资源环境等因素则会直接或间接对碳市场供给和需求产生影响[30]。在其他条件既定的情况下，经济发展水平越高，能源消耗量越高，温室气体排放量越高，则需求越大；资源环境禀赋越高，对环境的承载能力越高，则需求越弱。

　　表 5-3 为 2014—2018 年试点省市经济发展、能源消耗、森林资源状况。从表 5-3 可以看出：①不同省市经济发展存在明显差异。深圳经济发展水平最高，人均 GDP 为 16.62 万元；北京、上海和天津经济发展水平较高，人均 GDP 接近 12 万元；广东、重庆、湖北经济发展水平相对较低，人均 GDP 不足 7 万元。北京、上海、天津和深圳三产占比均超过 50%，其中北京三产占比高达 79.88%；广东、湖北、重庆三产占比不足 50%。就 GDP 增速而言，深圳增速最快，为 10.80%；湖北、重庆增速相对较快，超过了 9.50%；北京、上海和广东增速相对较缓，介于 8.00%～9.00%；天津增速最缓，为 5.50%。②从单位 GDP 能耗指标来看，最低的是深圳市，为 0.21 吨标准煤/万元，相对较高的是湖北与重庆，超过 0.50 吨标准煤/万元。从可再生能源占比来看，广东最高，超过 22%，重庆最低，仅为 12.50%。③就森林覆盖率而言，广东森林覆盖率最高，超过 50%；天津与上海较低，仅为 10% 左右。

表 5-3　2014—2018 年试点省市经济发展、能源消费、森林资源状况

地区	GDP 增速/%	人均 GDP/万元	一产占比/%	三产占比/%	单位 GDP 能耗/吨标煤/万元	可再生能源占比/%	能源消费量/万吨标煤	森林覆盖率/%
北京	8.80	11.86	0.54	79.88	0.28	17.8	7 071	37.40
上海	8.40	11.58	0.41	68.29	0.42	15.6	12 000	11.40
天津	5.50	11.29	1.12	54.99	0.47	12.8	8 145	10.30
广东	8.90	6.25	5.85	49.51	0.45	22.2	27 000	51.80
湖北	9.70	5.59	10.59	44.52	0.52	14.4	17 000	38.60
重庆	9.80	5.73	7.09	48.84	0.53	12.5	9 218	39.40
深圳	10.80	16.62	0.05	58.80	0.21	19.2	4 076	40.70

　　注：广东省为除深圳市外的数据。

（三）碳市场政策制度情况

表 5-4 为 2014—2018 年 7 个试点碳市场主要政策制度情况。从表 5-4 可以看出：①从控排规模来看，北京、深圳碳市场控排规模最大，控排企业数量超过 700 家，纳入控排企业的门槛最低，分别为 0.70 万吨/年和 0.30 万吨/年，配额总量少于 0.50 亿吨，政府给控排企业发放的免费配额比例即配额分配标准超过 95.50%。天津和重庆碳市场的控排规模最小，控排企业数少于 200 家；纳入门槛较高，均为 2.1 万吨/年，覆盖行业较少；天津市场配额分配标准为 98.20%，重庆市场则为企业自主申报后政府审核，配额分配标准平均为 98.50%。上海、广东、湖北碳市场控排规模处于中间水平，控排企业数介于 250~280 家，覆盖范围为 6~8 个行业。②从可抵消比例来看，均介于 5%~10%，其中天津、广东、深圳、湖北的可抵消比例均为 10%；其次是重庆碳市场，为 8%；北京、上海碳市场可抵消比例较低，为 5%。③惩罚力度是指市场均价乘违约罚款的倍数。从惩罚力度来看，湖北、广东、深圳、北京等碳市场的惩罚力度较大；天津碳市场的惩罚力度最小，仅通过规范性文件规定企业 3 年内不得享受相关政策；重庆、上海处于中间水平。

表 5-4　2014—2018 年 7 个试点碳市场主要政策制度情况

地区	配额总量/亿吨	控排企业数/家	覆盖范围/个	纳入门槛/万吨/年	惩罚力度/元	可抵消比例/%	配额分配标准/%
北京	0.5	777	6	0.7	165.93	5	95.6
天津	1.6	109	5	2.1	0	10	98.2
上海	1.6	280	8	1.6	89.85	5	96.7
广东	4.2	257	6	2	123.40	10	96.4
深圳	0.3	733	8	0.3	101.52	10	95.7
湖北	2.7	250	7	7.8	113.20	10	94.6
重庆	1.2	187	6	2.1	50.79	8	98.5

注：配额分配标准测度方法为各行业免费配额比例或控排系数乘以权重，权重为各行业控排企业数占该地区控排企业总数的比例。

四、结果与分析

（一）试点碳市场有效性评价

本章利用基于熵的 TOPSIS 方法测算中国试点碳市场 2014—2018 年各季

度的有效性，有效性得分及演变趋势如表5-5和图5-2所示。

表5-5 2014—2018年中国试点碳市场有效性描述性统计

地区	平均值	最大值	最小值	标准差	偏度	峰度
北京	0.42	0.82	0.05	0.21	0.03	2.14
天津	0.24	0.64	0.05	0.13	1.41	5.23
上海	0.41	0.82	0.04	0.23	0.10	1.86
广东	0.53	0.96	0.10	0.29	0.10	1.64
深圳	0.51	0.86	0.10	0.20	−0.59	2.57
湖北	0.65	0.98	0.28	0.20	−0.18	2.26
重庆	0.32	0.68	0.06	0.23	0.47	1.53

注：峰度代碳市场有效性相对正态分布的陡峭程度，大于3说明有效性较为陡峭，小于3表示较为平坦。偏度表示试点碳市场有效性相对正态分布拖尾特征，小于0表示有效性主要分布在均值右侧，大于0表示有效性主要分布在均值左侧。

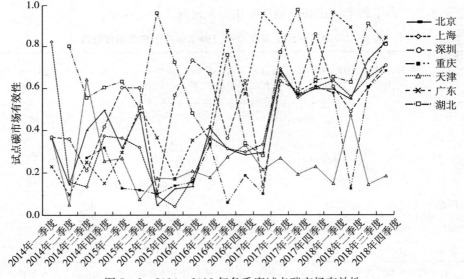

图5-2 2014—2018年各季度试点碳市场有效性

从表5-5可以看出：①就总体有效性而言，中国的7个试点碳市场大致可分为3个等级：第一等级为湖北、广东、深圳，其有效性平均值介于0.51～0.65，有效性最大值介于0.86～0.98；第二等级为北京、上海，其有效性平均值分别为0.42和0.41，有效性最大值均为0.82；第三等级为天津、重庆，其有效性平均值分别为0.24和0.32，有效性最大值分别为0.64和0.68。且在样本期内的分布仅第三等级的天津市场峰度超过 3；第一等级的深圳和湖北碳市场的偏度小于 0，有效性主要分布在均值右侧。②从波动性来看，7 个试点碳市场的有效性波动都较大，标准差在 0.13～0.29，其中天津碳市场波动性相对较小，标准差仅为 0.13；广东碳市场波动性相对较大，标准差为 0.29。

从图 5-2 可以看出 7 个碳市场波动性较大，且一年之中二季度或三季度的有效性相比一季度和四季度高，这主要与各地控排企业往往选择履约期前进行交易有关，履约期主要集中于 5—7 月，这段时期的市场活跃度较高[31]。

总之，由于各碳市场的政策制度及交易状况的不同，碳市场有效性参差不齐，但随着市场的逐步发展和政策体系的不断完善，市场之间的差距在逐步缩小。

（二）试点碳市场有效性影响因素分析

表 5-6 为通过双向固定效应模型得到的实证结果。列（1）表示在对经济、能源、森林资源进行控制后，使用双向固定效应进行估算的结果。列（2）是在列（1）的基础上，加入 2014 年二季度至 2018 年四季度的季度虚拟变量和可抵消比例的交互作用，检验在这段时间内可抵消比例对有效性的影响是否不变。研究发现：

（1）控排企业数量、惩罚力度对有效性的影响为正，表明控排企业数量、惩罚力度对碳市场有效性具有显著的正向作用，这印证了控排企业的数量越多、惩罚力度越大使得碳市场活跃度和有效性越高的分析结果。其原因在于控排企业数越多，那么潜在的交易主体数越多，相对而言碳市场是较为活跃的。在其他条件不变情况下，惩罚力度越大，控排企业不履行控排义务的违约成本越高，参与碳交易的积极性越高，碳市场有效性也越高。

（2）配额总量对碳市场有效性的影响因素为负，表明配额总量对碳市场有效性具有显著的负向作用，这印证了配额总量越少使得碳市场有效性越高的分析结果。原因在于目前碳市场仍存在配额总量过多的问题，导致市场活跃度不够，有效性较低。

（3）控排企业的市场纳入门槛和配额发放标准对碳市场有效性的影响系数为负，但目前未通过统计显著性检验，说明碳市场纳入门槛对控排企业数量的增加、配额发放标准对配额总量的减少这些因素起到的作用尚不明显。

（4）时间虚拟变量与可抵消比例的交叉项表示某一季度可抵消比例的影响作用，估计结果大部分为正（除 2014 年四季度和 2015 年一季度外），且交互项联合 F 检验相应的 P 值为 0.018，通过 5% 的显著性检验，表明总体而言，随着时间的推移，可抵消比例对市场有效性有正向作用。

（5）宏观经济产业结构对碳市场有效性影响较大，具体而言，在其他条件不变情况下，第三次产业比例越高，市场有效性越低。其背后的原因在于在既定的条件下，第三次产业比重较高时，该地区排放总量与强度相对较低，对配额需求也相对较小，故市场活跃程度相对较低。

（6）地区可再生能源占比对碳市场有效性具有正面影响，具体而言，在其他条件不变情况下，可再生能源占比越高，碳市场有效性越高。这可能是由于可再生比例较高时，会引导当地控排企业加快向低碳方向转型，从而提高碳交易需求和市场有效性。

表5-6　碳市场有效性影响因素估计结果

变量	(1)	(2)
配额总量	−0.787*** (0.255)	−0.719** (0.348)
控排企业数量	0.001 04** (0.000 402)	0.000 923* (0.000 546)
纳入门槛	−0.013 (0.011)	−0.014 (0.015)
惩罚力度	0.034* (0.020)	0.041* (0.023)
配额发放标准	−0.146 (0.154)	−0.174 (0.191)
覆盖范围	0.102** (0.051)	0.069 (0.067)
GDP 增速	0.073 (0.160)	0.055 (0.265)
人均 GDP	−0.000 662 (0.062)	−0.006 36 (0.079)
一产比重	0.013* (0.008)	0.012 (0.009)
三产比重	−0.016*** (0.005)	−0.016*** (0.005)
单位 GDP 能耗	−0.213 (0.608)	−0.074 (0.780)
可再生能源占比	0.451*** (0.112)	0.312 (0.203)
能源消耗量	7.38e−06 (0.000 267)	0.000 107 (0.000 38)
森林覆盖率	0.006 (0.017)	0.017 (0.033)
可抵消比例×time 201402		0.038 (0.036)
可抵消比例×time 201403		0.016 (0.037)
可抵消比例×time 201404		−0.005 (0.038)
可抵消比例×time 201501		−0.002 (0.013)
可抵消比例×time 201502		0.003 (0.015)
可抵消比例×time 201503		0.051 (0.036)
可抵消比例×time 201504		0.062* (0.036)
可抵消比例×time 201601		3.58e−05 (0.015)
可抵消比例×time 201602		0.005 (0.016)
可抵消比例×time 201603		0.009 (0.017)

（续）

变量	(1)	(2)
可抵消比例×time 201604		0.008（0.019）
可抵消比例×time 201701		0.005（0.033）
可抵消比例×time 201702		0.017（0.019）
可抵消比例×time 201703		0.013（0.021 5）
可抵消比例×time 201704		0.013（0.023）
可抵消比例×time 201801		0.024（0.047）
可抵消比例×time 201802		0.053（0.047）
可抵消比例×time 201803		0.007（0.047）
可抵消比例×time 201804		0.009（0.047）
观测数	137	137
R^2	0.617	0.656

注：括弧为标准误，***、**、*分别表示在显著水平1%、5%、10%下显著。本章主要重点关注碳市场政策制度对其有效性的影响，鉴于此类模型的实证文献和篇幅有限，表中未列出时间虚拟变量的系数估计值。

五、结论与建议

（一）结论

本章通过构建指标体系，从更实时的季度时频测算我国碳市场的有效性，并运用双向固定效应模型，分析碳市场政策制度和碳市场有效性之间的关系，深入挖掘碳市场有效性的决定因素，得到以下主要结论。

（1）2014—2018年，我国7个省市试点碳市场有效性峰值在一年之中二、三季度出现。各碳市场有效性不仅存在较大差异，而且波动性较大，其中湖北碳市场有效性最高，其次为广东、深圳、北京、上海等碳市场，而天津、重庆碳市场有效性较低。

（2）相较于需求状况而言，碳市场的供给状况对碳市场有效性的影响更大，这可能与目前试点市场总体处于买方市场有关。即考虑到经济发展的平稳性以及控排企业的接受程度，碳市场主要以免费方式发放配额，且配额总量相对宽松，导致需求相对不足。从需求角度来看，控排企业数量、惩罚力度对碳市场有效性的影响较大且系数为正；从供给角度来看，配额总量的影响作用较大且系数为负。此外，随着时间的推移，可抵消比例对碳市场有效性有正向作用。

（3）宏观经济产业结构对碳市场有效性的影响明显，尤其三产比重对碳市场有效性的影响显著为负。

（4）地区可再生能源占比对碳市场有效性具有明显的正面影响。

（二）政策建议

碳市场有效性的研究对于加强统一碳市场的建设是有益的，有助于减少碳排放并发展低碳绿色经济、绿色金融，实现经济高质量、可持续发展。本章提出以下建议。

1. 完善配额发放模式

对于发展中的中国来说，经济发展与环境保护相矛盾，应采取符合国情的配额模式。配额总量对碳市场有效性具有显著的负向作用，在考虑经济发展目标的前提下可适当降低配额总量。在减少控排企业的免费配额分配量的同时，提高配额总量中政府预留部分用于调节市场配额以保持价格平稳，并提高政府预留配额中公开竞价等有偿购买的比例或制定定价出售模式，制定可操作性强的规则，以增加碳市场活跃度。

2. 完善惩罚机制

惩罚机制是保障碳市场秩序和效率的前提，也是预防控排企业履约风险的基础。为防止主观性地处罚控排企业，应当使控排企业接受处罚的裁量有法可依，即制定相关惩罚机制的法律规则；但目前的法律依据主要为地方性法规或规范性文件，法律约束力薄弱，因此，需要制定具有较强法律约束力的法规。另外，可考虑将惩罚机制与奖励机制相结合，如资金补贴等，通过奖励措施来激励控排企业的履约和碳市场的交易。

3. 逐步增加控排企业数量

实证分析结果表明，在其他条件既定情况下，控排企业数量越多，碳市场有效性越高。因此，无论是从提高碳市场有效性角度来说，还是从减少排放总量以减缓气候变化角度来说，均应将更多的高排放企业纳入市场体系，从而真正实现绿色发展。当然，在具体操作中，也需要考虑经济发展平稳性和企业的承受能力。

参 考 文 献

[1] YI L，BAI N，YANG L，et al. Evaluation on the effectiveness of China's pilot carbon market policy [J]. Journal of Cleaner Production，2019.

[2] International Carbon Action Partnership. Global Carbon MarketProgress Report 2020 [R]. Lisbon：ICAP，2020.

［3］夏晖，王思逸，蔡强 . 多目标条件下企业碳配额分配和政府公平：基于（p，α）比例公平的视角［J］. 中国管理科学，2019，27（4）：48－55.

［4］王文举，陈真玲 . 中国省级区域初始碳配额分配方案研究：基于责任与目标、公平与效率的视角［J］. 管理世界，2019，35（3）：81－98.

［5］赵永斌，丛建辉，杨军，等 . 中国碳市场配额分配方法探索［J］. 资源科学，2019，41（5）：872－883.

［6］潘晓滨 . 温室气体排放交易配额总量设定影响因素研究［J］. 西北师大学报（社会科学版），2017，54（4）：140－144.

［7］谭冰霖 . 碳交易管理的法律构造及制度完善：以我国七省市碳交易试点为样本［J］. 西南民族大学学报（人文社科版），2017，38（7）：70－78.

［8］王文军，骆跃军，谢鹏程，等 . 粤深碳交易试点机制剖析及对国家碳市场建设的启示［J］. 中国人口·资源与环境，2016，26（12）：55－62.

［9］吕靖烨，曹铭，李朋林 . 中国碳排放权交易市场有效性的实证分析［J］. 生态经济，2019，35（7）：13－18.

［10］LIU X F，ZHOU X X，ZHU B Z，et al. Measuring the maturity of carbon market in China：An entropy—based TOPSIS approach［J］. Journal of Cleaner Production，2019，229：94－103.

［11］易兰，李朝鹏，杨历，等 . 中国7大碳交易试点发育度对比研究［J］. 中国人口·资源与环境，2018，28（2）：134－140.

［12］ZHANG S Y，JIANG K，WANG L，et al. Do the performance and effi－ciency of China's carbon emission trading market change overtime？［J］. Environmental Science and Pollution Research，2020，27：33140－33160.

［13］贾晓薇，杨国瑰，高钦姣 . 辽宁碳交易市场现状及制度框架设计：基于7个试点省市的比较分析［J］. 地方财政研究，2016（8）：96－100.

［14］雷鹏飞，孟科学 . 碳金融市场发展的概念界定与影响因素研究［J］. 江西社会科学，2019，39（11）：37－44.

［15］宋亚植，刘天森，梁大鹏，等 . 碳市场合理初始价格区间测算［J］. 资源科学，2019，41（8）：1438－1449.

［16］DASKALAKIS G，MARKELLOS R N. Are the European carbon markets efficient［J］. Social Science Electronic Publishing，2008，17（2）：103－128.

［17］HU Y J，LI X Y，TANG B J. Assessing the operational performanceand maturity of the carbon trading pilot program：The case study ofBeijing's carbon market［J］. Journal of Cleaner Production，2017，161：1263－1274.

［18］YI L，LI Z P，YANG L，et al. Comprehensive evaluation on the "maturity" of China's carbon markets［J］. Journal of Cleaner Production，2018，198：1336－1344.

［19］杨越，成力为 . 区域差异化制度设计下的碳排放交易市场效率评价［J］. 运筹与管理，2018，27（5）：157－167.

［20］姚从容，曾云敏 . 碳市场有效性及其评价指标体系：基于有效市场假说的视角［J］.

兰州学刊，2019，（12）：114‐122.

[21] 张希良，张达，余润心. 中国特色全国碳市场设计理论与实践 [J]. 管理世界，2021，37（8）：80‐95.

[22] ZHAO X G, JIANG G W, NIE D, et al. How to improve the market effi? ciency of carbon trading: A perspective of China [J]. Renewable & Sustainable Energy Reviews，2016，59（6）：1229‐1245.

[23] MUNNINGS C, MORGENSTERN R D, WANG Z M, et al. Assessing the design of three carbon trading pilot programs in China [J]. Energy Policy，2016，96：688‐699.

[24] 温丽琴，卢进勇，杨敏姣. 中国跨境电商物流企业国际竞争力的提升路径：基于ANP‐TOPSIS模型的研究 [J]. 经济问题，2019（9）：45‐52.

[25] 汪文隽，周婉云，李瑾，等. 中国碳市场波动溢出效应研究 [J]. 中国人口·资源与环境，2016，26（12）：63‐69.

[26] ZHANG F, FANG H, SONG W Y. Carbon market maturity analysiswith an integrated multi‐criteria decision making method: A casestudy of EU and China [J]. Journal of Cleaner Production，2019.

[27] YANG Y, CHENG L W. Operational efficiency evaluation and systemdesign improvements for carbon emissions trading pilots in China [J]. Carbon Management，2017，8（5）：399‐415.

[28] ZHANG W, LI J, LI G X, et al. Emission reduction effect and carbonmarket efficiency of carbon emissions trading policy in China [J]. Energy，2020.

[29] WOOLDRIDGE J M. Introductory Econometrics: A Modern Approach. [M]. 6th ed. Toronto: Nelson Education，2018.

[30] ZAKARYA G Y, MOSTEFA B, ABBES S M, et al. Factors affecting CO2 emissions in the BRICS countries: A panel data analysis [J]. Procedia Economics and Finance，2015（26）：114‐125.

[31] 祝雅璐. 中国碳试点市场有效性评价及其制度优化研究 [D]. 杭州：浙江农林大学，2021.

第六章 碳市场-经济增长-环境保护协调发展度研究

摘要：促进碳市场、经济增长和环境保护的协调发展是实现"碳中和2060"目标的根本保障。本章基于我国 7 个碳交易试点地区 2014—2019 年的相关数据，首先构建地区碳市场、经济增长和环境保护的协调发展度指标体系，测度协调发展水平，最后借鉴 Tobit 模型分析地区规模以上工业企业数量、固定资产投入、外商直接投资及科技投入对碳市场-经济增长-环境保护协调发展度的影响。研究结果表明：各碳交易试点地区碳市场、经济增长和环境保护的协调发展度整体呈现上升趋势，且北京和广东为良好协调，天津、上海、深圳和湖北为中级协调，重庆为初级协调；东部沿海地区发展速度及潜力大于内陆地区；规模以上工业企业数量、固定资产投入、外商直接投资及科技投入对各碳交易试点地区协调发展度影响的正负效应和程度存在显著差异。

一、引言

党的十九大关于 2050 年我国社会主义现代化建设的目标和基本方略中特别指出，要研究和制定应对气候变化长期低碳发展的目标战略，要实现社会经济可持续发展与生态环境根本改善、协同共赢[1]。习近平主席在十九届五中全会上承诺，到 2030 年实现"碳达锋"，到 2060 年实现"碳中和"的长期战略目标，特别在"十四五"规划中强调，要更大力度地发展和运用碳市场，以此协调经济增长与生态环境保护的关系。"波特假说"指出，适宜的市场型环境规制可以有效地促进经济增长与环境保护的协调发展[2]。根据科斯定理可知，碳市场通过市场化的经济手段来落实国家节能减排政策的实施，内化环境污染的外部性，加速节能减排技术的革新，推动产业结构的绿色转型，提升能源利用效率，最终实现经济的高质量增长与环境保护的协调发展[3]。实际上，我国试点碳市场从 2011 年才首次提出，2013 年开始陆续在北京、上海、天津、重庆、深圳、广东、湖北 7 个地区进行试点，主要交易产品包括碳排放权配额、林业清洁发展机制（clean development mechanism，CDM）和 CCER 等。关于我国碳交易试点地区碳市场与地区经济增长及环境保护的协调发展程度如何，是否受到地区规模以上工业企业数量、固定资产投入、外商直接投资及科技投入等的影响这些现实问题，在我国碳市场统一建设之际，在提出"碳达峰"与"碳中和"目标之际，在我国生态文明建设的长期目标下，都有必要深入分析和回答。

关于碳市场的作用机制，已有研究表明，碳市场有利于企业低碳转型及节能减排的技术创新[4]，企业通过碳市场可以降低其边际减排成本[5]。还有学者利用一般均衡模型对我国各碳市场试点地区的经济增长情况进行了模拟，研究表明，碳市场建立后不仅碳排放量明显减少[6]，而且碳市场对我国一些重工业地区，如中西部地区的经济发展会起到显著的促进作用[7]，从而有效地避免碳陷阱，促进碳脱钩现象[8]。建立碳市场能有效提高控排企业的减排效果并降低边际成本，提高企业的收益，在改善环境的同时促进企业及国家和地区的经济增长[9]。

在碳市场与环境保护的关系方面，实证分析表明，碳市场对环境保护效果起到积极的促进作用，包括有效降低建筑行业的节能减排成本[10]，汤铃等的结果表明，合理完善的碳排放权交易体系能够缓解二氧化碳排放对环境污染造成的压力[11]；刘宇等通过情景模拟，研究结果为天津碳市场对天津地区的减排效果显著，环境改善情况可观[5]；李广明和张维洁运用双重差分模型，研究认为我国碳交易试点的运行对二氧化碳的减排效应显著，为环境治理提供了有效途径，缓解了经济增长与环境保护之间的矛盾[12]；赵立祥等发现我国实行碳交易政策对工业化经济发达地区的大气污染减排有积极作用，可弱化行政减排手段，强化市场化减排手段[13]。

综上，以往的研究主要集中在碳市场的作用机制，以及对经济增长或环境保护的影响方面，鲜有对碳市场、经济增长和环境保护三者协调发展程度的研究探讨，更未涉及协调发展程度影响因素实证研究。鉴于此，本章以 7 个碳市场试点地区为切入点，基于 2014—2019 年的碳市场、经济增长、环境保护的相关数据，首先构建地区碳市场、经济增长和环境保护的协调发展度评价指标体系，并借鉴廖重斌、王春娟等的测度方法[14-15]，评价试点地区的协调发展度，利用 Tobit 模型实证分析试点地区规模以上工业企业数量、固定资产投入、外商直接投资，及科技投入对各碳交易试点地区碳市场、经济增长和环境保护协调发展度的影响。本章的贡献不仅在于从理论层面分析了碳市场、经济增长和环境保护协调发展的影响机理，其现实意义在于为地区的协调发展度及其影响因素的深入研究提供了科学参考。研究成果不但揭示了碳市场试点地区碳市场、经济增长和环境保护三者的协调发展现状，更重要的是，通过分析地区规模以上工业企业数量、固定资产投入、外商直接投资及科技投入对碳市场试点地区碳市场-经济增长-环境保护协调发展度的影响，丰富了该领域的相关研究，为我国实现"碳达峰"与"碳中和"的目标提供信息资料参考。

二、理论分析

结合外部性原理和科斯定理可知，碳市场可以通过市场化的方式，把环境污染的外部性内部化，减少政府在环境治理方面的投资，降低企业的边际减排成本，从源头上推动经济机构、能源结构、产业结构的根本变革，既能促进地区经济高质量增长，又能有效缓解生态环境的承载压力，逐步实现"碳中和"目标。经济增长导致大量污染气体排放，过度的环境承载压力倒逼环境整改的趋势，增加了控排企业和个人对碳排放权配额的需求，从而推动碳市场交易量和交易额的增长，在一定程度上拉动了碳交易价格的上涨，为其发展提供了大量的资金和技术支持。由环境库兹涅茨曲线（enviromental Kuznets curve，EKC）理论可知，在经济增长水平较缓慢的情况下，环境污染情况随经济增长日益严重，而当经济增长水平达到某一阈值时，经济增长反而会促进环境污染问题的改善，呈现出明显的倒"U"型关系[16]。经济增长的基础是生态环境，其为经济增长提供了大量自然资源和物质供给，经济增长初期是以大量能源消耗和环境污染作为代价的，但是地区经济规模增长水平的不断提高，可以为该地区的环境治理投入大量资金和技术支持，以改善环境质量，实现绿色低碳可持续发展的目标。

因此，结合图6-1可知，碳市场将环境污染外部性内部化，促进了产业结构的绿色转型，并协同经济高质量增长。反过来，为碳市场提供资金和技术支持，扩大企业覆盖范围和市场交易规模，促进相关节能减排项目开发，激活碳市场有效性[17]；同时，碳市场交易机制倒逼企业总量减排，源头减排，促进生态环境根本好转。环境保护的期望也将拉动碳配额需求，促进碳市场交易量与交易额增长；环境保护期望下，随着碳市场及其相关节能减排项目的发展，同样可为政府和企业提供资金和技术支持，促进低碳转型和绿色可持续发展，从而实现经济高质量增长。经济高质量增长又不断为环境保护注入大量资金和技术支持，从而进一步改善环境。总之，通过碳市场、经济增长和环境保护的协调发展，最终可以实现"碳达锋"与"碳中和"目标，以及美丽中国梦和生态文明梦。

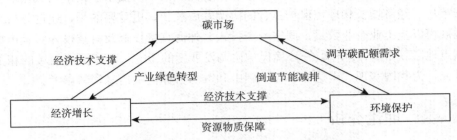

图 6-1 碳市场、经济增长和环境保护的协调发展机理

三、研究方法与数据来源

(一) 指标体系与数据来源

本章所建立的指标体系从绿色低碳循环发展的科学内涵出发，本质上是探究试点地区碳市场、经济增长和环境保护三者的协调发展程度，通过碳市场手段尽可能有效地解决经济增长和环境保护之间的矛盾，从而达到绿色、低碳、可持续发展的目标。本章基于碳市场、经济增长和环境保护的协调发展机理，结合数据可获得性，并借鉴廖重斌等、盖美和张福祥、张友国、何建武和李善同的研究，从市场规模、市场活跃度、市场波动性3个方面的8个指标来测算碳市场的综合指数[14,17-19]；从经济规模、经济增长潜力两个方面6个指标来测算经济增长的综合指数；从环境污染、环境治理两个方面的6个指标来测算环境保护的综合指数，具体如表6-1所示。

表 6-1 碳市场、经济增长和环境保护的协调发展度指标体系及指标权重

一级指标	二级指标	三级指标	指标方向	指标权重（%）						
				北京	天津	上海	广东	深圳	重庆	湖北
碳市场	市场规模	交易量（万吨）	＋	14.06	9.19	3.29	13.02	3.72	2.10	11.19
		交易额（百万元）	＋	3.86	2.84	9.17	4.26	9.01	12.27	1.35
	市场活跃度	最大日交易量（万吨）	＋	16.29	9.61	7.99	10.38	1.48	2.43	2.08
		平均日交易量（百吨）	＋	15.47	5.36	6.04	12.93	4.19	2.11	6.81
		有效交易日比率（%）	＋	5.11	8.15	5.60	12.14	12.61	14.96	24.74
	市场波动性	收盘差价（元）	－	10.66	21.59	14.17	21.08	17.96	16.75	20.35
		碳交易价格幅度（%）	－	21.59	33.99	34.42	15.89	34.57	19.24	6.18
		交易量分散度（%）	－	12.96	9.27	19.31	10.30	16.46	30.14	27.29

（续）

一级指标	二级指标	三级指标	指标方向	指标权重（%）						
				北京	天津	上海	广东	深圳	重庆	湖北
经济增长	经济规模	人均 GDP（万元）	＋	16.29	17.07	16.40	16.56	16.59	16.51	16.44
		人均可支配收入（万元）	＋	16.50	16.72	16.33	16.52	16.53	16.49	16.63
		社会消费品零售总额（万元）	＋	16.74	16.82	16.61	16.65	16.26	16.80	16.73
	经济增长潜力	第三产业占 GDP 比重（%）	＋	16.78	16.77	16.92	16.73	16.81	16.65	17.00
		地方财政预算收入（万元）	＋	16.88	15.78	17.01	16.90	16.87	16.57	16.13
		GDP 增长率（%）	＋	16.82	16.73	16.73	16.63	16.63	16.94	16.98	17.08
环境保护	环境污染	能源消费量（万吨）	－	16.57	16.94	17.19	17.15	16.70	16.61	17.20
		工业 SO_2 排放量（万吨）	－	16.52	17.22	17.43	17.18	16.26	16.43	17.00
		工业烟尘排放量（万吨）	－	16.42	17.30	17.21	17.62	17.02	16.43	17.16
	环境治理	森林覆盖率（%）	＋	16.89	16.74	16.73	16.96	16.20	16.88	17.26
		环境保护财政支出（亿元）	＋	16.68	14.40	14.51	14.50	16.71	16.69	14.49
		建成区绿化覆盖率（%）	＋	16.91	17.39	16.93	16.58	17.12	16.97	16.89

注：广东地区数据已剔除深圳地区相应的数据。表中"＋"表示正向指标（值越大越好），"－"表示负向指标（值越小越好）。

本章中所涉及的经济增长和环境保护相关指标数据，主要来源于国家统计局网站、Wind 数据库、各城市统计年鉴及各地区统计年鉴。碳市场各指标数据主要来源于各试点地区环境交易所和中国碳排放权交易网公布的 2014—2019 年碳市场交易数据，部分指标数据没有直接的统计值，因此本章需要结合有关研究现有数据对其进行处理计算得到。

（二）研究方法

协调是指两个或两个以上系统或要素之间一种良好关联、良好互动现象，协调度是衡量系统或要素之间协调状况好坏程度的一个量化指标。本章借鉴廖重斌等[14]、王春娟的研究方法，构建碳市场、经济增长和环境保护的协调度的测度方法，其测度公式为：

$$C = \left\{ \frac{X \times Y \times Z}{[(X+Y+Z)/3]^3} \right\}^k \qquad (6-1)$$

式中：C 为协调度。k 为 C 的调节系数（一般为 $K \geqslant 2$）。本章研究测算的是碳市场、经济增长和环境保护的协调度，因此取 $K=3$。协调度 C 的取值为 [0，1]，当 C 的值越接近 1 时，表明碳市场、经济增长和环境保护更趋近于协调，反之越不协调。X、Y、Z 分别为碳市场、经济增长、环境保护通过熵权法所计算得到的综合得分的值，如表 6-1 所示。

协调度仅仅反映碳市场、经济增长和环境保护相互作用的情况，很难反映出三者综合发展水平的高低，因此运用协调发展度测度法综合反映碳市场、经济增长和环境保护的协调发展程度，其公式如下：

$$T = \alpha X + \beta Y + \lambda Z \qquad (6-2)$$

$$D = \sqrt{C \times T} \qquad (6-3)$$

式中：D 表示 3 个系统的协调发展度；C 表示 3 个系统的协调度；T 表示碳市场、经济增长和环境保护三系统的综合评价指数；X、Y、Z 分别为碳市场、经济增长、环境保护的综合得分；α、β、λ 分别为待定系数。碳市场、经济增长、环境保护所占权重不同，为了保证研究结果的客观准确，因此本章基于数据驱动的主成分分析法的维度贡献率来确定碳市场、经济增长和环境保护三系统综合评价指数，即式（6-2）中 α、β、λ 的待定系数，结果如表 6-2 所示。

表 6-2 主成分分析法所得各部分所占权重

项目		北京	天津	上海	广东	深圳	重庆	湖北
特征值	经济增长	14.78	9.55	13.27	16.42	11.88	12.90	13.81
	环境保护	2.04	4.00	3.87	2.60	5.30	4.10	3.89
	碳市场	1.76	3.27	1.32	0.51	1.44	1.17	1.25
累计贡献率（%）		92.88	84.12	92.25	97.65	93.11	90.85	94.78
权重（%）	经济增长	79.57	56.75	71.91	84.07	63.80	71.00	72.85
	环境保护	10.96	23.79	20.96	13.32	28.48	22.58	20.55
	碳市场	9.47	19.46	7.13	2.62	7.72	6.42	6.60

四、实证分析

（一）协调发展度测度结果

用熵权法和协调发展度测度法测算 2014—2019 年 7 个试点地区的协调发展状况及协调发展度划分表（表 6-3 和表 6-4）。根据表 6-3 的测度结果分析可知以下内容。

表 6-3 2014—2019 年各地区碳市场、经济增长和环境保护的协调发展度

年份	北京	天津	上海	广东	深圳	重庆	湖北	时期均值
2014	0.47	0.62	0.47	0.46	0.53	0.45	0.51	0.50
2015	0.61	0.70	0.54	0.63	0.64	0.54	0.63	0.61

（续）

年份	北京	天津	上海	广东	深圳	重庆	湖北	时期均值
2016	0.69	0.72	0.65	0.71	0.68	0.58	0.70	0.68
2017	0.78	0.71	0.73	0.81	0.71	0.61	0.78	0.73
2018	0.84	0.75	0.77	0.87	0.73	0.63	0.84	0.78
2019	0.88	0.77	0.81	0.92	0.73	0.72	0.76	0.80
标准差	0.15	0.05	0.14	0.17	0.08	0.09	0.12	0.11
2017—2019 地区均值	0.83	0.74	0.77	0.87	0.72	0.65	0.79	

表 6-4　协调发展等级的划分

协调发展度	0~0.09	0.10~0.19	0.20~0.29	0.30~0.39	0.40~0.49
协调发展等级	极度失调	严重失调	中度失调	轻度失调	濒临失调
协调发展度	0.50~0.59	0.60~0.69	0.70~0.79	0.80~0.89	0.90~1.00
协调发展等级	勉强协调	初级协调	中级协调	良好协调	优质协调

（1）7 个试点地区协调发展度最大值为 0.92、最小值为 0.45，且研究期内时期均值均保持在 0.50 以上，这说明我国碳市场、经济增长和环境保护的整体协调发展情况已基本步入协调阶段。

（2）时期均值代表一个时期内 7 个试点地区的平均发展水平，能够反映出该时期我国 7 个试点地区碳市场、经济增长和环境保护的协调发展度的整体情况。协调发展度的时期均值呈现逐渐上升趋势，可见碳市场的建设和发展有利于促进三者的协调发展。

（3）从各地区的协调发展度标准差来看，不同地区在不同时期内协调发展度差异较大，其中差异较大的为广东地区，其标准差为 0.17，而差异较小的为天津地区，其标准差为 0.05。

（4）因为市场的发展需要一定的时间和过程，为了保证研究所得结论符合理论和实际意义，本章以 2017 年国家发改委发布启动建设全国碳市场时间为时间节点，选择各试点地区 2017—2019 年协调发展度的均值反映过去 3 年试点地区碳市场、经济增长和环境保护的平均协调发展水平，可大致划分为 3 个梯队。

第一梯队为北京地区和广东地区，这两个地区目前已经处于良好协调阶段，前者是我国首都，后者是我国重要的经济大省，这两个地区可能是因为第二产业占比较大，能源消费量较多，对碳排放权配额的需求量较大，碳市场交易规模较大，发展较为完善，加之产业结构的调整，改变了以往"高污染、高消耗"的经济增长方式，生态环境也实现了较好的改善。

第二梯队为天津、上海、湖北和深圳地区，这4个地区目前处于中级协调阶段，天津、上海和深圳地区可能由于地处沿海地带，是我国重要的经济发展地区，科技创新能力较强，开展多项以碳市场为支撑的节能减排项目促进了节能减排技术的革新，充分发挥碳市场功能，实现资源的有效配置，提高了三者的协调发展度。但是由于深圳地区与广东地区存在一定的区域竞争，其碳市场的发展规模、经济增长水平和环境保护力度均不如广东地区，因此深圳地区三者的协调发展水平稍显逊色。湖北地区作为我国中部地区的工业大省，经济增长必然会产生大量二氧化碳排放，为碳市场的发展提供了良好的基础。近年来，湖北省碳市场各项制度的完善和发展，有效地促进了碳市场、经济增长和环境保护的协调发展。

第三梯队为重庆地区，进入勉强协调阶段，可能是碳市场制度不够完善造成的，如重庆碳市场控排主体范围长期保持固定不变，市场规模较小，交易量较少，致使市场配额量供大于求，造成了大量的环境污染和经济损失，不利于碳市场发挥降碳作用。

（二）时空演化特征分析

我国各试点地区碳市场、经济增长和环境保护的协调发展度空间分布，呈现出沿海地区及碳市场发展较好地区协调发展度增长较快，增长潜力较大，如广东地区从2014年的濒临失调发展到2019年的优质协调，上海和北京地区从2014年的濒临失调发展到2019年的良好协调。部分内陆地区及碳市场发展缓慢的地区协调发展度较为滞后。东部沿海地区协调发展度等级明显高于内陆地区且增长速度较快，这些地区资源禀赋较少，需要大量的碳排放权配额支持，有可能导致这些地区碳市场的市场规模、市场活跃度等发展较快，加之传统经济思想的转变，这些地区近年来对环境保护的重视程度都有所提高，进行了节能减排技术的创新和清洁能源的利用，开展了多项节能减排项目，其协调发展度优势已经逐渐凸显出来。重庆、湖北等内陆地区仍处在传统"高消耗、高污染"的发展模式下，资源比较充沛，但资源的过度使用使环境承载压力过大，加之如重庆碳市场起步较晚，发展不够完善，纳入的控制碳排放企业数量较少，市场活力较低，容易出现交易风险，使中部地区协调发展度仍处于低谷。由于天津地区积极进行能源结构优化调整，凭借其自身的努力，二氧化碳排放量保持稳定并逐步递减，其在碳市场建立初期时协调发展度高于其他地区。但是天津碳市场发展不够完善，交易总量和覆盖范围都不大，市场不够活跃，因此天津地区三者协调发展度的增长速度放缓。尽管广东碳市场初期协调发展度较低，但通过相关制度设计和节能减排项目的逐步完善，目前已成为我国交易量较大的碳市场，其三者的协调发展度在各试点地区的表现最为突出。由此可见，碳市场的建设与发展，扩大行业覆盖范围，增加市场交易规模和市场活跃度，以及以碳市场为依托的相关节能减排项目的开发与实施，都将对地区碳市场、经济增长和环境保护的协调发展产生积极的促进作用。

（三）协调发展度的因素影响程度分析

本章的因变量是通过协调发展度测度法计算而得的碳市场、经济增长和环境保护的协调发展度，其取值范围介于 0～1，存在截断现象，因此为了保证回归结果的精确，本章参考张国俊等[20]的研究方法，引入 Tobit 模型实证分析碳交易试点地区规模以上工业企业数量、固定资产投入、外商投资和科学技术投入对碳市场、经济增长和环境保护协调发展度的影响[21-23]，模型设置如下：

$$Y = \alpha_0 + \alpha_1 \ln x_1 + \alpha_2 \ln x_2 + \alpha_3 \ln x_3 + \alpha_4 \ln x_4 + \varepsilon \quad (6-4)$$

式中：Y 表示前文所测算出的碳市场、经济增长和环境保护协调发展度的数值；α_0 表示常数项的值；α_i 表示各影响因素系数值；ε 为随机干扰项。实证结果如表 6-5 所示。

表 6-5　各试点地区碳市场、经济增长和环境保护的协调发展度因素影响回归结果

因素	北京	天津	上海	广东	深圳	重庆	湖北
规模以上工业企业数量	−1.207 3**	−0.133 9*	−0.665 8***	−0.419 4**	−2.506 8*	1.373 7	−0.533 7
	(−5.24)	(−3.55)	(−9.72)	(−6.27)	(−4.19)	(2.15)	(−1.81)
固定资产投入	1.229 7*	0.761 9***	−0.791 2	−0.015 6	0.547 9	0.672 2	−2.835 8
	(3.36)	(12.90)	(−2.51)	(−0.07)	(2.52)	(2.01)	(−2.76)
外商直接投资	−0.152 6	0.052 33**	−0.329 4**	−4.130 1**	−8.042 3*	−1.973 2*	3.076 2*
	(−2.40)	(7.54)	(−4.84)	(−3.61)	(−3.30)	(−3.80)	(4.22)
科技投入	0.568 9*	0.235 4**	0.765 0**	1.033 9**	5.375 3*	−14.619 0	0.239 1
	(4.25)	(4.74)	(5.19)	(4.50)	(3.01)	(−1.88)	(0.72)
常数项	−1.380 7	−7.051 1**	12.977 7*	0.343 6	100.266 7*	−10.045 6	−8.464 2
	(−0.30)	(−9.16)	(4.98)	(2.60)	(3.41)	(−1.88)	(−2.79)
P 值	0.000 0	0.000 1	0.000 0	0.000 0	0.004 7	0.011 1	0.001 1
对数似然值	18.140 9	21.804 2	25.774 3	22.589 9	14.772 1	12.983 3	14.054 5

注：***、**、*分别代表在 1%、5%、10%水平上显著，括号中数值表示 t 值。

（1）规模以上工业企业数量对试点地区碳市场、经济增长和环境保护的协调发展度具有显著的负向影响，而对重庆和湖北地区的影响不显著。我国经济的传统增长方式为"高污染、高消耗"的粗放型，其中第二产业占据着极为重

要的地位，增加了各地区对一次能源的依赖程度，规模以上工业企业数量越多，能源消耗越大，造成的环境污染越发严重。随着碳排放权配额的逐年递减，碳交易价格的上升，部分小型工业企业的减排成本加大，造成一定程度的经济损失，而且一些地区碳市场规模较小，交易量较少，可能无法抵消各企业生产发展所带来的污染，对碳市场、经济增长和环境保护的协调发展度产生显著的负向影响。

（2）固定资产投入对北京和天津地区碳市场、经济增长和环境保护的协调发展度产生显著正向影响，而对其他地区影响不显著。资本的投入是带动经济增长的有效途径，并将在一定程度上增加企业对碳排放权配额的需求，从而提高碳市场的交易规模和交易量，增强市场活跃度，对碳市场、经济增长和环境保护的协调发展具有显著正向促进作用。深圳、重庆这两个地区碳市场所涵盖的控制碳排放企业范围较小，市场规模和碳排放权交易量较少，许多企业还无法加入碳市场进行交易。因此，资本投入状况对三者协调发展度的正向影响效应还不够明显。湖北、广东地区工业企业固定资产投入较多，过多的固定资产投资虽能促进经济的增长，但也不可避免地造成大量的二氧化碳排放，可能在一定程度上对三者协调发展度的影响不明显。

（3）外商直接投资对大部分地区碳市场、经济增长和环境保护的协调发展度具有显著的负向影响，但对天津和湖北产生显著的正向效应，而对北京的影响不明显。由"污染天堂假说"可知：外商利用发展中国家较低的环境规制管理标准，建立了一大批高污染的产业，使其成为发达国家的"污染天堂"。有大量研究表明，外商投资导致经济规模的扩张，从而造成严重的环境污染。尤其是广东、深圳、上海等重要对外开放窗口地区，外商投资可能会给当地企业的节能减排技术创新造成资源的短缺，加上这些地区碳市场尚处于发展完善阶段，无法有效地化解经济扩张所带来的环境污染增量，影响了三者的协调发展度。湖北是我国重工业地区，第二产业比较发达，较多的外商投资不仅可以增加湖北地区的资本存量，以低成本、高速率引进国外发达国家的技术经验，还能依托碳市场开展多项节能减排项目，扩大碳市场的规模和活跃度，对三者的协调发展度产生显著的正向影响。同样的，由于天津碳市场发展滞后，外商直接投资可能会促进本地企业节能减排技术的革新，以及相关节能减排项目的开发，在一定程度上促进了碳市场的完善和发展，提高了三者的协调发展程度。

（4）科技投入对碳市场、经济增长和环境保护的协调发展度产生了显著的促进作用，但对重庆和湖北地区的影响不明显。科学技术的进步，一方面，有利于企业在节能减排技术上的发展与应用，从源头上解决能源利用率低下的问题，减少对于环境的污染与破坏。另一方面，由于科学技术的投资扩大了相关节能减排项目的开发，拓展了碳市场的交易类型，降低了进入市场的门槛，有效地提高了市场规模及市场活跃度，在一定程度上促进了经济的高质量增长和生态环境的根本好转，对碳市场、经济增长和环境保护的协调发展度起到了显著的促进作用。重庆和湖北地区的三者协调发展影响不显著，这说明对这些地方还需要加大对于科技的投资力度，尤其是湖北地区，作为我国重要的工业地区，第二产业较为发达，能源依赖和消耗量较大，需要加大科学技术的研发投入以助力节能减排。

五、结论与建议

（一）结论

本章以 7 个碳市场试点地区为研究对象，构建碳市场、经济增长和环境保护的协调发展度指标体系，运用熵权法和协调发展度测度法测度和评价三者的协调发展度，最后利用 Tobit 模型实证分析地区规模以上工业企业数量、固定资产投入、外商直接投资及科技投入对协调发展度的影响，得出以下主要研究结论。

（1）从时期均值来看，研究期内各地区碳市场、经济增长和环境保护的协调发展度，三者均值随时间推移呈现稳定上升趋势。2014 年各地区三者协调发展度均值为 0.50，处勉强协调阶段。但是，随着各地区碳市场的完善和发展，试点地区三者协调发展度呈现出稳定增长的态势，到 2019 年协调发展度均值已达到 0.80，已处于良好协调阶段，并且三者协调发展度持续增长的趋势较为稳定。

（2）2017—2019 年，从各地区碳市场、经济增长和环境保护协调发展度的均值来看，协调发展度当前呈现 3 个梯队特征：第一梯队为北京地区和广东地区，其协调发展度为 [0.80，0.89]，处于良好协调阶段。第二梯队为天津地区、上海地区、湖北地区和深圳地区，其协调发展度均值为 [0.70，0.79]，处于中级协调阶段。第三梯队为重庆地区，其协调发展度为 0.65，处于初级协调阶段。各地区梯队差异特征明显，这与各地区经济增长与环境保护水平及碳市场发展规模表现出相似特征。

（3）各试点地区碳市场、经济增长和环境保护的协调发展度空间分布呈现出沿海地区及碳市场发展较好地区协调发展度增长较快，增长潜力较大；内陆地区及碳市场发展缓慢的地区协调发展度较为滞后，主要原因是受到传统经济增长方式的影响及碳市场起步较晚，发展缓慢，相关节能减排项目开发滞后。

（4）规模以上工业企业数量、固定资产投入、外商直接投资及科技投入对各试点地区协调发展度具有一定影响，但各因素影响的方向和显著程度有所差异。规模以上工业企业数量对协调发展度造成显著负向影响，资本投入对北京和天津地区的协调发展度造成显著的正向影响，外商直接投资对湖北和天津造成显著正向影响，科技投入对北京、天津、上海、广东和深圳地区均产生显著的正向影响。

（二）政策建议

一是激发碳市场功能，促进经济增长与环境保护协调。作为有效缓解大气污染的市场手段，碳市场不仅可以给地区经济的大力发展提供资金的积累，而且还可以有效地抑制二氧化碳等有害气体的排放，减轻生态环境的承载压力。可以在借鉴试点地区的实践经验的基础上，积极推进全国统一碳市场的建立，充分发挥碳市场的作用，为我国绿色、低碳、可持续发展奠定基础。

二是创新低碳技术，缩小地区协调发展差距。东部沿海地区要凭借自身的经济实力，加快低碳技术创新发展，转变各自经济结构把握未来的发展趋势，把技术创新和资金支持引向中部等"高消耗、高污染"地区，以此来推动中部地区进行产业结构的调整，摆脱粗放型的发展模式，把资源优势转化为自身的经济实力，缩小地区协调发展差距。

三是引导自主创新，提高外资利用门槛。各地应加大科技投入力度，引进先进技术，提倡自主创新，加快开展相关节能减排项目建设。提高投资的准入标准，对投资的规模和结构进行合理调整。在利用外商投资时要特别重视环境污染问题，尽量减少利用外资，加大自主投资力度和自主创新能力。

参 考 文 献

[1] 何建坤. 强化实现碳达峰目标的雄心和举措［N］. 中国财经报，2020 - 11 - 17（2）.

[2] TANG H L, LIU J M, JUN M, et al. The effects of emission trading system on corporate innovation and productivity - empirical evidence from China's SO_2 emission trading system［J］. Environmental Science and Pollution Research，2020，27（1）：604 - 620.

[3] FARE R, GROSSKOPF S, PASURKA · JR C A. Tradable permits and unrealized gains from trade［J］. Energy economics，2013，40：416 - 424.

[4] JOUVET P A, MICHEL P, ROTILLON G. Competitive markets for pollution permits：Impact on factor income and international equilibrium［J］. Environmental Modeling & Assessment，2010，15（1）：1 - 11.

[5] 刘宇，温丹辉，王毅，等. 天津碳交易试点的经济环境影响评估研究：基于中国多区域一般均衡模型 TermCO₂［J］. 气候变化研究进展，2016，12（6）：561 - 570.

[6] 汤维祺，吴力波，钱浩祺. 从"污染天堂"到绿色增长：区域间高耗能产业转移的调控机制研究［J］. 经济研究，2016，51（6）：58 - 70.

[7] 王倩，高翠云. 碳交易体系助力中国避免碳陷阱、促进碳脱钩的效应研究［J］. 中国

人口·资源与环境，2018，28（9）：16-23.

［8］魏守道.碳交易政策下供应链减排研发的微分博弈研究［J］.管理学报，2018，15（5）：782-790.

［9］CAMES M，WEIDLICH A. Emissions trading and innovation in the German electricity industry—impact of possible design options for an emissions trading scheme on innovation strategies in the German electricity industry ［M］. Heidelberg：PhysicA - Verlag HD，2006.

［10］ZHAO S W，SHI Y，XU J P. Carbon emissions quota allocation based equilibrium strategy toward carbon reduction and economic benefits in China's building materials industry ［J］. Journal of Cleaner Production，2018，189：307-325.

［11］汤铃，武佳倩，戴伟，等.碳交易机制对中国经济与环境的影响［J］.系统工程学报，2014，29（5）：701-712.

［12］李广明，张维洁.中国碳交易下的工业碳排放与减排机制研究［J］.中国人口·资源与环境，2017，27（10）：141-148.

［13］赵立祥，赵蓉，张雪薇.碳交易政策对我国大气污染的协同减排有效性研究［J］.产经评论，2020，11（3）：148-160.

［14］廖重斌.环境与经济协调发展的定量评判及其分类体系：以珠江三角洲城市群为例［J］.热带地理，1999（2）：3-5.

［15］王春娟，刘大海，王玺茜，等.国家海洋创新能力与海洋经济协调关系测度研究［J］.科技进步与对策，2020，37（14）：39-46.

［16］LAI L W C，LORNE F，DAVIES S N G. A reflection on the trading of pollution rights via land use exchanges and controls：Coase Theorems，Coase's land use parable，and Schumpeterian innovations ［J］. Progress in Planning，2020，137：1-18.

［17］吴伟光，祝雅璐，顾光同（通讯作者）.中国碳试点市场有效性评价及其决定因素研究［J］.资源科学，2021，43（10）：1-11.

［18］盖美，张福祥.辽宁省区域碳排放—经济增长—环境保护耦合协调分析［J］.地理科学，2018，38（5）：764-772.

［19］张友国，窦若愚，白羽洁.中国绿色低碳循环发展经济体系建设水平测度［J］.数量经济技术经济研究，2020，37（8）：83-102.

［20］张国俊，王珏晗，吴坤津，等.中国三大城市群经济与环境协调度时空特征及影响因素［J］.地理研究，2020，39（2）：272-288.

［21］何建武，李善同.二氧化碳减排与区域经济增长［J］.管理评论，2010，22（6）：9-16.

［22］王长征，刘毅.经济与环境协调研究进展［J］.地理科学进展，2002（1）：58-65.

［23］王育宝，陆扬，王玮华.经济高质量发展与生态环境保护协调耦合研究新进展［J］.北京工业大学学报：社会科学版，2019，19（5）：84-94.

［24］彭红松，郭丽佳，章锦河，等.区域经济增长与资源环境压力的关系研究进展［J］.资源科学，2020，42（4）：593-606.

第七章 我国银行利率与碳市场整合度量研究

摘要：如今在国家经济发展中，低碳经济是可持续发展的重大措施之一。目前我国的碳金融业务主体主要是以商业银行为主，依据所获准的CDM项目进行。在参与碳金融业务时存在着由碳市场碳价波动及交易结算时货币利率波动所引起的风险，且碳价和利率之间存在相关性。本章选取2015—2020年碳权收盘价及货币市场基础利率，探究各自收益率的单个VaR，以及建立、选择最优Copula模型处理风险因子间的非线性相关关系，模拟计算我国碳市场的整合风险VaR。研究结果表明：潜在碳价风险要高于利率风险；若仅计算碳价和利率的单个风险，会使碳市场整体风险会偏高，这在一定程度上表明政府对市场利率的有效管控在一定程度上降低了我国的碳市场风险。

一、引言

我国当前正进入经济发展新阶段，依赖于传统的以破坏环境为代价的发展方式逐渐变得不可取，应由高速发展转向高质量发展。在低碳经济的兴起和碳排放贸易市场迅速发展这一潮流下，世界各国为了自身的绿色、可持续发展逐渐选择碳金融作为本国金融创新发展的重要策略。除去本身绿色经济这一特性，碳金融领域还蕴含着巨大商机，如碳排放权的贸易等，而具有强大的商机能力与背负企业社会责任的金融机构，如商业银行则开始逐渐开展碳金融业务。自2013年国家开始开放7个碳市场试点（第8个福建碳交易所从2016年开始）一直到2017年，交易量累计达到1.97亿吨二氧化碳量，交易额约为45亿元。我国的碳交易试点情况从数据上来看取得了初步的成效，也由此在2017年年底计划启动全国碳排放交易市场。从宏观上看，开展碳市场交易对我国的经济增长具有促进作用，但也为我国的金融发展和社会发展带来新的挑战。

一方面,我国作为发展中国家,参与的是 CDM 计划,在碳排放交易模块上起步比欧洲市场要慢,不够健全的交易体系及仍需完善的风险防范系统是我国目前面临的一大问题;另一方面,企业作为市场体系主体,只具备低碳竞争力依然不够,在供应链上还需要有低碳领导力,承载低碳发展,推动整个产业走低碳发展的道路。但是本身以盈利为目的的企业,在实施节能减排的过程中,其各类成本必然会发生上涨,进而影响获得更高的利润,这一矛盾使企业在环保和收益的微妙平衡上影响碳排放交易的普及。当然,纵观近年来我国利率水平与经济发展水平,二者发展趋势相适应,甚至有偏低的现象。2019 年中国人民银行新发布的贷款市场报价利率(loan prime rate,LPR)取代贷款基准利率,这对众多企业尤其是大企业而言,意味着有更多的融资发展机会。因此在整个大环境中,我国碳市场的整体大环境是挑战与机遇并存的。

通过梳理文献发现,我国目前的 8 个试点碳交易体系差异较大,交易市场之间的连接口存在障碍,这对建立全国统一碳市场定价模型存在不利阻碍,并且目前国内碳金融市场碳资产的定价权是由发达的西方国家来决定的,从 2012 年后,随着 5 年期的《京都议定书》第一承诺期的结束,以及欧盟碳交易体系对我国碳排放的减排管控要求的提高,CDM 机制下的碳排放产品审查变得更加严格,交易的成本也逐年上升,这些都使 CDM 交易规模不断地下降。基于以上情况和趋势,我国发展国内碳交易体系及建成碳金融市场更具有前瞻性、紧迫性与必要性。此外,碳金融商品的内在特性,使碳金融风险较易在资本市场模式及碳金融市场漏洞中产生。因此,研究银行各项指标的变动和调整对我国碳金融市场的持续稳定发展是否有影响具有一定的实践意义,这对我国发展企业创新绿色运营,以及践行我国绿色金融市场体系和生态文明机制也具有现实意义。因而,本章将以利率作为因子,将我国目前的 8 个碳金融交易市场看作一个整体,尝试探讨银行利率和碳金融市场风险之间的关系,利率的变化会对我国碳金融市场产生何种波动,以及预测我国碳金融市场的风险走势。

二、研究背景

(一)碳金融市场风险形成原理

首先,在经济全球化的大背景下,目前全球金融市场现状并不稳定。拜尔斯·艾德里安(Tobias Adrian)称,近几个月全球金融市场受到贸易争端和各种政策不确定性的影响导致市场持续低迷,经济活动出现疲软,下行风险逐渐加剧,虽然进一步宽松金融条件能够在短期内控制下行风险的继续加剧,继续支撑经济,但即便创造了宽松的金融条件,也是需要一定代价的[1]。这就要求各国加强金融稳定的监管，以防市场的薄弱环节出现问题，进而爆发危机，这样的大环境必会阻碍碳金融市场的畅通稳健发展。樊威和陈维韬从金融产品的内在性质角度分析出碳金融市场风险形成的主要原因，具体如下：碳金融产品虽然是基于绿色低碳发展而产生，但本质仍是金融产品，会与以盈利为主导向的金融交易市场大环境产生冲突；金融产品在金融市场规则设计过程中，可能会产生一系列的漏洞和隐患[2]。这说明由碳排放构成的交易市场，在国家的强制力与各类政策所规定的排放及赋予它的环境价格，以及与某种程度上需要以牺牲环境来追求利益最大化的金融市场实体之间的利益碰撞难以完美地共存，在这种双重的特性中，碳金融市场易产生内生性风险。

（二）我国目前碳金融市场现状

关于近几年我国的碳金融市场现状，刘梅采用定性分析得出我目前碳市场存在的几方面问题[3]。

（1）普遍的企业对碳金融的概念没有一个条理清晰的概念，如关于碳金融市场的结构和组成、运行理念、操作模式及风险管控等。

（2）除了普通金融市场都具有的操作风险、信用风险还有市场风险外，交易体系中的政策风险也是目前碳金融市场普遍存在的问题。

（3）中介市场发展不够完善成熟。目前我国碳交易所依旧是在受获准的CDM项目下进行，如排放权项目的交易，还未在合约交易和相关的碳金融服务上进行统一的标准设定，这与国外的碳市场相比，整体的建设仍不够健全。

（4）碳交易的定价权缺失使我国碳价值在国际碳市场中处于一个比较低端位置，只能接受由外国碳交易机构设定的碳交易价格来进行交易。

此外，王军纯认为，各区域碳交易试点的连接口的差异及制度设计的障碍是影响全国统一碳市场的建设的原因，使碳市场难以高效运转[4]。在关于碳试点与国家碳市场衔接的障碍下，刘汉武等通过深入分析得出二者之间的衔接存在的问题。一是体系的不兼容、监管的不明确、分配上存在差异、CCER标准不一；二是通过风险分析得出碳市场衔接具有两重性：①初期不同碳市场的价格不同，进而导致分配不均；②地方单个不同的碳市场连接合作后对整体减排目标造成一定的影响，这是因为不同碳市场的政策目标及其优先级的差异会阻碍其他碳市场的排放目标实现，如两个不同地区的碳市场链接整合在一起，但是两边市场原本的碳排放目标不同，由于短板效应，减排额高的试点市场只能依照另一个市场的需求降低自己的减排标额，导致整体市场碳排放目标下降[5]。郭建峰和傅一玮在建立全国统一定价模型中计算各试点的碳价与全国碳价的联系发现，根据我国各地产业结构、发展水平及减排目标的不同，各个试点之间碳价也互不相同，因此平衡各地的经济发展状况、互相调整减排需求，对价格不断进行变动和调整，在建立全国统一碳市场的过程中至关重要，这样才能使得市场达到一个相对稳定的动态平衡[6]。郭文和黄可欣同样也认为空间异质性是目前我国配额碳资产内在价值的一大特性，碳排放权交易试点市场被独立分割，在没有统一的碳市场下配额碳资产的内在价值很难被发现，政府的碳减排目标制定也应考虑目前这一特性[7]。

从银行的角度来看，万伦来和杨巧琳通过 GARCH 模型和 B－S 期权定价对兴业银行的碳金融结构性存款进行分析，认为两种不同置信水平下的产品 VaR 值在产品存续期间是波动的、不确定的[8]，这表明目前的碳金融产品普及程度仍不够高，国内的碳金融市场建立还不够完善，商业银行在面对与碳金融相关业务时，存在一定风险。

（三）碳金融市场风险整合

金融市场中，碳金融业务逐渐成为金融机构发展绿色经济的一个重要领域，而要健康发展新型绿色金融经济，关键是要进行风险管控。目前，我国的碳金融市场大部分是商业银行根据已授权获准 CDM 项目进行投资和金融服务。因而商业银行参与碳金融业务会面临各种的风险，如由国外交易市场带来的国际碳价变化和波动、结算货币汇率波动等众多风险，并且各种风险之间具有共生性和相关性。商业银行又是当前在资本管理和风险调整中最为稳固的专业金融机构，因此从银行角度尝试测度金融市场风险，能为商业银行对碳市场风险实行有效管控提供理论依据，具有一定的现实意义。

杨玉认为碳市场产品价格波动不是由单一因素影响，而是受到多源影响因素的综合作用，除了受能源市场等的供求影响外，宏观经济、政治变动、配额分配、气候变化甚至金融危机等因素都会给碳交易价格带来影响，这些影响波动都会给碳市场带来各种不确定性[9]。其同时分析了由碳价波动、汇率和利率的变化给企业带来投资的影响和引起碳价的变化而形成碳市场风险。但是朱其刚认为，传统的相关系数矩阵对数据组合中各类价格之间的非线性关系很难进行完整良好的描述[10]。因此，需要拓展新的风险价值度量方法来更好进行组合风险管理。实践探索中发现，Copula 函数对于捕捉变量间非线性、非对称相关关系具有很好的拟合效果。张文丑和张卓群认为在金融数据的序列中，时间序列与其他的与经济相关的数据序列具有显著关系[11]。Copula 模型构造灵活、能够更好地呈现经济序列的时间特征，因此在市场相关性测度、度量投资组合中的风险、信用衍生品定价方面中经常会被应用到。

Lin 等认为债券市场存在各类风险，并且每个风险是作为综合风险存在，为并不是独立分离的[12]。他们根据这一环境下使用 CopulA－GARCH 方法并生成整合公司债券的流动性风险和市场风险，建立了衡量公司债券流动性的指标，并在测度风险的同时对个人（pecr to peer，P2P）网络借贷平台的综合风险进行修正。Gozgor 等通过考察美国二氧化碳排放量与工业生产指数两者的关系来衡量美国的商业周期指标，并使用结合时变 Copula 和 Markov 切换模型，建立随时间变化的变量之间相关性的模型，发现商业周期与二氧化碳排放之间存在相互依存关系[13]。王倩和路京京通过 EGARCH－Copula 模型，将金融市场看作一个整体，证实了短期利率波动对我国碳交易价格有影响，在不同的地区碳交易价格收益率的条件方差对未预期到的干扰的反应具有非对称性[14]。张晨等对碳交易价格和汇率数据进行 CopulA－ARMA－GARCH 建模，并在利用蒙特卡罗模拟计算美洲市场多源风险的整合 VaR 后发现，碳金融市场收益率走势图呈现波动聚集性和异方差特性；潜在的碳价风险要高于汇率风险[15]。柴尚蕾和周鹏对欧洲金融市场集成分析，发现了相对于传统金融风险测度，相比于传统风险测度方法在度量多源风险因子相依性，非参数 CopulA－CVaR 具有更大的优势并且补偿了传统方法的不足，并且借助 Copula 能够实现度量 CVaR[16]。

综上，当前国内外的学者已对目前我国的碳金融市场体系框架的相关研究积累了大量的成果。在国内碳金融发展起步慢的背景下，我国的各碳试点发展不均衡及推进全国统一碳市场衔接的障碍，以及普遍大众对碳金融了解的缺乏而没有很好地进行该方面的风险规范，导致市场风险增加。同时，碳金融业务比传统金融业务更为复杂，碳市场的随机波动特征受汇率、价格波动等各种风险因素的影响更为显著，因而目前主流的数据分析方法是通过 Copula 算法建模，可以准确完成多源风险的集成测度。银行作为金融管控手段最多的金融机构，在各类资料文献中也常使用到银行的各类参数来研究及预测其与碳金融市场的波动变化。

本章基于已查阅的文献资料，将我国目前的 8 个碳交易试点市场看作一个整体，同时，对现有文献进行梳理发现，以往有不少学者对我国银行汇率与欧洲、美洲碳金融市场进行了整合度分析，而对我国碳市场的整合度研究鲜有，并且尚未发现关于我国银行利率与我国碳市场整合风险的研究成果。因而，本章基于我国银行利率，建立非参数 Copula 计量模型，从银行利率的变化是否会导致碳交易价格波动、利率和碳交易价格之间的特性，测度碳交易价格和利率的单个风险及集成条件风险，探讨我国银行利率与碳市场的整合度，并提出相关政策建议。

三、理论分析

（一）碳资产的内在金融属性

在各种各样的经济活动中，某些经济变量会随着时间的变化而起伏变化，这一变量之间的变化就是波动现象。关于金融的研究，主要是在金融资产的价格上进行金融波动研究，金融资产在价格波动上的特点主要体现在如下 3 个方面。

（1）**波动聚集特征**。金融资产的价格波动是不断变化的，这意味着资产价格在某一时间段里不断下降至最低点，在之后的一段时间内又不断上升，且这一走势不断重复，最终呈现的走势和幅度具有聚集性，具体原因如下：一方面，在市场中，金融数据的波动具有滞后性，过去某一事件给金融活动带来的冲击不仅会对当时，甚至会对现在产生影响；另一方面，资产价格以聚集的形式反映该波动所带来的冲击的持续影响。

（2）**尖峰厚尾特征**。金融资产的收益率序列通常会呈现出"尖峰厚尾"的特点，即和标准正态分布的偏度为 0、峰度为 3 相比，其峰度更高、尾部更厚。这是因为金融资产相比于其他资产数据具有更高的风险，市场出现极端波动的概率更高。

（3）**非对称性特征**。在受到金融市场的不利因素影响下，金融资产会有更强烈的价格反应，而在市场情况良好时，价格反而呈现相对不明显的波动，即在利好的市场上，价格上涨程度会比在利空的市场上价格下跌的程度更小，这一现象说明市场不对称性普遍存在。

目前主流的碳金融产品包括政府给予企业的减排权信用、碳排放配额，还有与碳金融相关的衍生产品等。企业为满足政府所规定的碳排放要求，可自由选择在交易市场中购买足够的配额，也可以将剩余的排放配额出售，以获取额外的资本收益。在金融市场中，市场的供求决定着碳价的高低，又因为有政策调控、宏观经济、国内外能源价格差异等因素使供求关系受到影响，所以很难对我国碳金融市场的价格形成建立一个完整的机制。对碳金融价格的波动分析研究，根据国内外各研究文献可以发现，收益率序列的普遍特征有 3 个，即波动聚集、尖峰厚尾及非对称性特征。综上，碳资产具有一般金融资产的特征。

（二）利率波动和碳交易价格波动之间的相互联系

碳市场的碳交易价格通过利率波动影响了减排企业和投资者的交易行为，进而产生波动。对于需要减排的企业，首先利率的变动会对企业的贷款意愿产生影响，而企业采购减排设备来满足排放额度需要大量的银行贷款，所以，当利率升高时，贷款成本变高，成本的上升则会使企业减少对减排设备的增加和维护。当减排投资幅度下降，使碳排放增加时，需要增加碳配额，最终使碳交易价格上涨；反之，当利率降低时，减少了企业的贷款成本，成本的下降使企业加大维护减排设备及购买新设备，企业的碳排放下降，碳配额的需求也因此下降，最终使碳交易价格下跌。因此，利率是通过影响企业的减排成本间接影响碳交易价格波动。

基于对利率和碳交易价格之间的相互联系的理论和研究，本章通过建立Copula模型，以实验数据方式探讨利率和碳交易价格两者各自的风险及整合后风险，并将二者进行比较，以更加准确地预测二者的风险价值。

四、变量、数据与模型设计

（一）变量选择及数据的预处理

目前国内的碳金融产品主要是《京都议定书》规范下确立的信贷融资业务，而在此业务中最常见的是政府所配额的核证减排量（certification emission reduction，CER）。本章旨在研究我国碳市场碳交易价格变化和国内利率的波动之间的相互联系，并建立数学模型对二者进行整合风险测度，因此在选择数据方面上需要考虑各试点市场的交易稳定性、配额价格、配额分配方式，经过文献查找和数据筛选，发现8个试点市场在2015年之前价格波动较大，而在2015年后价格差异逐渐缩小稳定，并且湖北市场的碳交易成交数目最高，在2016年就达到各试点市场总成交量的43.56％。另外，湖北市场的碳配额分配方式与其他试点市场相比，主要是以企业排放初始配额为主，这对于分析企业的减排活动和碳交易价格波动关系更具有实验意义。同样，选取货币市场基准利率，是由于其完全市场化的特点可以反映一个市场货币供求情况，间接观察企业在减排设备和措施上的资金流动，选用银行间市场隔夜回购利率作为实验的利率数据具有现实意义。

因此，本章分别选取2015年1月到2020年2月湖北市场的碳排放交易权每日结算价及银行间隔夜回购利率作为碳交易价格和利率的代表，来度量二者单独风险和整合的市场风险。样本数据分别来自国泰安CSMAR经济金融数据库和RESSET金融研究数据库。剔除数据缺失的日期后共得到1 191组数据，将其设为T，再将两组数据价格转换为收益率，其计算公式为

$$r_{it} = \ln P_{it} - \ln P_{i,t-1}$$

式中：$i=1$，2；$t=1$，2，$\cdots$，T，即最后数据T为1 190；P_{1t}为第t日的湖北交易所碳价；P_{2t}为第t日的利率。

（二）数据描述性检验

对收益率数据做描述性统计分析，从表7-1可以看出，取对数收益后，碳交易价格收益率和利率收益率的均值都较小，两组数据的标准差相差十分大，这说明碳交易价格收益率和利率收益率的波动率在选取时间区内较大，其

中碳交易价格收益率的标准差相对较小，说明在各碳市场中湖北市场的价格相对而言波动较小。利率收益率的相对较高可以理解成近期内市场资金流动性加强及市场金融监管力度的提升，导致利率收益率产生波动。

表7-1　收益率基本统计描述

项目	均值	最小值	最大值	偏度	峰度	标准差	标准误差
碳交易价格	0.013 9	−16.360 0	15.620 0	−0.080 0	3.260 0	3.200 0	0.090 0
利率	−0.034 3	−37.980 0	70.450 0	1.680 0	17.820 0	6.870 0	0.200 0

观察碳交易价格和利率收益率的偏度及峰度，碳交易价格收益率的偏度小于零，说明在分布上有右偏概率分布特征；峰度大于3，说明分布存在明显的尖峰特征。而利率收益率偏度大于零，分布上呈现左偏概率分布；峰度与碳交易价格收益率一样大于3，呈现明显的尖峰特征。从基本统计描述角度初步分析，碳交易价格收益率和利率收益率的序列符合一般金融序列的"厚尾尖峰"特征。

为了更进一步分析序列是否符合金融时间序列，图7-1以Q-Q图的形式更为直观地展示两个收益率的分布特征。

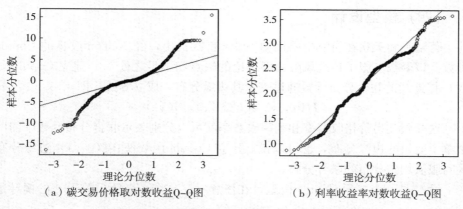

（a）碳交易价格取对数收益Q-Q图　　　　（b）利率收益率对数收益Q-Q图

图7-1　碳交易价格对数收益图及利率对数收益

从图7-1可以清晰看出，二者的对数收益图的头和尾均偏离基准线，说明分布特征为"厚尾尖峰"，不符合正态分布。

（三）单位根检验

在对数据序列进行建模前，首先需要检验时间序列的平稳性，因为在建立模型时采用不具平稳性的数据会产生"虚假回归"，所以在对碳交易价格收益率和利率收益率序列进行建模前先对该组数据进行平稳性检验。平稳性中最常用的统计检验方法为单位根检验，也就是 ADF 检验。

进行 ADF 检验，判断样本收益率数据序列内是否存在单位根，可以做出假设：若样本序列平稳，则该序列不存在单位根；若样本序列不平稳，则该序列存在单位根。所以，ADF 检验的 H_0 假设为序列中存在单位根，如果实验得到的检验统计量的显著性分别小于 90%、95%、99% 这 3 个置信区间，则分别对应在 90%、95%、99% 的把握拒绝原假设 H_0。

实验结果由表 7-2 展示，对碳交易价格和利率收益率序列进行 ADF 检验，碳交易价格收益率 t 值为 -25.5325，利率收益率 t 值为 -24.4373，两者绝对值远大于在 95% 置信水平下的规范值 2.58；两个样本序列 P 也远小于0.05，因此在 95% 置信水平下拒绝原假设，说明不存在单位根，数据序列平稳，可以进行下一步建模。

表 7-2　碳交易价格收益率和利率收益率时序序列单位根检验

变量	ADF 值	P 值（95%）	t 值
碳交易价格收益率	-12.3200	2.20×10^{-16}	-25.5325
利率收益率	-11.5400	2.20×10^{-16}	-24.4373

（四）模型设计

蒋晓杰和王欢在研究中引用由 Sklar 首次提出，经 Nelson 改良的 Copula 函数，该函数克服了传统风险测度理论的缺点和不足之处[17]。建立 Copula 函数 C 把连续的联合分布函数通过表示其边缘分布，成立等式，即：

$$H(x, y) = C(F(x), G(y)) \qquad (7-1)$$

这样碳交易价格收益率和利率收益率就可以分别表示联合分布函数中的两个单个变量的边缘分布，也可以说，建立 Copula 函数使在（0，1）边缘分布区间服从均匀分布的联合分布。

设 C 是一个二元 Copula 模型，在任意 $y \in [0,1]$，且 C 关于 x 的偏导数存在，则有 $0 \leqslant \dfrac{\partial C(x,y)}{\partial x} \leqslant 1$，$0 \leqslant \dfrac{\partial C(x,y)}{\partial y} \leqslant 1$。当在 $[0,1] \times [0,1]$ 连续可导，设立 Copula 的密度函数为：

$$c(x, y) = \frac{\partial^2 C(x,y)}{\partial x \partial y} = \frac{\partial^2 C(x,y)}{\partial y \partial x} \qquad (7-2)$$

为了更好地表示实验数据，本章将模型由（7-1）改变成另一形式，则有：

$$F(l_1, l_2) = C_\theta(u_1, u_2), \qquad \forall l_1, l_2 \in \mathbf{R} \qquad (7-3)$$

式中：u_1，u_2 在区间（0，1）内服从均匀分布。为了之后评估各个模型的优劣性，需要对模型进行参数估计，设 $\widetilde{U}_{i1}$、$\widetilde{U}_{i2}$ 分别是 u_1、u_2 在联合分布中的观测值，且 $\widetilde{U}_{i1} = \frac{N}{N+1} \sum_{j=1}^{N} I(L_{j1} \leqslant L_{i1})$，$\widetilde{U}_{i2} = \frac{N}{N+1} \sum_{j=1}^{N} I(L_{j2} \leqslant L_{i2})$；采用最大似然法写出方程进行参数估计，则有：

$$l(\hat{\theta}) = \Big[\sum_{i=1}^{N} \ln\{ c_{\theta}(\widehat{\widetilde{U}_{i1}, \widetilde{U}_{i2}}) \} \Big] \tag{7-4}$$

并且再根据刘娟[18] Matja ž Omladič 和 Damjan Š kuly[19] 关于选取最优 Copula 模型测度风险价值中，引用常用的 5 类模型，分别是 Gaussian Copula、t‑Copula、Gumble Copula、Clayton Copula 及 Frank Copula。引用 AIC（Akaike information criterion）和贝叶斯信息准则（Bayesian information criterion，BIC）两大准则作为参数对模型择优，则有：

$$\text{AIC} = -2l(\hat{\theta}) + 2k, \text{BIC} = -2l(\hat{\theta}) + k\ln(n) \tag{7-5}$$

五、实证分析

（一）Copula 模型选择结果分析

本章借助 R 语言软件，首先对碳交易价格收益率和利率收益率分别建立 Copula 模型。实证结果如表 6-3 所示。将 5 个模型的模拟优劣程度以表格形式进行比较，t‑Copula 模型的最大似然数在所有模型里绝对数值最大为 3.142 5；同样在考虑赤池系数（AIC）的情况下 t‑Copula 相比其他模型数值最小为 −2.285 1，拟合程度最优；反之 Gaussian Copula 在各项指标系数中最次，拟合效果较其他模型而言较差。综合考虑，所设定的 t‑Copula 模型估计的有效性比较高，各项指标较优，适合测度 VaR 实验研究。接下来，本章将运用此模型进行风险测度（表 7-3）。

表 7-3　AIC-BIC 模型检验

Copula	AIC	BIC	Lower TaiDep	upper TaiDep	Loglikelihood
Gaussian	1.824 6	6.906 4	0	0	0.087 7
t‑Student	−2.285 1	7.878 3	−0.042 1	0.042 1	3.142 5
Gumbel	1.808 5	6.890 2	0	0.386 6	0.095 8
Clayton	1.205 4	6.287 1	−0.440 3	0	0.397 3
Frank	1.708 3	6.789 0	0	0	0.145 9

（二）基于 Copula 函数模型的 VaR 风险测度

在建立确定使用 t‑Copula 模型基础上对数据进行模拟边缘分布，使用蒙特卡罗模拟法对序列进行 1 000 次模拟，使碳交易价格收益率和利率收益率变化服从随机过程，得出的结果如表 7-4 所示。

表 7-4　银行利率和碳交易价格收益率在 t-Copula 整合风险 VaR

置信水平	CPVaR	IVaR	SVaR	NVaR	TVaR
90%	0.074 4	0.160 1	0.234 5	0.209 6	0.244 7
95%	0.082 4	0.177 2	0.259 6	0.235 3	0.268 0
99%	0.098 9	0.212 6	0.311 5	0.290 7	0.290 7

注：表中的 CPVaR 表示为碳交易价格收益率的 VaR，IVaR 表示为银行利率收益率的 VaR；SVaR 则表示碳交易价格和利率的简单加总 VaR，NVaR 是在 Copula 模型下整合二者所得的 VaR，TVaR 则是在 NVaR 基础上的条件风险价值。

以在置信水平 95% 下的情况为例，将碳交易价格风险和利率风险用数学加法叠加后风险价值为 0.259 6，大于以建立模型整合风险得出的 0.235 3；而在整合风险的情况下比较 NVaR 和 TVaR 发现，加上条件风险后的风险价值为 0.268 0，比单纯的整合 VaR 更高；随着置信水平的提高，风险数值都上升。通过实证得出的结果可以分析出以下内容。

（1）通过 t-Copula 连接函数建模后，计算的碳交易价格和利率收益率整合后的 VaR 相比于将两个风险因素简单相加的 VaR 数值更小。产生的原因是，银行利率和碳交易价格之间的实际相关性往往会高估商业银行的整合风险并增加银行的资本要求，从而降低商业银行的资本效率并限制银行的业务发展；并且利率的改变间接影响了企业购买减排设备的意愿，同样当企业对减排配额需求发生变化时，又会反作用于市场的碳交易供求上，导致碳交易价格波动。因此，建立 Copula 模型测度 VaR 在一定程度上避免了传统计算风险价值的盲区，更能将碳交易价格和利率两者之间的非线性关系更加直观地以数据表示出来。

（2）尽管碳交易价格风险和利率风险随着置信度水平的增加而增加，但在相同的置信度下，潜在的利率风险大于碳交易价格风险。可能的原因是，利率的波动导致企业资金流动性不断变化，进而影响企业的减排行为，导致碳金融市场供求关系出现不稳定的现象，这对碳交易价格的波动有一定的影响。在前面实验的 Q-Q 图二者收益率数据也能反映这一现象。

六、结论与建议

（一）结论

低碳经济是可持续发展战略中的重大措施之一，而科学的风险防控是各金融机构健康参与碳金融市场的一个重要条件。通过文献梳理发现，针对碳交易价格波动研究大多与汇率进行研究，鲜有学者从利率的角度去考察其和碳交易价格波动之间的关系。这大概是由于国外尤其欧洲的碳市场交易体系更为成熟，实验结果会更显著。本章根据我国银行利率建立 Copula 计量模型，研究利率的变化是否会导致碳交易价格波动，探究利率和碳交易价格之间的特性，测度碳交易价格和利率的单个风险价值及集成条件风险价值。通过实证发现结果如下。

（1）在检验碳市场序列特征方面，碳交易价格收益率和利率收益率两个时间序列具有"尖峰厚尾"现象，有一定的波动聚集特征。

（2）对于碳金融市场风险整合度量而言，在建立的 5 个 Copula 模型中筛选使用 t-Copula 模型，以数据清晰客观的方式筛选出最优模型，用于拟合碳交易价格及利率数据，以及用蒙特卡罗模拟法计算风险价值 VaR。在对风险价值 VaR 进行单独比较且整合计算比较后发现，利率风险高于碳交易价格风险。Copula 函数考虑不同风险因素之间的相关性，加入条件值分析碳交易价格和利率之间非线性关系后发现，条件风险价值高于普通整合 VaR；并且将单个碳交易价格风险和单个利率风险简单加总的风险值高于整合后 VaR，表明单单分别考虑二者的风险会比二者动态整合的风险高。分析还发现若忽略条件和风险因子，碳交易价格和利率的实际相关性将高估市场风险。

（二）政策建议

碳金融是目前世界金融潮流，根据目前国内试点市场的碳交易情况，建立全国碳市场体系，需要各方面的努力和防控。通过本次实验可知，银行作为我国金融机构的中坚力量，与政府维持利率稳定控制试点碳市场碳交易价格，对今后发展全国碳市场的建立有必要性。基于以上实证分析的结果发现，利率是通过影响企业资金流动和减排措施来间接影响碳交易价格的，因此，分别为银行、企业、政府提出相关政策建议。

1. 对银行的建议

银行作为碳金融市场的最大参与者，在设计碳排放交易时，为稳定国家碳市场的健康稳妥发展，应该实施监管，避免部分投资者的过度投资活动，破坏现有的市场交易秩序。碳交易价格与利率存在复杂的非线性关系，为稳定碳交易价格，需要银行不断调整市场利率，通过信贷保证企业在减排设备和碳配额上维持良好稳定的状态。最后，建立全国碳市场的重要原因，是希望通过金融手段来对企业的碳排放进行监管，迫使企业进行产业转型升级。在建立统一的全国碳市场时，应总结各个试点市场中存在的价格管理问题，控制利率的增长和下降，避免影响碳交易价格，影响企业在减排上的热情，以确保全国碳市场能真正为社会和国家的环境及碳排放的减少作出真正的贡献。

2. 对企业的建议

作为碳市场的主要交易主体，企业要用好政府分配的碳排放配额，保证企业内部良好稳定运转，增加减排设备，积极为建设全国碳市场贡献力量，实现企业低碳、绿色、高效发展，实现企业社会共同发展进步。

3. 对政府的建议

为与我国碳市场目前的发展状况相适应，政府应确保我国碳市场交易的稳定性，需要制定科学有效的风险监测和预警机制。通过目前我国 8 个试点碳市场的情况可以判断，碳市场会受到其他金融市场因素的影响。货币政策的不断变化及利率定价的市场化模式，会使市场产生利率波动，将会增加碳交易价格的波动。因此，要加快建立全国统一碳市场，政府应考虑不同地区的外部冲击会给各个地区的企业减排成本产生的影响，并根据地区差异与不同，做好价格控制，加强市场风险监测。由于地区发展的不平衡，政府还应考虑各个地区的减排压力和减排成本的差异，根据不同地区发展情况统筹兼备，保证各地区公平有效发展。

参 考 文 献

[1] 王晓真. 全球金融市场风险加剧 [N]. 中国社会科学报，2019 - 11 - 08 （3）.

[2] 樊威，陈维韬. 碳金融市场风险形成机理与防范机制研究 [J]. 福建论坛：人文社会科学版，2019 （5）：54 - 64.

[3] 刘梅. 我国碳金融发展现状与策略文献综述 [J]. 西南金融，2011 （6）：28 - 30.

[4] 王军纯. 建设全国统一碳市场打造中国绿色低碳体系的"高铁速度" [J]. 中国战略新兴产业，2017 （9）：48 - 49.

[5] 刘汉武，黄锦鹏，张杲，等. 中国试点碳市场与国家碳市场衔接的挑战与对策 [J]. 环境经济研究，2019，4 （1）：123 - 130.

[6] 郭建峰，傅一玮. 构建全国统一碳市场定价机制的理论探索：基于区域碳交易试点市场数据的分析 [J]. 价格理论与实践，2019 （3）：60 - 64.

[7] 郭文，黄可欣. 碳排放权交易背景下配额碳资产的价值评估研究 [J]. 商业会计，2019 （17）：20 - 24.

[8] 万伦来，杨巧琳. 商业银行碳金融理财产品收益风险实证研究：来自兴业银行的碳金融产品经验证据 [J]. 浙江金融，2017 （8）：37 - 43.

[9] 杨玉. 基于要素相依性的碳市场风险集成度量研究 [D]. 合肥：合肥工业大学，2019.

[10] 朱其刚. 基于 Copula 的风险价值非参数估计研究 [D]. 重庆：重庆大学，2010.

[11] 张文丑，张卓群. Copula 方法在金融领域的应用 [J]. 银行家，2018 （11）：90 - 91.

[12] LIN S，CHEN R D，LV Z H，et al. Integrated measurement of liquidity risk and mar-

ket risk of company bonds based on the optimal Copula model [J]. North American Journal of Economics and Finance，2019，50（6）：1 - 8.

[13] GOZGOR G，TIWARI A K，KHRAIEF N，et al. Dependence structure between business cycles and CO_2 emissions in the U. S. ：Evidence from the time - varying Markov - Switching Copula models [J]. Energy，2019，188：115995.

[14] 王倩，路京京. 短期利率波动对碳交易价格影响的区域异质性 [J]. 社会科学辑刊，2018（1）：101 - 110.

[15] 张晨，杨玉，张涛. 基于 Copula 模型的商业银行碳金融市场风险整合度量 [J]. 中国管理科学，2015，23（4）：61 - 69.

[16] 柴尚蕾，周鹏. 基于非参数 CopulA - CVaR 模型的碳金融市场集成风险测度 [J]. 中国管理科学，2019，27（8）：1 - 13.

[17] 蒋晓杰，王欢. 基于 Normal Copula 模型的金融资产 VaR 风险度量 [J]. 东北财经大学学报，2009（6）：55 - 59.

[18] 刘娟. 基于 Copula 模型下的 VaR 度量及其应用 [D]. 成都：西南交通大学，2013.

[19] OMLADIČ M，Š KULJ D. Constructing copulas from shock models with imprecise distributions [J]. International Journal of Approximate Reasoning，2020，118：27 - 46.

第八章 碳市场收益波动及其协同风险趋势研究

摘要：我国碳金融市场仍然处于探索与发展阶段，碳交易价格波动剧烈。因此研究碳交易价格波动特征对促进我国经济发展与环境保护具有重要意义。由于地区发展情况存在差异，各个地区试点市场存在不同的波动风险和协同风险。本章通过构建 ARMA - GARCH 模型度量单个市场的波动风险，继而使用向量 GARCH 模型研究市场波动之间的协同持续性。研究结果表明：7 个试点地区碳价波动存在一定差异，其中深圳、北京、广东、上海和天津市场存在显著的波动持续性，而湖北和重庆市场的波动持续性不显著。通过向量 GARCH 模型研究发现多数市场之间存在协同风险。最后，本章就研究结果提出了提高碳市场风险监管水平的政策性建议。

一、引言

2005 年 2 月 16 日，《京都议定书》正式生效，其规定发展中国家自 2012 年开始应承担减少碳排放的义务。2015 年 12 月 12 日在巴黎气候大会上通过的《巴黎协定》则制定了更为细致的条款，其共同而又有差异的责任原则充分体现了各国的诉求。我国经济的高速发展伴随的是能源消耗的急剧增加，环境保护与经济发展之间的矛盾开始显现，可持续发展将会是唯一的选择。

我国于 2016 年 9 月 3 日加入《巴黎协定》，将逐步实现《巴黎协定》中规定的发展中国家减排和限排的目标。2017 年全球碳排放量为 361.53 亿吨，其中我国碳排放量高达 98.39 亿吨，占比约 27.21%，居全球首位；而且我国人均碳排放量为 7.0 吨，与欧盟国家持平。我国政府承诺，到 2030 年碳排放强度将降低至 2005 年的 35%～40%。为了满足经济增长和减排的双重需求，深圳排放权交易所于 2013 年 6 月 19 日正式开展碳交易，随后北京、上海、广州、天津等共 8 个试点市场逐步跨入全国碳排放权交易行列。不同地区碳市场成交量与增长幅度差异较大，地区试点之间发展的不均衡使协同监管较为困难，导致全国统一碳市场的进展具有不确定性。

对于碳排放企业来说，碳排放权可以视为一种发展的权利，因为碳排放总量同其产值有关，也就与预期收益有密切的正向关系；当碳排放总量超过配发的免费碳排放权时，企业需要从碳市场购买碳排放权，以满足自身发展的需要；当配发的免费碳排放权有多余时，企业也可将其在碳市场上出售。这种机制激励碳排放企业节能减排、发展清洁能源，有利于可持续发展。

碳排放权是一种特殊的交易产品，其价格波动容易受到政策实施、能源价格、天气变化等的显著影响，而且市场起步较晚、相应的法律法规和平台机制不够完善，使碳金融市场有别于传统的金融市场，其风险特征也与一般金融风险不同。基于我国多个碳试点，研究不同试点碳配额的价格波动特征及其协同风险，建立科学合理的风险计量模型，对我国碳金融市场的风险管控及全国统一碳排放市场的逐步开展具有重要的实践意义。

本章以我国碳市场为对象，探究每个碳市场的收益波动和市场之间的协同风险，主要包括：研究背景，即国内外学者在碳金融市场方面所做出的贡献；研究方法，包括 ARMA - GARCH 模型和向量 GARCH 模型；对 7 个碳市场进行的实证分析；研究结论与政策性建议。本章研究框架图如图 8 - 1所示。

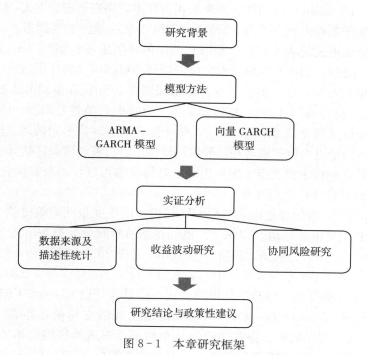

图 8 - 1 本章研究框架

二、研究背景

(一) 欧美碳金融市场研究

欧美的碳排放交易体系建成的时间远小于其权益市场，而且其价格波动受到化石能源、权益市场、政策制定、企业或机构投入的影响，碳市场波动特征也将有异于权益市场。针对欧美碳市场［主要是欧盟排放配额（European Union allowance，EUA）市场和 CER 市场］，许多学者从碳排放权的波动特征、影响因素等方面展开研究。

碳排放的主要来源是化石能源的使用，原油是不可或缺的化石能源，碳排放权交易价格也应该同油价密切相关。在该方面，Dutta 通过使用 GARCH - Jump 模型发现碳金融市场存在时变跳跃，并通过 EGARCH 模型发现碳价变化对石油波动指数（oil volatility index，OVX）高度敏感，且油价波动对 EUA 市场的影响存在异质性[1]。另外，Dutta 还进一步认为，利用原油市场的信息并使用修正异常值后的碳排放权价格能够提高 EUA 市场的波动预测。Luo 和 Wu 建立了 OGARCH 模型，发现欧美 EUA 价格与权益市场之间的相关性比中国市场更高且波动更剧烈，并用 MV - OGARCH 模型选出了最优投资组合[2]。Hultman 等以巴西、印度公司为样本，调查管理者对 CDM 投资的看法，发现预期收入或声誉因素是影响 CDM 投资决策的主要因素[3]。Geddes 等采用访谈的形式对澳大利亚、德国和英国的系统重要性银行（Systemically important banks，SIBs）在解决低碳能源项目融资障碍中的作用进行了实证研究。研究结果表明，除了提供资本和降低风险外，SIBs 在推动私人投资进入低碳投资方面起到带头作用，并提出了若干合理的政策性建议[4]。Görgen 等提出了一个碳风险衡量标准——碳 β，并计算了 39 000 家公司的碳 β 值，认为碳 β 中包含的信息可供投资者和监管机构使用[5]。投资者可以评估其投资组合中的碳风险，并作出投资组合配置决策；监管机构可以评估政策变化的影响，有助于制定更有针对性的政策。

Feng 等结合极值理论建立 GARCH 模型，用于度量欧盟碳排放交易体系现货市场和期货市场的动态 VaR[6]。他们将交易时间分为第一阶段（2005 年 6 月至 2007 年 12 月）和第二阶段（2008 年 2 月至 2009 年 12 月），结果显示，不论是现货市场还是期货市场，第一阶段的上行和下行风险都要比第二阶段更高，而在同一阶段的上行和下行风险相近。蒋晶晶等以 EUA 和 CER 为研究对象，同样使用 GARCH - EVT - VaR 模型发现碳交易价格存在"尖峰厚尾"、自相关、波动聚集、条件方差等典型特征及显著的极端价格波动风险，以及 EUA 和 CER 呈现显著同步性[7]。张晨等使用的 EVT - CAViaR 模型在碳市场风险预测精度方面要更加稳健，他们发现 EUA 和 CER 市场对损失的反应较大[8]。

以上关于国内外碳市场的研究，都是从风险管理的角度研究碳排放权现货或者期货价格的波动特征，Li 等（2016）[9]则探讨了碳金融市场收益与波动的关系，首先采用 GARCH - M 模型来检验条件方差与收益的关系，其次计算出 LSW（Lifshitz - Slyozov Wanger）风险因子并将其纳入 GARCH 模型的收益方程形成 LSW - M 模型，结果显示该模型可以较大程度地解释欧洲碳市场收益变化[9]，这将有助于决策者提高市场效率和预测未来收益变化[9]。Tang 等通过资本资产定价模型（capital asset pricing model，CAPM）发现，EU - ETS 市场和 CDM 市场的价格变动是不对称的，在低预期回报下碳排放权价格更容易受到市场机制和外界因素（经济危机和环境政策）的影响，而在高预期回报下EU - ETS 市场会有更大的风险[10]。

（二）我国碳金融市场研究

王婷婷等的研究表明，QAR - GARCH 模型比 CAViaR 族模型更适合于我国碳金融市场风险的度量，并认为各个碳金融试点仍处于发展阶段，其中深圳市场的发展成熟度较高、湖北成熟度最低[11]。Jia 等基于复杂网络理论探究碳价波动传导规律，以北京、上海、天津、深圳和广东 5 个试点碳市场为节点构建价格波动传输网络模型，发现该网络模型聚集系数较低且其大小同节点强度无关，碳市场的价格同步传导越平稳就越有可能成为网络的中心[12]。该研究表明，少量的价格波动可以控制整个市场的碳交易价格传导，在政府和监管机构促进市场活动、防范大宗交易可能产生的风险、科学预测交易价格波动等方面发挥积极作用。王倩和高翠云基于六元非对称 t 分布的 VAR - GARCH - BEKK 模型测度我国各试点碳市场的溢出效应，并运用社会网络分析法（social network analysis，SNA）研究碳市场间的结构特征与空间关联，研究结果表明，虽然各碳市场独立运行并具有市场分割的特点，但 6 个碳市场之间均表现出一定程度的非对称溢出效应[13]。

杜莉等提出，政府从宏观层面，从制度供给与环境培育的角度出发，对碳金融发展及风险防控进行规制和监管；金融机构通过设计全面有效的碳金融交易风险预警指标体系，构建健全的碳金融交易风险管理组织框架，设计和实施先进、完善的碳金融风险管理技术，建立严格的碳金融交易风险管理责任追究机制，提升碳金融交易行为主体及监管部门的风险识别与防控能力[14]。Zhou 和 Li 系统地回顾了我国碳金融市场发展历程中的进步与挑战，主要探究了我国金融机构在碳市场发展中起到的作用，认为我国碳市场的建立和发展缺少相关的政策和法律体系、创新性的碳金融产品、专业人员和知识体系，并在最后提出支持建立全球统一碳市场的政策建议[15]。

综上，国内外有不少学者关注碳金融市场风险并对其进行了大量的实证检验。由于国外碳市场成立时间较长且更为成熟，以各种方式对国外碳市场进行深入研究的相关文献更为丰富，他们提出的模型方法、政策建议和管控措施等值得借鉴和参考。总结国外的研究经验可知：第一，碳市场的发展离不开金融机构和碳排放企业的支持，金融机构在解决碳项目融资方面起到较大作用，碳排放企业管理者更关注碳项目所带来的预期收入和企业声誉；第二，综合考虑能源价格变化、传统金融市场波动等重要因素，能够提高对碳市场波动的预测，这有助于政府和监管机构制定政策、投资者作出投资决策。

国内碳金融市场风险波动的相关计量研究较少，关于国内碳市场风险度量方面的研究仍然处于初级阶段，有关碳市场间波动关系的研究主要针对最早成立的几个试点市场。有较早的文献在新兴试点市场框架设计、体系建立、政策制定等方面提出建议，以此提高风险防控能力。对于国内这些成立时间并不长的试点市场来说，各种计量模型及其结果可能具有时效性，同时，还发现暂无对多个碳市场之间的协同风险进行全面分析的研究成果。所以本章通过建立ARMA - GARCH 模型重新度量不同碳市场各自的风险波动，并进一步根据BEKK 模型与向量 GARCH 模型二者的等价性度量国内多个试点市场的协同持续性，研究在长期波动中不同碳金融市场之间是否存在稳定的线性均衡关系，即协同风险。

三、模型方法

(一) ARMA - GARCH 模型

ARMA - GARCH 模型常用于金融时间序列分析中[16]，大量的实证研究已经证明其可以很好地刻画时间序列中的自相关性和条件方差特征。一般，ARMA（p，q）- GARCH（m，s）模型表达式为：

$$\begin{cases} r_t = \phi_0 + \sum_{i=1}^{p} \phi_i r_{t-i} + a_t - \sum_{j=1}^{q} \theta_j a_{t-i} \\ a_t = \sigma_t \varepsilon_t \\ \sigma_t^2 = \omega_0 + \sum_{i=1}^{m} \alpha_i a_{t-i}^2 + \sum_{j=1}^{s} \beta_j \sigma_{t-j}^2 \end{cases} \quad (8-1)$$

其中，p 为均值议程收益率 r_i 自回归阶数，其系数为 ϕ，q 为滑动平均阶数，其系数为 θ_j，ϕ_0 表示常数项，条件方差方程服从 GARCH（m，s）模型，其中 m 和 s 表示阶数，σ_t^2 表示波动，ε_t 表示白噪声序列，a_t 表示误差序列，ω_0 为常数项，α_i、β_j 表示波动方程的回归系数。假定收益率 r_{t+l} 服从条件均值 $\hat{r}_t$（l）、

条件方差为 $\hat{\sigma}_t^2(l)$ 的条件正态分布，令 τ 为上尾概率，则持有期为 l 天的风险价值 VaR 和期望损失 ES 为：

$$\begin{cases} \mathrm{VaR}_{1-\tau} = \hat{r}_t(l) + z_{1-\tau}\hat{\sigma}_t(l) \\ \mathrm{ES}_{1-\tau} = \hat{r}_t(l) + \dfrac{f(z_{1-\tau})}{\tau}\hat{\sigma}_t(l) \end{cases} \tag{8-2}$$

（二）向量 GARCH 模型

Bollerslev 和 Engle 最早提出向量 GARCH 模型[17-18]，模型设定如下所示。

$$\begin{cases} \boldsymbol{Y}_t = \boldsymbol{M}_t + \boldsymbol{\varepsilon}_t \\ \boldsymbol{\varepsilon}_t \mid \psi_{t-1} \sim N(0, \boldsymbol{H}_t) \\ \mathbf{Vech}(H_t) = \boldsymbol{W} + \sum_{i=1}^{q} \boldsymbol{A}_i \mathbf{Vech}(\varepsilon_{t-i}\varepsilon_{t-i}{}') + \sum_{j=1}^{p} \boldsymbol{B}_j \mathbf{Vech}(\boldsymbol{H}_{t-j}) \\ \qquad\quad = \boldsymbol{W} + \boldsymbol{A}(\mathbf{L}) \mathbf{Vech}(\varepsilon_{t-i}\varepsilon_{t-i}{}') + \boldsymbol{B}(\mathbf{L})\mathbf{Vech}(\boldsymbol{H}_t) \end{cases} \tag{7-3}$$

式中：$\boldsymbol{Y}_t$ 为 t 时刻 N 个收益率序列的列向量；$\boldsymbol{M}_t$ 为 $\boldsymbol{Y}_t$ 的条件期望；$\boldsymbol{\varepsilon}_t$ 为 $N \times 1$ 的新息向量；$\psi_t - 1$ 表示到 $t-1$ 时刻所有的信息集；$\mathbf{Vech}$（·）为向量半算子，可以按列堆积成下三角矩阵；$\boldsymbol{W}$ 为 $\dfrac{N(N+1)}{2}$ 维的列向量；$\boldsymbol{A}_i$ 和 $\boldsymbol{B}_j$ 分别表示 $\left[\dfrac{N(N+1)}{2} \times \dfrac{N(N+1)}{2}\right]$ 的系数矩阵；$\mathbf{L}$ 为滞后算子；p 为条件方差的滞后阶数，q 则是随机扰动项的滞后阶数，$\boldsymbol{H}_t$ 表示条件方差-协方差矩阵，其主对角线元素 $h_{ii,t}$ 描述第 i 个序列的条件方差的变化；除此之外的元素 $h_{ij,t}$（$i \neq j$）描述第 i 个序列与第 j 个序列间条件方差的变化。

将 $\boldsymbol{A}_i$、$\boldsymbol{B}_j$ 分别记为 $\boldsymbol{A}_i = \sum_{k=1}^{K}(\overline{\boldsymbol{A}}_{ik} \otimes \overline{\boldsymbol{A}}_{ik})'$、$\boldsymbol{B}_i = \sum_{k=1}^{K}(\overline{\boldsymbol{B}}_{ik} \otimes \overline{\boldsymbol{B}}_{ik})'$，则可以得到向量 GARCH 模型对应的 BEKK 模型，即：

$$\mathbf{Vech}(\boldsymbol{H}_t) = \boldsymbol{W} + \sum_{k=1}^{K}\sum_{i=1}^{q}(\overline{\boldsymbol{A}}_{ik} \otimes \overline{\boldsymbol{A}}_{ik})'\mathbf{Vech}(\varepsilon_{t-i}\varepsilon_{t-i}{}') +$$
$$\sum_{k=1}^{K}\sum_{j=1}^{p}(\overline{\boldsymbol{B}}_{ik} \otimes \overline{\boldsymbol{B}}_{ik})'\mathbf{Vech}(\boldsymbol{H}_{t-j}) \tag{8-4}$$

式中：$\overline{\boldsymbol{A}}_{ik}$ 和 $\overline{\boldsymbol{B}}_{ik}$ 均为 N 维矩阵，$\otimes$ 为 Kronecker 积。当 $p=q=1$ 时，BEKK 模型则可以表示为：

$$\mathbf{Vech}(\boldsymbol{H}_t) = \boldsymbol{W} + \sum_{k=1}^{K}(\overline{\boldsymbol{A}}_{ik} \otimes \overline{\boldsymbol{A}}_{ik})'\mathbf{Vech}(\varepsilon_{t-i}\varepsilon_{t-i}{}') + \sum_{k=1}^{K}(\overline{\boldsymbol{B}}_{ik} \otimes \overline{\boldsymbol{B}}_{ik})'\mathbf{Vech}(\boldsymbol{H}_{t-j})$$
$$\tag{8-5}$$

BEKK 模型的优点在于容易满足矩阵 $\boldsymbol{H}_t$ 的正定性，但其参数的经济意义不够明确。$\boldsymbol{A}_i$ 是唯一的，但 $\overline{\boldsymbol{A}}_{ik}$ 并不唯一，即 BEKK 对应的向量 GARCH 模型只有一个，因此可以先估计 BEKK 模型，再将其转化为向量 GARCH 模型。

四、实证分析

(一) 数据来源及描述性统计

1. 数据来源及预处理

本章利用爬虫技术从中国碳排放交易网收集 2013 年 6 月 19 日至 2019 年 4 月 1 日所有碳排放交易的日收盘价数据，包括深圳、北京、广东、上海、天津、湖北、重庆。由于重庆市场正式挂牌时间晚于其他 6 个市场（不包括福建市场），为了便于进行比较研究，将样本数据的时间起点移至重庆市场开放的时间，即时间范围为 2014 年 6 月 19 日至 2019 年 4 月 1 日，同时选择深圳市场中运行时间最长的交易品种 SZA - 2013。样本数据仅包括各个市场日收盘价均可得的交易数据，共计 1 290 组。

为研究碳金融市场收益波动与风险特征，本章将样本中各个市场的日收盘价转化为日对数收益率序列。设 P_t 为 t 时刻碳排放权的价格，对价格序列（P_t）取对数再作一阶差分，即 $R_t = \ln(P_t) - \ln(P_{t-1}) = \ln\dfrac{P_t}{P_{t-1}}$，得到日对数收益率序列 $\{R_t\}$。以交易品种的名字命名深圳、北京、广东、上海、天津、湖北、重庆市场的日对数收益率序列，分别记为 SZA、BEA、GDEA、SHEA、TJEA、HBEA、CQEA。

2. 描述性统计结果

表 8 - 1 所示为各个碳市场日对数收益序列的描述性统计与检验结果。结果显示，各个碳市场的收益率均值有正有负但都接近于零，深圳、北京、广东、上海、天津市场的方差约为 0.060，波动最小的湖北市场约为 0.028，波动最大的重庆市场约为 0.091。由 ADF 检验与 Jarque - Bera 检验结果可以看出，7 个碳市场的日对数收益率序列为平稳序列且均不服从正态分布，普遍存在"尖峰厚尾"的风险特征。

表 8 - 1　描述性统计及检验结果

交易品种	均值	标准差	偏度	峰度	Jarque - Bera 检验
SZA	−0.000 8	0.055 5	0.023 3	4.060 7	890.536 2 ***
BEA	0.000 2	0.060 1	−0.738 5	8.127 5	3 680.341 5 ***
GDEA	−0.000 8	0.053 4	−0.282 9	8.774 9	4 169.984 5 ***
SHEA	−0.000 1	0.059 1	2.243 3	58.405 0	184 889.503 1 ***

（续）

交易品种	均值	标准差	偏度	峰度	Jarque‑Bera 检验
TJEA	−0.000 9	0.060 2	0.417 4	149.397 6	1 202 591.002 1***
HBEA	0.000 2	0.028 3	−0.137 3	4.812 0	1 253.982 2***
CQEA	−0.002 0	0.091 2	−1.287 7	19.322 0	20 480.496 8***

交易品种	ADF 检验	Ljung‑Box 检验			
		Q (5)	Q (10)	Q^2 (5)	Q^2 (10)
SZA	−12.528***	42.722***	47.235***	217.33***	266.36***
GDEA	−14.859***	28.625***	37.33***	161.4^3***	183.92***
GDEA	−12.115***	16.978***	20.36***	129.1***	129.67***
SHEA	−10.998***	28.719***	33.557***	83.809***	84.316***
TJEA	−10.058***	119.69***	121.89***	209.63***	209.74***
HBEA	−12.317***	58.82***	71.188***	195.36***	209.74***
CQEA	−9.315 1***	97.449***	111.35***	175***	197.82***

注：表中 Q (m) 与 Q^2 (m) 分别为对数收益率序列与平方对数序列的 Ljung‑Box 检验的统计量。***、**、* 分别表示在 10%、5%、1%的显著性水平上显著。

Ljung‑Box 检验选择 5 阶与 10 阶的滞后阶数来度量序列自相关与条件异方差。Q (m) 的显著性表明每个序列都存在显著的自相关性，对此应当构建 ARMA (p, q) 来拟合均值方程，消除或减弱序列自相关；Q^2 (m) 结果说明七组时间序列均存在条件异方差，即 ARCH 效应，故对方差方程建立 GARCH 模型。

（二）收益波动研究

1. 确定模型最优阶数

对均值方程建立 ARMA (p, q) 模型，根据 AIC 最小化原则选取最优阶数 p 和 q。构建最优阶数的 ARMA 模型并取其残差进行 Ljung‑Box 检验，结果如表 8‑2 所示。

表 8‑2 ARMA (p, q) 最优阶数

市场	SZA	BEA	GDEA	SHEA	TJEA	HBEA	CQEA
(p, q)	(1, 1)	(1, 1)	(2, 1)	(3, 1)	(5, 2)	(0, 1)	(0, 4)
Q (5)	1.187	15.137***	5.952 7	0.688 42	1.300 4	6.437 1	1.513
Q (10)	5.183	17.91*	8.468 6	4.517 6	6.832 3	21.687**	18.865**

（续）

市场	SZA	BEA	GDEA	SHEA	TJEA	HBEA	CQEA
Q^2 (5)	190.06***	168.41***	127.37***	42.393***	158.61***	250.09***	221.2***
Q^2 (10)	234.63***	189.94***	128.13***	43.125***	158.66***	291.02***	241.72***
AIC	−3 846.66	−3 644.9	−3 908.34	−3 654.77	−3 733.55	−5 589.32	−2 575.62

注：表中的 Q (m) 和 Q^2 (m) 分别为 ARMA (p, q) 的残差与残差平方的 Ljung-Box 检验的统计量。***、**、* 分别表示在 1%、5%、10% 的显著性水平上显著。

深圳、广东、上海、天津市场显著消除了序列自相关，而 ARCH 效应的存在使北京、湖北、重庆市场依然存在序列自相关但相较于原序列已经大幅降低，可以说明对 7 个市场构建最优 ARMA (p, q) 模型可以减少序列自相关。因此在确定 ARMA 模型最优阶数 p 和 q 的情况下，构建 ARMA-GARCH 模型对原序列进行联合估计。GARCH 模型的阶数通常难以确定但在低阶的情况下就对金融时间序列有较好的解释，故采用 GARCH $(1, 1)$、GARCH $(1, 2)$ 及 GARCH $(2, 1)$ 对方差方程进行估计。

2. ARMA-GARCH 模型估计

表 8-3 和表 8-4 分别为 ARMA (p, q)-GARCH $(1, 1)$、ARMA (p, q)-GARCH $(1, 2)$ 模型的参数估计结果。由于 ARMA (p, q)-GARCH $(2, 1)$ 的 ARCH (2) 项对各个市场的估计均不显著，说明 GARCH $(2, 1)$ 并不能较好地拟合方差方程，本章内容篇幅有限，未将其一一列出。

表 8-3 ARMA (p, q)-GARCH $(1, 1)$ 模型参数估计结果

市场	SZA	BEA	GDEA	SHEA	TJEA	HBEA	CQEA
(p, q)	$(1, 1)$	$(1, 1)$	$(2, 1)$	$(3, 1)$	$(5, 2)$	$(0, 1)$	$(0, 4)$
μ	−0.000 44 (−1.181)	−0.000 05* (−1.835)	−0.000 20* (−1.971)	0.000 36 (0.368)	0.000 11 (0.185)	0.000 47 (1.065)	−0.003 80 (−1.606)
ar (1)	0.509 5*** (2.990)	0.890 2*** (47.884)	0.806 8*** (16.846)	0.342 0* (1.713)	0.949 5* (1.738)		
ar (2)			0.055 3 (1.524)	0.019 1 (0.452)	−0.497 4 (−0.880)		
ar (3)				−0.117 3*** (−2.956)	0.040 1 (0.501)		

（续）

市场	SZA	BEA	GDEA	SHEA	TJEA	HBEA	CQEA
ar（4）					−0.139 3*		
					（−1.809）		
ar（5）					0.121 8**		
					（2.142）		
ma（1）	−0.629 4***	−0.983 7***	−0.923 1***	−0.357 7*	−1.000 0*	−0.293 4***	0.082 3**
	（−4.062）	（−155.778）	（−30.478）	（−1.799）	（−1.822）	（−7.490）	（1.965）
ma（2）					0.552 6		0.134 7***
					（0.941）		（3.409）
ma（3）							0.221 9***
							（5.675）
ma（4）							0.238 7***
							（6.578）
ω	0.000 03***	0.000 27***	0.000 34***	0.001 07***	0.000 18***	0.000 24***	0.000 27***
	（6.112）	（6.121）	（6.053）	（6.376）	（13.163）	（6.816）	（7.608）
ARCH（1）	0.106 6***	0.199 2***	0.388 2***	0.111 3***	0.123 9***	0.358 2***	0.186 8***
	（10.574）	（6.018）	（8.835）	（3.950）	（7.013）	（6.492）	（6.558）
GARCH（1）	0.895 3***	0.753 4***	0.559 9***	0.576 4***	0.848 7***	0.356 4***	0.811 1***
	（117.206）	（25.576）	（14.643）	（9.101）	（90.952）	（5.164）	（38.263）
AIC	−3.367 3	−3.109 9	−3.254 3	−2.943 0	−3.432 6	−4.551 3	−2.588 0
BIC	−3.343 3	−3.085 9	−3.226 3	−2.910 9	−3.388 5	−4.531 3	−2.556 0
Log Likelihood	2 176.2	2 010.4	2 104.4	1 904.7	2 223.3	2 938.3	1 676.0

注：括号中为 t 值。***、**、*分别表示在1%、5%、10%的显著性水平上显著。

表 8-4 ARMA（p，q）—GARCH（1，2）模型参数估计结果

市场	SZA	BEA	GDEA	SHEA	TJEA	HBEA	CQEA
（p，q）	（1，1）	（1，1）	（2，1）	（3，1）	（5，2）	（0，1）	（0，4）
μ	−0.000 44	−0.000 04*	−0.000 21*		0.000 07	0.000 46	−0.003 80
	（−1.244）	（−1.700）	（−1.945）		（0.106）	（1.043）	（−1.619）
ar（1）	0.541 4***	0.898 1***	0.789 6***		0.943 1*		
	（3.173）	（51.043）	（15.664）		（1.722）		

（续）

市场	SZA	BEA	GDEA	SHEA	TJEA	HBEA	CQEA
ar（2）			0.062 74* (1.703)		−0.515 5 (−0.959)		
ar（3）					0.043 17 (0.528)		
ar（4）					−0.152 5** (−2.005)		
ar（5）					0.123 1** (2.128)		
ma（1）	−0.650 9*** (−4.227)	−0.987*** (−176.831)	−0.917 3*** (−27.330)		−1* (−1.803)	−0.295 8*** (−7.521)	0.074 68* (1.743)
ma（2）					0.568 8 (1.002)		0.127 1*** (3.291)
ma（3）							0.226 5*** (5.722)
ma（4）							0.231 3*** (6.345)
ω	0.000 04*** (5.903)	0.000 34*** (6.347)	0.000 35*** (5.745)		0.000 27*** (9.417)	0.000 23*** (6.417)	0.000 34*** (6.365)
ARCH (1)	0.159 7*** (9.679)	0.272 3*** (5.844)	0.440 5*** (8.663)		0.171 4*** (6.148)	0.355 9*** (6.378)	0.243 5*** (5.693)
GARCH (1)	0.294 8*** (3.275)	0.121 2* (1.763)	0.272 2*** (3.971)		0.331 2*** (2.753)	0.334 1*** (3.336)	0.431 3*** (2.831)
GARCH (2)	0.545 8*** (6.568)	0.542 4*** (7.801)	0.236 8*** (3.845)		0.447 8*** (4.281)	0.027 9 (0.368)	0.320 5** (2.484)
AIC	−3.379 9	−3.121 4	−3.259 9		−3.440 3	−4.549 6	−2.587 8
BIC	−3.351 9	−3.093 3	−3.227 8		−3.392 3	−4.525 6	−2.551 7
Log Likelihood	2 185.3	2018.7	2 109.0		2 229.3	2 938.2	1 676.8

注：括号中为 t 值。***、**、*分别表示在1%、5%、10%的显著性水平上显著。

根据 ARMA‐GARCH 模型的参数估计结果可以看出，SZA、BEA、

GDEA 序列的 AR 过程系数显著为正，MA 过程系数显著为负，说明这些市场的收益率序列波动呈现短期的自相关性；SHEA 序列当期收益率与滞后 1 期的收益率呈正相关，而与滞后 3 期的收益率及滞后 1 期的随机项呈负相关；TJEA 序列与滞后 5 期的收益率呈正相关，与滞后 4 期的收益率及滞后 1 期的随机项呈负相关；HBEA 序列受到滞后 1 期随机项的显著负影响；CQEA 序列与其过去任一收益率都不存在相关性，而过去 1～4 期的随机扰动对其的影响则显著为正。由此可以看出，重庆市场没有其他市场稳定，更容易受到多期随机扰动的影响。

SZA、BEA、GDEA、TJEA、CQEA 收益率序列的 ARCH 项与 GARCH 项系数均显著为正，且二者之和接近于 1，说明这些碳市场的收益率波动呈现条件方差特征；而 SHEA 与 HBEA 序列相比之下，波动聚集性弱于其他碳市场，即前期波动对后期价格波动的持续影响不如其他碳市场。

通过两表的对比，根据系数显著性辅以 AIC 信息准则确定各个市场具有较好拟合度的模型，再次对残差进行 Ljung－Box 检验及 ARCH－LM 检验，来判断模型的解释效果。

3. 模型残差检验及风险测算

由表 8－5 可知，Ljung－Box 检验的结果显示残差序列呈现随机性，仅 BEA 序列的统计量 Q（20）在 10％的显著性上显著，而其他碳市场均不显著，说明模型的信息提取效果较好。而 LM 检验结果表示残差序列已不存在 ARCH 效应。

表 8－5　最优模型及残差检验结果

市场	SZA		BEA		GDEA		SHEA		TJEA		HBEA		CQEA	
统计	Stat.	P 值	Stat.	P 值	Stat.	P 值	Stat.	P 值	Stat.	P 值	Stat.	P 值	Stat.	P 值
Q（10）	6.63	0.76	7.63	0.67	8.48	0.58	3.98	0.95	5.46	0.86	11.32	0.33	13.40	0.20
Q（15）	11.26	0.73	18.98	0.22	9.41	0.86	8.13	0.92	6.78	0.96	17.17	0.31	19.71	0.18
Q（20）	15.51	0.75	29.72	0.08＊	16.10	0.71	9.62	0.98	7.35	1.00	21.92	0.35	24.48	0.22
LM	15.89	0.20	3.81	0.99	9.74	0.64	0.16	1.00	0.07	1.00	5.82	0.93	1.14	1.00
JB	5 818	0.00	14 078	0.00	711.5	0.00	487 564	0.00	117 591	0.00	2 359	0.00	94 521	0.00
VaR_1	0.068 6		0.046 4		0.041 0		0.086 2		0.057 5		0.031 3		0.164 2	
ES_1	0.086 1		0.062 3		0.052 8		0.108 1		0.072 1		0.040 5		0.223 8	
VaR_5	0.071 8		0.064 1		0.065 9		0.094 9		0.069 9		0.045 2		0.236 0	
ES_5	0.090 2		0.083 2		0.083 6		0.118 9		0.087 6		0.056 5		0.296 9	
VaR_{10}	0.074 3		0.078 9		0.083 5		0.096 5		0.080 3		0.047 4		0.242 1	
ES_{10}	0.093 4		0.100 6		0.105 3		0.121 0		0.100 7		0.059 3		0.304 6	

注：表中的 Q（m）为拟合模型的残差的 Ljung－Box 检验的统计量；LM 为 ARCH LM 检验；JB 为 Jarque－Bera 检验；stat. 表示统计量值。

根据 Jarque - Bera 检验，模型残差不服从正态分布，理论上应该考虑 student t -分布，但在大样本的情况下 t 分布近似于正态分布，所以假定 ε_t 服从标准正态分布。在 95% 置信水平下，从持有期为 1 天、5 天、10 天的 VaR 和 ES 可以看出，在极端情况下重庆市场的极端损失可能与超过阈值所遭受的平均损失关系最大，湖北市场最小，其余市场相近。

（三）协同风险研究

协同风险研究则采用向量 GARCH 模型，对 7 个市场两两进行实证分析。首先利用 BEKK - GARCH（1，1）进行参数估计，然后将其还原为矩阵形式。

以深圳市场和北京市场为例，其向量 GARCH 过程为：

$$\mathbf{Vech}(\boldsymbol{H}_t) = \begin{pmatrix} 3.304\ 0\times10^{-5} \\ -3.600\ 8\times10^{-6} \\ 2.040\ 8\times10^{-4} \end{pmatrix} + \begin{pmatrix} 0.135\ 5 & -0.001\ 8 & 5.818\ 4\times10^{-6} \\ 0.001\ 1 & 0.133\ 0 & -8.712\ 1\times10^{-4} \\ 9.155\ 7\times10^{-6} & 0.002\ 2 & 0.130\ 4 \end{pmatrix}$$

$$\mathbf{Vech}(\boldsymbol{\varepsilon}_{t-1}\boldsymbol{\varepsilon}_{t-1}{}') + \begin{pmatrix} 0.880\ 1 & 6.327\ 0\times10^{-4} & 1.137\ 2\times10^{-7} \\ -0.001\ 5 & 0.851\ 2 & 3.059\ 7\times10^{-4} \\ 2.426\ 6\times10^{-6} & -0.002\ 8 & 0.823\ 3 \end{pmatrix} \mathbf{Vech}(\boldsymbol{H}_{t-1})$$

同时得到该过程的系数矩阵之和的 3 个特征值，即

$$\lambda_1 = 1.015\ 6,\ \lambda_2 = 0.984\ 2,\ \lambda_3 = 0.953\ 7$$

以及特征值对应的特征向量，分别为：

$$\nu_1 = \begin{pmatrix} -0.999\ 9 \\ 0.011\ 0 \\ -3.017\ 4\times10^{-4} \end{pmatrix},\ \nu_2 = \begin{pmatrix} 0.036\ 3 \\ 0.999\ 1 \\ -0.021\ 0 \end{pmatrix},\ \nu_3 = \begin{pmatrix} 2.470\ 1\times10^{-4} \\ 0.018\ 6 \\ 0.099\ 8 \end{pmatrix}$$

假定 $\gamma = (1\ \ \gamma_1)'$，则有 $\mathbf{Vech}\ (\gamma)' = (1\ \ 2\gamma_1\ \ \gamma_1^2)$，取特征值 λ_3 对应的特征向量 ν_3，令 $\mathbf{Vech}\ (\gamma)'\nu_3 = 0$，得到如下方程：

$$0.099\ 8\gamma_1^2 + 0.037\ 2\gamma_1 + 2.470\ 1\times10^{-4} = 0$$

利用判别式 $\Delta = 0.037\ 2^2 - 4\times0.099\ 8\times2.470\ 1\times10^{-4} = 1.285\ 2\times10^{-3} > 0$，可知方程存在实根，即深圳市场与北京市场收益率序列之间存在线性协同持续性。

同理，对所有市场之间进行协同持续分析，表 8-6 给出了向量 GARCH 过程的特征值，表 8-7 与表 8-8 给出了特征值对应的特征向量。

五、结论与建议

（一）结论

本章以国内 7 个碳市场日对数收益率序列为研究对象，使用 ARMA -

表 8 - 6　向量 GARCH 过程系数矩阵之和的特征值

市场		SZA	BEA	GDEA	SHEA	TJEA	HBEA	CQEA
SZA	λ_1	NA	1.016	$1.003+0.000i$	1.002	0.993	1.000	1.018
	λ_2	NA	0.984	$0.911+0.007i$	0.876	1.009	0.894	1.004
	λ_3	NA	0.954	$0.911-0.007i$	0.766	1.032	0.799	0.990
BEA	λ_1	1.016	NA	$0.935+0.000\ 0i$	0.945	0.936	0.821	$0.946+0.028i$
	λ_2	0.984	NA	$0.935+0.000\ 2i$	0.805	0.961	0.821	$0.946-0.028i$
	λ_3	0.954	NA	$0.935-0.000\ 2i$	0.687	0.986	0.821	$0.973+0.000i$
GDEA	λ_1	$1.003+0.000i$	$0.935+0.000\ 0i$	NA	0.820	$0.832+0.040i$	0.811	$0.904+0.005i$
	λ_2	$0.911+0.007i$	$0.935+0.000\ 2i$	NA	0.820	$0.832-0.040i$	0.811	$0.904-0.005i$
	λ_3	$0.911-0.007i$	$0.935-0.000\ 2i$	NA	0.819	$1.040+0.000i$	0.811	$1.002+0.000i$
SHEA	λ_1	1.002	0.945	0.820	NA	0.719	$0.702+0.007i$	0.820
	λ_2	0.876	0.805	0.820	NA	0.838	$0.702-0.007i$	0.907
	λ_3	0.766	0.687	0.819	NA	0.978 0	$0.702+0.000i$	1.003
TJEA	λ_1	0.993	0.936	$0.832+0.040i$	0.719	NA	0.835	0.985
	λ_2	1.009	0.961	$0.832-0.040i$	0.838	NA	0.835	0.986
	λ_3	1.032	0.986	$1.040+0.000i$	0.978 0	NA	0.835	0.988
HBEA	λ_1	1.000	0.821	0.811	$0.702+0.007i$	0.835	NA	0.803
	λ_2	0.894	0.821	0.811	$0.702-0.007i$	0.835	NA	0.938
	λ_3	0.799	0.821	0.811	$0.702+0.000i$	0.835	NA	1.098
CQEA	λ_1	1.018	$0.946+0.028i$	$0.904+0.005i$	0.820	0.985	0.803	NA
	λ_2	1.004	$0.946-0.028i$	$0.904-0.005i$	0.907	0.986	0.938	NA
	λ_3	0.990	$0.973+0.000i$	$1.002+0.000i$	1.003	0.988	1.098	NA

表8-7　向量GARCH过程系数矩阵之和的特征向量（存在协同）

市场	SZA	BEA	GDEA	SHEA	TJEA	HBEA	CQEA
SZA	NA	$\begin{pmatrix} -0.99 & 0.036 & 0.000 \\ 0.011 & 0.999 & 0.019 \\ -0.00 & -0.02 & 0.999 \end{pmatrix}$		$\begin{pmatrix} 0.981 & 0.076 & 0.002 \\ -0.19 & -0.93 & -0.04 \\ 0.038 & 0.361 & 0.999 \end{pmatrix}$	$\begin{pmatrix} 0.815 & -0.99 & 0.374 \\ -0.57 & 0.086 & 0.285 \\ -0.08 & 0.020 & 0.883 \end{pmatrix}$	$\begin{pmatrix} 0.998 & -0.01 & -0.00 \\ -0.07 & -0.99 & 0.002 \\ 0.005 & 0.138 & 1.000 \end{pmatrix}$	$\begin{pmatrix} -0.99 & 0.003 & 0.000 \\ 0.020 & 0.999 & 0.001 \\ -0.00 & -0.04 & 1.000 \end{pmatrix}$
BEA	$\begin{pmatrix} -0.99 & 0.036 & 0.000 \\ 0.011 & 0.999 & 0.019 \\ -0.00 & -0.02 & 0.999 \end{pmatrix}$	NA		$\begin{pmatrix} 0.927 & 0.058 & 0.001 \\ 0.350 & -0.80 & -0.04 \\ 0.133 & -0.60 & 0.999 \end{pmatrix}$	$\begin{pmatrix} -0.98 & -0.02 & 0.000 \\ 0.178 & 0.941 & -0.01 \\ -0.03 & -0.34 & 1.000 \end{pmatrix}$	$\begin{pmatrix} 0.955 & -0.135 & 0.006 \\ 0.285 & -0.856 & 0.080 \\ 0.085 & -0.499 & 0.997 \end{pmatrix}$	$\begin{pmatrix} 0.999 & 0.002 & 0.000 \\ 0.035 & -0.998 & -0.00 \\ 0.001 & -0.070 & 1.000 \end{pmatrix}$
GDEA			NA	$\begin{pmatrix} 0.992 & -0.130 & 0.005 \\ 0.129 & -0.960 & 0.068 \\ 0.017 & -0.248 & 0.998 \end{pmatrix}$	$\begin{pmatrix} 0.999 & 0.684 & 0.206 \\ -0.05 & -0.73 & -0.43 \\ 0.003 & 0.076 & 0.881 \end{pmatrix}$	$\begin{pmatrix} 0.999 & 0.684 & 0.206 \\ -0.05 & -0.73 & -0.43 \\ 0.003 & 0.076 & 0.881 \end{pmatrix}$	
SHEA	$\begin{pmatrix} 0.981 & 0.076 & 0.002 \\ -0.19 & -0.93 & -0.04 \\ 0.038 & 0.361 & 0.999 \end{pmatrix}$	$\begin{pmatrix} 0.927 & 0.058 & 0.001 \\ 0.350 & -0.80 & -0.04 \\ 0.133 & -0.60 & 0.999 \end{pmatrix}$	$\begin{pmatrix} 0.992 & -0.130 & 0.005 \\ 0.129 & -0.960 & 0.068 \\ 0.017 & -0.248 & 0.998 \end{pmatrix}$	NA	$\begin{pmatrix} 1.000 & 0.065 & 0.001 \\ -0.00 & -0.99 & -0.03 \\ 0.000 & 0.006 & 0.999 \end{pmatrix}$	NA	$\begin{pmatrix} -1.00 & -0.09 & 0.002 \\ 0.007 & 0.996 & -0.04 \\ 0.000 & -0.01 & 0.999 \end{pmatrix}$
TJEA	$\begin{pmatrix} 0.815 & -0.99 & 0.374 \\ -0.57 & 0.086 & 0.285 \\ -0.08 & 0.020 & 0.883 \end{pmatrix}$	$\begin{pmatrix} -0.98 & -0.02 & 0.000 \\ 0.178 & 0.941 & -0.01 \\ -0.03 & -0.34 & 1.000 \end{pmatrix}$	$\begin{pmatrix} 0.999 & 0.684 & 0.206 \\ -0.05 & -0.73 & -0.43 \\ 0.003 & 0.076 & 0.881 \end{pmatrix}$	$\begin{pmatrix} 1.000 & 0.065 & 0.001 \\ -0.00 & -0.99 & -0.03 \\ 0.000 & 0.006 & 0.999 \end{pmatrix}$	NA	$\begin{pmatrix} -0.97 & 0.372 & 0.044 \\ 0.228 & 0.833 & 0.207 \\ -0.05 & -0.41 & 0.977 \end{pmatrix}$	$\begin{pmatrix} 0.999 & 0.002 & 0.000 \\ 0.035 & -0.998 & -0.00 \\ 0.001 & -0.070 & 1.000 \end{pmatrix}$
HBEA	$\begin{pmatrix} 0.998 & -0.01 & -0.00 \\ -0.07 & -0.99 & 0.002 \\ 0.005 & 0.138 & 1.000 \end{pmatrix}$	$\begin{pmatrix} 0.955 & -0.135 & 0.006 \\ 0.285 & -0.856 & 0.080 \\ 0.085 & -0.499 & 0.997 \end{pmatrix}$	$\begin{pmatrix} 0.999 & 0.684 & 0.206 \\ -0.05 & -0.73 & -0.43 \\ 0.003 & 0.076 & 0.881 \end{pmatrix}$	NA	$\begin{pmatrix} -0.97 & 0.372 & 0.044 \\ 0.228 & 0.833 & 0.207 \\ -0.05 & -0.41 & 0.977 \end{pmatrix}$	NA	$\begin{pmatrix} -0.99 & -0.042 & 0.001 \\ 0.037 & 0.997 & -0.02 \\ -0.00 & -0.07 & 0.999 \end{pmatrix}$
CQEA	$\begin{pmatrix} -0.99 & 0.003 & 0.000 \\ 0.020 & 0.999 & 0.001 \\ -0.00 & -0.04 & 1.000 \end{pmatrix}$	$\begin{pmatrix} 0.999 & 0.002 & 0.000 \\ 0.035 & -0.998 & -0.00 \\ 0.001 & -0.070 & 1.000 \end{pmatrix}$		$\begin{pmatrix} -1.00 & -0.09 & 0.002 \\ 0.007 & 0.996 & -0.04 \\ 0.000 & -0.01 & 0.999 \end{pmatrix}$	$\begin{pmatrix} 0.999 & 0.002 & 0.000 \\ 0.035 & -0.998 & -0.00 \\ 0.001 & -0.070 & 1.000 \end{pmatrix}$	$\begin{pmatrix} -0.99 & -0.042 & 0.001 \\ 0.037 & 0.997 & -0.02 \\ -0.00 & -0.07 & 0.999 \end{pmatrix}$	NA

表8-8　向量 GARCH 过程系数矩阵之和的特征向量（不存在协同）

市场	SZA	BEA	GDEA	SHEA	TJEA	HBEA	CQEA
SZA	NA		$\begin{bmatrix} -0.99 & 0.013+0.039i & 0.013- \\ -0.00 & -0.12+0.240i & -0.12-0.240i \\ -0.03 & 0.962+0.000i & 0.962-0.000i \end{bmatrix}$				$\begin{bmatrix} 0.981+0.000i & 0.959-0.000i & -0.97 \\ -0.09-0.160i & -0.09-0.160i & 0.236 \\ -0.06+0.039i & -0.06-0.039i & -0.07 \end{bmatrix}$
BEA		NA	$\begin{bmatrix} 0.207 & -0.12+0.153i & -0.12-0.153i \\ 0.198 & 0.184+0.371i & 0.184-0.371i \\ 0.958 & 0.890+0.000i & 0.890-0.000i \end{bmatrix}$				
GDEA	$\begin{bmatrix} -0.99 & 0.013+0.039i & 0.013-0.039i \\ -0.00 & -0.12+0.240i & -0.12+0.240i \\ -0.03 & 0.962+0.000i & 0.962-0.000i \end{bmatrix}$	$\begin{bmatrix} 0.207 & -0.12+0.153i & -0.12-0.153i \\ 0.198 & 0.184+0.371i & 0.184-0.371i \\ 0.958 & 0.890+0.000i & 0.890-0.000i \end{bmatrix}$	NA		$\begin{bmatrix} -0.95+0.000i & -0.95 & 0.435 \\ 0.237+0.180i & 0.237-0.180i & -0.49 \\ -0.04+0.045i & -0.04-0.045i & 0.755 \end{bmatrix}$		$\begin{bmatrix} 0.828+0.000i & 0.828-0.000i & 0.012 \\ -0.48+0.283i & -0.48+0.283i & -0.09 \\ 0.050+0.033i & 0.050-0.033i & 0.996 \end{bmatrix}$
SHEA				NA		$\begin{bmatrix} 0.959-0.000i & 0.959-0.000i & 0.971 \\ 0.220+0.162i & 0.220-0.162i & 0.227 \\ 0.024+0.074i & 0.024-0.074i & 0.081 \end{bmatrix}$	

（续）

市场	SZA	BEA	GDEA	SHEA	TJEA	HBEA	CQEA
TJEA			$\begin{bmatrix} -0.95+ & -0.95- & 0.435 \\ 0.000i & 0.000i & \\ 0.237+ & 0.237- & -0.49 \\ 0.180i & 0.180i & \\ -0.04- & -0.04+ & 0.755 \\ 0.045i & 0.045i & \end{bmatrix}$		NA		
HBEA				$\begin{bmatrix} 0.959+ & 0.959- & 0.971 \\ 0.000i & 0.000i & \\ 0.220+ & 0.220- & 0.227 \\ 0.162i & 0.162i & \\ 0.024+ & 0.024- & 0.081 \\ 0.074i & 0.074i & \end{bmatrix}$		NA	
CQEA		$\begin{bmatrix} 0.981+ & 0.959- & -0.97 \\ 0.000i & 0.000i & \\ -0.09- & -0.09+ & 0.236 \\ 0.160i & 0.160i & \\ -0.06+ & -0.06- & -0.07 \\ 0.039i & 0.039i & \end{bmatrix}$	$\begin{bmatrix} 0.828+ & 0.828- & 0.012 \\ 0.000i & 0.000i & \\ -0.48- & -0.48+ & -0.09 \\ 0.283i & 0.283i & \\ 0.050+ & 0.050- & 0.996 \\ 0.033i & 0.033i & \end{bmatrix}$				NA

GARCH 模型度量单个市场风险并测算其风险价值和期望损失，使用向量 GARCH 模型研究市场之间收益波动的协同持续特征，得到以下结果。

（1）国内碳市场日对数收益率序列存在"尖峰厚尾"、自相关性、条件方差、波动聚集等普遍特征。而 ARMA - GARCH 模型可以很好地描述碳市场波动。前期的波动和随机扰动会对后期波动产生显著影响，即市场存在记忆性。当前，深圳、北京、广东、上海、天津等大部分碳市场交易收益存在显著的波动持续性，而湖北和重庆等碳市场交易收益的波动持续性不显著，主要是受随机效应的影响。

（2）部分地区碳市场的风险差异较大，VaR 风险从大到小依次为重庆、上海、广东、北京、深圳、天津、湖北，其中广东、北京、深圳三地碳市场的风险水平相近。

（3）多数市场之间存在协同持续性。因为碳排放权作为一种政策工具，其价格容易受到监管措施的显著影响，所以各地区在履约期前后出现放量交易，成交量与价格同时升高。这些因素还可能使市场表现出相似的波动特征。

（二）政策建议

根据以上研究结果，本章提出如下建议。

（1）借鉴国外经验，坚持碳市场建设同我国国情相结合。 我国在经济发展水平、能源行业分布、政府监管措施等方面与欧美国家有较大差异，需要学习和借鉴欧美国家建设碳市场的经验与教训，但更应坚持碳市场的建设与运行同国情相结合。为此，需加快碳市场衔接与碳交易价格的整合，建立全国性的碳排放定价体系，制定统一的市场交易准入门槛，统筹好全国碳市场建设与地方碳试点发展，加强金融创新与国际合作，建成具有中国特色的统一碳市场。

（2）增加碳金融产品种类，完善信息披露标准。 一方面，需要开发多样化的碳金融衍生产品，提高碳配额交易的效率，便于企业、金融机构等实行碳市场风险管理措施，有助于投资者对冲碳资产的价格波动风险。另一方面，应该完善相应的法律法规建设，包括信息披露标准，提高信息透明度，保证碳市场公平公正，辅助政府部门实施监管措施和相关政策。这将有助于减少重庆、上海等地碳交易价格的极端波动，提高重庆、天津等地市场活力，发挥碳市场的价格发现功能，使市场运行更加平稳。

（3）降低免费配额的发放，提高有偿配额的比重。 由于碳配额的过量发放，部分地区试点成交量萎缩、市场低迷，限制了碳市场发挥原本的作用，政府应当逐步降低碳排放权的绝对总额，提高有偿配额的比重，并将有偿配额的收入用于补贴相关减排企业和消费者，或用以支持清洁能源技术等方面的开发，提高企业减排和生产消费的积极性，满足企业节能减排和经济增长的双重需求。

(4) 建立一致的监管体系，科学预测碳价的传导。具有协同风险的碳市场之间的碳交易价格波动会呈现一定的相似性。对于这类碳市场，各地碳交易所应当设立相近的风险防控标准，加强地区与市场间的协同风险管理，使政策措施获得更大效益。政府也可以借助模型科学预测碳交易价格及其传导性，寻找价格波动规律。更重要的是建立一致的监管体系，从整体的角度监管各试点市场的价格波动及协同风险传导路径，及时发现并解决问题，助力全国性碳市场的运行，最终实现碳市场的稳步发展。

参 考 文 献

[1] DUTTA A. Modeling and forecasting the volatility of carbon emission market：The role of outliers，time－varying jumps and oil price risk [J]. Journal of cleaner production，2018，172：2773－2781.

[2] LUO C C，WU D S. Environment and economic risk：an analysis of carbon emission market and portfolio management [J]. Environmental research，2016，149：297－301.

[3] HULTMAN N E，PULVER S，GUIMAR Es L，et al. Carbon market risks and rewards：firm perceptions of CDM investment decisions in Brazil and India [J]. Energy policy，2012，40：90－102.

[4] GEDDES A，SCHMIDT T S，STEFFEN B. The multiple roles of state investment banks in low－carbon energy finance：an analysis of Australia，the UK and Germany [J]. Energy policy，2018，115：158－170.

[5] GÖRGEN，M，JACOB A，NERLINGER M，et al. Carbon Risk [R]. Working Paper，2020.

[6] FENG Z H，WEI Y M，WANG K. Estimating risk for the carbon market via extreme value theory：an empirical analysis of the EU ETS [J]. Applied energy，2012，99：97－108.

[7] 蒋晶晶，叶斌，马晓明. 基于 GARCH－EVT－VaR 模型的碳市场风险计量实证研究 [J]. 北京大学学报（自然科学版），2015，51（3）：511－517.

[8] 张晨，丁洋，汪文隽. 国际碳市场风险价值度量的新方法：基于 EVT－CAViaR 模型 [J]. 中国管理科学，2015，23（11）：12－20.

[9] LI Z，QIAO H，SONG N，et al. An empirical investigation on the risk－return relationship of carbon future market [J]. Journal of systems science and complexity，2016，29（4）：1057－1070.

[10] TANG B J，SHEN C，ZHAO Y F. Market risk in carbon market：an empirical analysis of the EUA and sCER [J]. Natural hazards，2015，75（S2）：333－346.

[11] 王婷婷，张亚利，王森晗. 中国碳金融市场风险度量研究 [J]. 金融论坛，2016（9）：57－68.

［12］ JIA J，LI H，ZHOU J，et al. Analysis of the transmission characteristics of China's carbon market transaction price volatility from the perspective of a complex network ［J］. Environmental science and pollution research，2017.

［13］ 王倩，高翠云. 中国试点碳市场间的溢出效应研究：基于六元 VAR—GARCH - BEKK 模型与社会网络分析法 ［J］. 武汉大学学报：哲学社会科学版，2016（6）：57 - 67.

［14］ 杜莉，孙兆东，汪蓉. 中国区域碳金融交易价格及市场风险分析 ［J］. 武汉大学学报（哲学社会科学版），2015（2）：86 - 93.

［15］ ZHOU K L，LI Y W. Carbon finance and carbon market in China：progress and challenges ［J］. Journal of cleaner production，2019，214：536 - 549.

［16］ BOLLERSLEV T，ENGLE R F，WOOLDRIDGE J M. A capital asset pricing model with time - varying covariances ［J］. Journal of political economy，1988，96（1）：116 - 131.

［17］ ENGLE R F，KRONER K F. Multivariate simultaneous generalized ARCH ［J］. Econometric theory，2000，11（1）：122 - 150.

［18］ BOLLERSLEV T，ENGLE R F. Common persistence in conditional variances ［J］. Econometrica，1993，61（1）：167.

第九章 碳市场交易波动特征及其投资风险分析

摘要：环境保护、大气污染治理等问题的解决刻不容缓，碳市场是经济可持续发展的重要政策创新手段。本章基于 2014 年 6 月至 2019 年 7 月我国 7 个碳交易试点市场（以下简称碳市场）周度频率数据，利用 DCC - GARCH 模型对碳市场交易波动特征、碳市场的风险及碳市场两两之间的相关关系进行分析，然后再运用均值—方差理论讨论碳市场间组合投资的期望收益和风险，以期探究我国碳市场交易存在的风险和波动特征及组合投资下的收益、风险状况。研究发现：①天津碳市场收益水平一般，但风险最低。重庆碳市场收益一般但不稳健，波动大。上海、深圳与北京碳市场风险程度相似，但前两者的收益却更低。②7 个碳市场两两之间的联动性总体上比较稳定。③在组合投资的期望收益给定情形下，为实现风险最小化，最优化碳市场投资权重配比中，北京碳市场权重最大，重庆碳市场权重最小。

一、引言

随着全球范围内的气候变化问题日益受到国际社会的广泛关注，碳作为必不可少的能源之一，它的使用同时会带来严重的大气污染。随着世界生态环境的逐渐恶化和极端天气的频繁出现，环境保护对社会发展越发重要，因而碳金融市场的理念产生并迅速发展。碳金融的兴起源于《联合国气候变化框架公约》和《京都议定书》两大国际公约。从经济角度出发，它催生出一个以二氧化碳排放权为主的碳市场。碳金融市场则是指金融化的碳市场，碳金融市场泛指服务于限制碳排放的所有金融活动。

据世界银行的统计数据显示，自 2004 年起，全球以二氧化碳排放权为标的的交易总额从最初的不到 10 亿美元增长到 2007 年的 600 亿美元，四年时间增长了 60 倍。交易量也由 1 000 万吨迅速攀升至 27 亿吨。巴克莱资本环境市场部总监预言，按照目前的发展速度，不久的将来碳交易将发展成为全球规模最大的商品交易市场。

值得注意的是，我国建立碳金融市场的时间较短，尚处于探索阶段，交易的活跃度较低，经常会出现连续多日无交易的现象，这直接导致了碳排放市场价格出现跳跃性的波动，收益存在突增或骤降的现象。由于碳市场主要以现货为主，价格的形成机制和交易的方式十分单一，其风险也较大，对碳市场进行风险分析研究是一个很有意义的方向。适应当前碳金融市场发展的国际化趋势，必须要循序渐进地完善碳金融市场，建立健全相关的法律法规和体系体制，大力推动我国碳金融市场的健康发展。

二、文献综述

到目前为止，碳市场的成长历史较短，发展仍不稳定，国内外学者关于碳交易价格波动的特征及风险的研究尚处于起步阶段。国外碳市场较国内碳市场成立早，研究相对更完善。我国从 2013 年才开始陆续成立碳交易所，关于碳交易的研究才逐渐展开。国外碳交易的研究大致上可以分为三类：第一类是对碳交易的理论研究，集中于对模型的研究；第二类是关于碳交易价格的研究；第三类是关于碳市场有效性的研究。在碳交易的模型研究上，早期研究多用 GARCH 模型进行波动率的分析，拥有非对称效应的 GARCH 类模型可以更好地拟合碳市场的价格。关于风险的量化，Julien Checallier 发现，碳期货价格与宏观环境的风险直接相关，并运用 GARCH 模型对众多参量与金融数据进行分析，为量化碳金融风险提供了重要的计量分析思路[1]。随着研究的深入，针对碳市场的波动原因，Mansanet 和 Bataller 研究发现，碳价的波动受能源市场（如油、汽、煤）价格和极端天气事件的驱动[2]；Alberola 认为，碳价的波动取决于制度事件，且对排放上限的信息尤其敏感[3]；此外，Kijima 等通过建立二氧化碳排放权交易模型发现，交易价格可能突增，并且根据 EU-ETS 表现出的价格波动状况，认为碳排放交易价格变化呈现出复杂性，从而加剧投资风险[4]。

国内现有文献多以某一碳市场的收益率或波动率研究为主，主要可以分为四大类：对碳市场的现状、趋势及前景进行的分析和预测；对碳交易价格的波动及其影响因素和波动特征进行的研究；对碳市场有效性进行检验；研究碳市场的价格形成机制和相关的监管机制。关于碳市场发展现状及前景方面，清华大学中国碳市场研究中心主任段茂盛认为碳排放权交易试点的实践为我国碳排放权交易体系的建设和运行奠定了坚实的理论和实践基础[5]。马忠玉和翁智雄针对碳市场现状提出了一系列的问题及思考，并给出了对应的建议[6]。关于碳交易价格波动性，张婕等采用 ARCH 模型簇对我国 6 个试点市场的碳排放价格的波动性特征进行了分析，研究发现碳排放价格波动具有较强的持续性及聚集性，呈现出非对称特征，仍处于相对不成熟的阶段[7]。郑祖婷等研究发现我国碳交易价格波动具有高度非线性特征，在时序上表现出存在明显的价格波动周期，有明显的随机干扰因素，并就此阐述了相关的建议[8]。关于碳市场有效性，汪文隽指出，掌握的信息越多，市场有效性也就越强，也越容易向其他市场发生波动溢出[9]。

此外，国内外学者还从定量的角度出发，运用 GARCH 模型、VAR 模型等对碳交易价格波动特征进行分析，评估碳价风险，实现有效的碳金融风险整合。

综上，国内外学者已经对碳市场进行了深入的研究，理论较为丰富，在一定程度上为本章的研究奠定了基础，但也有一些不足。比如，对碳市场波动特征及其风险分析就还不够全面，因此，本章就这方面，运用 DCC - GARCH 模型、均值—方差模型分析碳市场的风险、波动特征及相关关系，研究讨论碳市场间组合投资的期望收益和风险。

三、模型介绍

（一）研究方法及数据来源

本章将以 7 个碳交易试点 2014 年 6 月至 2019 年 7 月的周度成交价数据作为研究变量。首先使用 DCC - GARCH 模型（多元 GARCH 模型）对数据收益率进行描述性分析并绘制收益率序列图形，分析碳市场的风险及波动特征；其次，挖掘碳市场两两之间的相关关系并绘制碳市场间的联动性图形；最后，基于均值—方差分析法进一步研究讨论碳市场间组合投资的期望收益和风险。

（二）DCC - GARCH 模型

在组合投资决策中，需要考虑多种资产的收益与风险的关系问题。在这样的背景下，GARCH 过程自然被扩展到多变量，即向量 GARCH 的过程。在多元 GARCH 建模中存在两类困难：一是"维数灾难"导致的参数估计困难；二是如何对参数加以约束保证协方差矩阵的正定性。

迄今为止，多元 GARCH 模型主要包括了：向量 GARCH 模型、BEKK 模型、常值条件相关系数 GARCH 模型、动态条件相关系数 GARCH 模型、因子 GARCH 模型。本章将采用 DCC - GARCH 模型进行实证。Engle 对 CCC - GARCH 模型的常数相关假设进行了改进，得到了动态条件相关 GARCH 模型，简记为 DCC - GARCH 模型，表示如下：

$$K_t = D_t R_t D_t \tag{9-1}$$

可以通过指数平滑的方式对条件相关矩阵 R_t 进行表示：

$$(\boldsymbol{R}_t)_{mn} \equiv \rho_{mn,t} = \frac{\sum_{s=1}^{t-1} \lambda^s \varepsilon_{m,t-s} \varepsilon_{n,t-s}}{\sqrt{\sum_{s=1}^{t-1} \lambda^s \varepsilon_{m,t-s}^2 \sum_{s=1}^{t-1} \lambda^s \varepsilon_{n,t-s}^2}} \qquad (9-2)$$

式中：$\lambda(0 < \lambda < 1)$ 为平滑系数。为此，可以构造指数平滑模型：

$$\begin{cases} \rho_{mn,t} = \dfrac{q_{mn,t}}{\sqrt{q_{mn,t} q_{mn,t}}} \\ q_{mn,t} = (1-\lambda)\varepsilon_{m,t-1}\varepsilon_{n,t-1} + \lambda q_{mn,t-1} \end{cases} \qquad (9-3)$$

也可以通过 GARCH（1，1）模型的方式，对 $q_{mn,t}$ 进行表示：

$$q_{mn,t} = \bar{\rho}_{mn} + \alpha(\varepsilon_{m,t-1}\varepsilon_{n,t-1} - \bar{\rho}_{mn}) + \beta(q_{mn,t-1} - \bar{\rho}_{mn}) \qquad (9-4)$$

式中：$\bar{\rho}_{mn}$ 为 $\varepsilon_{m,t-1}\varepsilon_{n,t-1}$ 与 $\varepsilon_{m,t}\varepsilon_{n,t}$ 之间的非条件相关。采用矩阵方式表达，上述过程可以分别表示为：

$$\begin{aligned} \boldsymbol{Q}_t &= (1-\lambda)\varepsilon_{t-1}\varepsilon_{t-1}' + \lambda \boldsymbol{Q}_{t-1} \\ \boldsymbol{Q}_t &= \bar{\boldsymbol{Q}}(1-\alpha-\beta) + \alpha(\varepsilon_{t-1}\varepsilon_{t-1}') + \beta \boldsymbol{Q}_{t-1} \end{aligned} \qquad (9-5)$$

式中：$\bar{\boldsymbol{Q}}_t$ 为 ε 的非条件相关系数矩阵。

若采用更一般的形式描述多元 GARCH 过程。DCC - GARCH 模型的一般形式为：

$$\begin{cases} r_t \mid \Omega_{t-1} \sim N(0, \boldsymbol{D}_t \boldsymbol{R}_t \boldsymbol{D}_t) \\ \boldsymbol{D}_t^2 = \boldsymbol{diag}\{\omega_m\} + \boldsymbol{diag}\{\kappa_m\} \circ r_{t-1} r_{t-1}' + \boldsymbol{diag}\{\lambda_m\} \circ \boldsymbol{D}_{t-1}^2 \\ \varepsilon_t = D_t^{-1} r_t \\ \boldsymbol{Q}_t = \bar{\boldsymbol{Q}} \circ (\boldsymbol{II}' - \boldsymbol{A} - \boldsymbol{B}) + \boldsymbol{A} \circ \varepsilon_{t-1}\varepsilon_{t-1}' + \boldsymbol{B} \circ \boldsymbol{Q}_{t-1} \\ \boldsymbol{R}_t = \boldsymbol{diag}\{\boldsymbol{Q}_t\}^{-1} \boldsymbol{Q}_t \boldsymbol{diag}\{\boldsymbol{Q}_t\}^{-1} \end{cases} \qquad (9-6)$$

其中，I 表示全为 1 的向量，$\circ$ 表示 Hadamard 积，$\boldsymbol{A}$、$\boldsymbol{B}$ 为系数矩阵。

（三）均值—方差模型

理性投资者一般考虑通过组合投资选择，实现收益最大化与风险最小化。与之对应，存在两种现实情形，情形一：在给定期望收益条件下，风险最小化；情形二：在给定风险条件下，期望收益最大化。为此，可以建立对应的数学规划模型：

$$\min \sigma_{r_p}^2 = w' \sum w$$

问题 1：　　　　$s.t. \begin{cases} w'E(r) = \bar{r} \\ w'l = 1 \end{cases} \qquad (9-7)$

$$\max_w \mu_{r_p} = w'Er$$

问题 2：　　　　$s.t. \begin{cases} w'E(r) = \bar{\sigma}^2 \\ w'l = 1 \end{cases} \qquad (9-8)$

由于问题 1 与问题 2 为对偶问题，存在密切联系。这里，只对问题 1 的求解过程开展讨论。可以构造 Lagrange 函数：

$$L(w,\lambda_1,\lambda_2) = w'\sum w + \lambda_1[w'E(r)-\bar{r}] + \lambda_2(w'l-1) \qquad (9-9)$$

令：

$$\begin{cases} \dfrac{\partial L(w,\lambda_1,\lambda_2)}{\partial w'} = 2w\sum + \lambda_1 E(r) + \lambda_2 l = 0 \\[2mm] \dfrac{\partial L(w,\lambda_1,\lambda_2)}{\partial \lambda_1} = w'E(r) - \bar{r} = 0 \\[2mm] \dfrac{\partial L(w,\lambda_1,\lambda_2)}{\partial \lambda_2} = w'l - 1 = 0 \end{cases} \qquad (9-10)$$

对最优投资方案 w 进行求解，可以得到：

$$w = \sum{}^{-1}[E(r),1]M^{-1}(\bar{r},1) \qquad (9-11)$$

式中：$M \equiv [E(r),1]'\sum^{-1}[E(r),1]$，且 M^{-1} 满足：

$$M^{-1} = \frac{\begin{pmatrix} B & -C \\ -C & A \end{pmatrix}}{AB-C^2} \qquad (9-12)$$

式中：$A = E(r')\sum^{-1}E(r)$，$B = 1'\sum^{-1}1$，$C = 1'\sum^{-1}E(r)$。将式（9-12）代入式（9-11）可得：

$$w = \bar{\omega}_0\bar{r} + \bar{\omega}_1 \qquad (9-13)$$

式中：

$$\bar{\omega}_0 = \left[B\sum{}^{-1}E(r) - C\sum{}^{-1}1\right]/(AB-C^2),$$

$$\bar{\omega}_1 = \left[A\sum{}^{-1}1 - C\sum{}^{-1}E(r)\right]/(AB-C^2)。$$

在最优组合投资方案 w 求解基础上，可进一步计算既定收益与风险之间的关系，得到其最优前沿：

$$\bar{\sigma}_{r_p} = \sqrt{w'\sum w} = \sqrt{\frac{1}{AB-C^2}(\bar{r}^2 B - 2\bar{r}C - A)} \qquad (9-14)$$

可将其整理为：

$$\frac{\bar{\sigma}_{r_p}}{1/B} - \frac{(\bar{r}-C/B)^2}{D/B^2} = 1 \qquad (9-15)$$

式中：$D = AB - C^2$。随着既定收益不断变化，投资组合的标准差也在不断变化，在以标准差为横坐标、收益为纵坐标的二维坐标系下，收益与标准差之间的关系 $\{\bar{r},\bar{\sigma}\}$ 形成了双曲线的一支。在双曲线内部，为投资组合的均值—标准的可行性集；在双曲线上的点集称为投资组合的边界；在边界的上半部分 $\bar{r} \geqslant B/C$，称为投资组合的有效前沿。

在有效前沿上，当 $\bar{r} = B/C$ 时，可得全局最小方差组合投资：

$$\begin{cases} r_g = \dfrac{C}{B} \\ \sigma_g^2 = \dfrac{1}{B} \\ \bar{\omega}_g = \dfrac{\sum^{-1} 1}{B} \end{cases} \quad\quad (9-16)$$

四、实证分析

（一）DCC‐GARCH 模型分析

本章对 7 个碳市场收益率进行描述性统计分析（表 9‐1）可知，第一，重庆碳市场收益率的最小值是最小的，为 −0.753 6。天津和上海碳市场次之，北京、深圳、湖北则相差不大，处于 −0.3 左右。广东碳市场收益率的最小值最大，为 −0.297 2。第二，重庆碳市场收益率的最大值也是最大的，为 0.785 5。天津碳市场收益率次之，上海、广东差不多，处于 0.36 左右。深圳碳市场收益率的最大值最小，为 0.237 9。第三，北京和湖北碳市场收益率的均值都为正值，差距不大，均在 0.001 8 左右。深圳碳市场收益率的均值最低，为 −0.005 2。第四，天津碳市场收益率的标准差最小，为 −0.000 2。北京、上海、深圳碳市场收益率差不多，均在 −0.02 左右。湖北碳市场收益率的标准差最大，为 −0.015 8。可见在 7 个碳交易试点中，北京、湖北碳市场的收益均值为正，且相差不大，但湖北碳市场的风险更高一些。天津碳市场的收益均值处于中等水平，但其风险程度最低。上海、深圳碳市场的风险程度虽然和北京碳市场差不多，但收益均值却更低。重庆和广东碳市场的收益均值差不多，但重庆碳市场的收益不太稳健、变化幅度大、风险也较高。

表 9‐1　收益率描述性统计

	北京	上海	广东	天津	深圳	湖北	重庆
最小值	−0.399 9	−0.503 9	−0.297 12	−0.664 2	−0.303 6	−0.366 1	−0.753 6
25%分位数	−0.022 8	−0.023 9	−0.035 4	−0.000 2	−0.024 9	−0.015 8	−0.014 5
均值	0.001 9	−0.000 1	−0.003 9	−0.004 2	−0.005 2	0.001 9	−0.003 7
75%分位数	0.023 6	0.022 1	0.031 6	0.000 0	0.017 2	0.019 1	0.017 2
最大值	0.432 5	0.388 8	0.358 8	0.625 9	0.237 9	0.269 7	0.785 5

具体来看，在 2014 年 6 月至 2019 年 7 月间，北京和上海碳市场收益率序列分布很相似，前期与中期收益率总体比较平稳、分布较为集中，波动变化较小，后期两者的波动幅度增大，风险程度随之增加，但整体上北京相较上海的

波动更大，面临的风险也更大。广东碳市场收益率序列在前期和中期的分布离散程度较高，波动变化较大，面临的风险较大，其收益率在中后期比较平缓、相对集中，风险程度较小。天津碳市场收益率序列分布整体上很平稳，集中趋势很高，基本在同一水平线上。天津碳市场在前期收益率有微小波动，说明其风险程度很小。深圳碳市场收益率序列在前期和中期的分布离散程度较高且波动变化较大，面临的风险较大，其收益率在后期很平缓、集中趋势好，较稳健。湖北碳市场收益率序列分布整体较平缓、较为集中，离散程度较低，在前期与后期有小幅波动。重庆碳市场收益率序列分布在前期和中期集中程度很高，波动非常小且趋势平缓，在后期收益率波动明显大幅变化，风险程度增加。

综上，在 2014 年 6 月至 2019 年 7 月的时间段内，7 个碳交易试点中，天津碳市场表现最佳，其波动变化非常小，收益稳健，风险程度是最低的；湖北碳市场次之，其整体波动幅度较小，收益分布也较为集中；随之是北京和上海碳市场，两者总体收益集中趋势良好，波动幅度较小但较频繁；广东和深圳碳市场在前期的收益离散程度比较高、波动频繁、风险较高，在后期分布比较集中、波动变化减小、风险降低；重庆碳市场在前期收益集中程度很高、波动很小，但后期收益离散程度高、波动幅度大、风险程度升高。

为了探讨碳市场间的相关程度及两两碳市场间的联动性，本章进一步基于 DCC-GARCH 模型进行了研究。由表 9-2 可知，呈正相关关系的是：北京与上海、广东碳市场；上海与广东、深圳、湖北、重庆碳市场；广东与天津、重庆碳市场；天津与湖北碳市场；深圳与湖北碳市场。其中，上海与广东的正相关程度最高，达 0.139 7。上海与重庆的正相关程度最低，达 0.012 8。呈负相关关系的是：北京与天津、深圳、湖北、重庆碳市场；上海与天津碳市场；广东与深圳、湖北碳市场；天津与深圳、重庆碳市场；深圳与重庆碳市场；湖北与重庆碳市场。其中，北京和深圳的负相关程度最高，达 -0.117 4。北京和重庆的负相关程度最低，达 -0.004 8。

表 9-2　碳市场相关系数序列

市场	北京	上海	广东	天津	深圳	湖北	重庆
北京	1.000 0	0.025 8	0.090 6	-0.056 4	-0.117 4	-0.041 2	-0.004 8
上海	0.025 8	1.000 0	0.139 7	-0.107 8	0.074 3	0.057 9	0.012 8
广东	0.090 6	0.139 7	1.000 0	0.076 5	-0.083 0	-0.042 3	0.021 5
天津	-0.056 4	-0.107 8	0.076 5	1.000 0	-0.009 3	0.032 5	-0.007 2
深圳	-0.117 4	0.074 3	-0.083 0	-0.009 3	1.000 0	0.022 9	-0.035 4
湖北	-0.041 2	0.057 9	-0.042 3	0.032 5	0.022 9	1.000 0	-0.025 1
重庆	-0.004 8	0.012 8	0.021 5	-0.007 2	-0.035 4	-0.025 1	1.000 0

　　进一步分析发现，北京与上海、广东、天津、深圳、湖北碳市场之间的相关关系序列整体上波动较小，比较稳定。北京和重庆碳市场间的相关关系序列波动较大，两者间的联动性不太稳定；北京与上海、广东、天津、深圳、湖北、重庆碳市场间的联动性比较稳定，变化趋势均不太明显。

　　上海和天津、深圳、湖北碳市场之间的相关关系序列整体上波动较小，比较稳定。上海和广东、重庆碳市场间的相关关系序列波动较大。上海与天津、深圳碳市场间的联动性较稳定，变化趋势不太明显；上海与湖北、重庆碳市场间的联动性呈现衰减趋势；上海和广东碳市场间的联动性则呈现缓慢增强的趋势。

　　广东和天津、深圳、湖北、重庆碳市场之间的相关关系序列总体上波动较小，较平稳。其中，广东和天津碳市场间的联动性趋势不太明显；广东与深圳碳市场间的联动性呈现逐渐减弱趋势；广东和湖北、重庆碳市场间的联动性则呈现不明显的缓慢增强的趋势。

　　天津和深圳、湖北、重庆碳市场之间的相关关系序列总体上波动较小，较平稳。其中，天津和重庆碳市场间的联动性较高；天津和湖北碳市场的联动性较低；天津和深圳、湖北、重庆碳市场间的联动性比较稳定，变化趋势不太明显。

　　深圳和湖北、重庆碳市场之间的相关关系序列总体上波动较小，较平稳。其中，深圳和湖北碳市场间的联动性较高；深圳和重庆碳市场间的联动性较低；深圳和湖北、重庆碳市场间的联动性比较稳定，变化趋势不太明显。

　　湖北和重庆碳市场之间的相关关系序列总体上波动较小，较平稳。湖北和重庆碳市场间的联动性较高且比较稳定，变化趋势不太明显。

（二）均值—方差分析

　　本章进一步基于均值—方差理论对碳市场的组合投资决策进行了详细分析，即将7个碳市场变量作为研究对象，进行可行性组合投资决策分析。具体而言，对北京、上海、广东、天津、深圳、湖北和重庆7个碳市场从2014年6月19日开始的周度数据按照均值—方差理论进行碳市场投资，计算投资的分配比重。以下V1至V7则依次代表这7个碳市场一周成交价的均价。

　　首先对7个碳市场的收益序列统计特征进行描绘分析。从图9-1至图9-7可看出，北京、重大碳市场收益序列数据分布呈对称、"尖峰厚尾"特征；上海碳市场收益序列数据分布呈非对称、正偏态、"尖峰厚尾"特征；广东、天津、深圳及湖北碳市场收益序列数据分布呈非对称、负偏态、"尖峰厚尾"特征；尤其天津碳市场收益序列数据分布尖峰性、薄尾性非常明显。

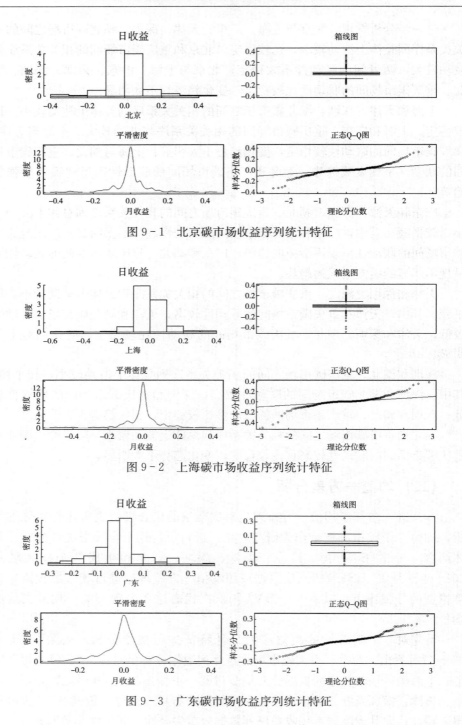

图9-1 北京碳市场收益序列统计特征

图9-2 上海碳市场收益序列统计特征

图9-3 广东碳市场收益序列统计特征

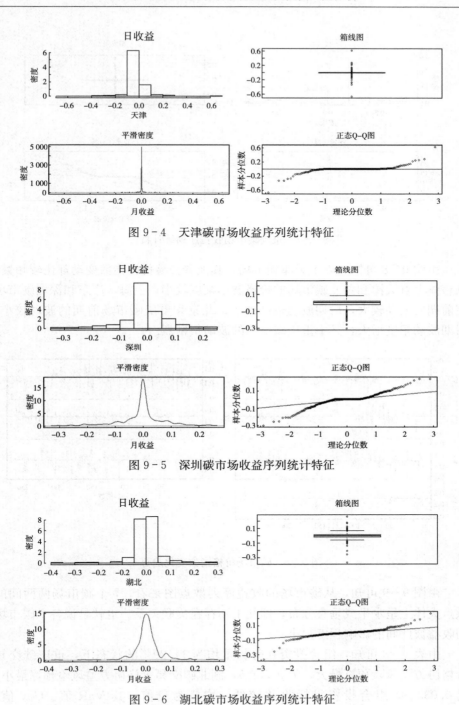

图 9-4 天津碳市场收益序列统计特征

图 9-5 深圳碳市场收益序列统计特征

图 9-6 湖北碳市场收益序列统计特征

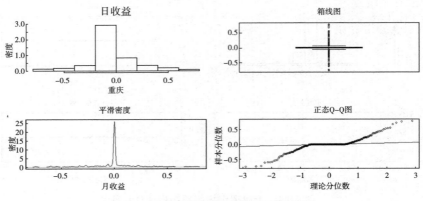

图 9-7　重庆碳市场收益序列统计特征

由图 9-8 可知，除了天津碳市场，其他碳交易价格指数变动都比较频繁。从整体上看天津和湖北碳市场的价格波动幅度较小；上海、广东和深圳碳市场在前期的波动较大，后期波动幅度减小；北京和重庆碳市场前期的波动较小，后期波动幅度增大，其中重庆碳市场的波动很剧烈。

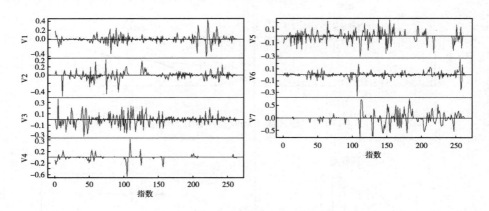

图 9-8　碳市场价格指数变化趋势

由图 9-9 可知，从碳市场的收益序列散点图来看，7 个碳市场两两间的散点大体上呈水平或垂直分布，即几乎不存在关联关系。也就是说各个碳市场的收益彼此间的影响程度很小。

由表 9-3 可知，组合投资在等权重均为 14.29% 的状态下：重庆碳交易价格协方差风险预算最大，为 0.539 5，湖北碳交易价格协方差风险预算最小，为 0.033 8。组合投资目标收益较低，均值为负值；其 VaR 值、Cov 值、CVaR 值均较小，说明投资组合面临的风险波动比较小。

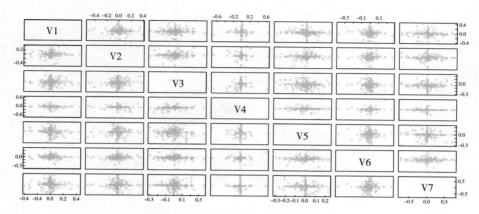

图 9-9　碳交易收益序列散点分布

表 9-3　碳市场等权情形下组合投资分析

组合投资						
V1（北京）	V2（上海）	V3（广东）	V4（天津）	V5（深圳）	V6（湖北）	V7（重庆）
0.142 9	0.142 9	0.142 9	0.142 9	0.142 9	0.142 9	0.142 9
协方差风险预算						
V1（北京）	V2（上海）	V3（广东）	V4（天津）	V5（深圳）	V6（湖北）	V7（重庆）
0.082 4	0.110 4	0.110 0	0.079 0	0.039 9	0.033 8	0.539 5
目标收益						
均值	Cov	CVaR	VaR			
−0.001 9	0.042 7	0.095 6	0.074 3			

　　从图 9-10 可知，组合投资在等权重分配情况下，重庆碳市场协方差风险预算最大，为＋53.9％，说明其对投资组合的风险变动影响最大；湖北碳市场协方差风险预算最小，为＋3.9％，说明其对投资组合的风险波动影响最小。北京、上海、广东、天津碳市场对投资组合的风险波动影响差不多。

　　由表 9-4 可知，此时组合投资不是等权重情形，北京碳市场权重为 11.77％，上海碳市场权重为 7.35％，广东碳市场权重为 13.71％，天津碳市场权重为 15.65％，深圳碳市场权重为 24.76％，湖北碳市场权重为 24.02％，重庆碳市场权重为 2.74％。其中，深圳碳交易价格协方差风险预算最大，为 0.301 1，重庆碳交易价格协方差风险预算最小，为 0.030 6。此时，组合投资目标收益均值不变；其 VaR 值、Cov 值、CVaR 值均较小，说明投资组合面临的风险波动比较小。

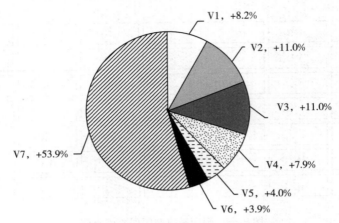

图 9 - 10　非等权情形协方差风险预算

表 9 - 4　碳市场非等权情形下组合投资分析

组合投资						
V1（北京）	V2（上海）	V3（广东）	V4（天津）	V5（深圳）	V6（湖北）	V7（重庆）
0.117 7	0.073 5	0.137 1	0.156 5	0.247 6	0.240 2	0.027 4

协方差风险预算						
V1（北京）	V2（上海）	V3（广东）	V4（天津）	V5（深圳）	V6（湖北）	V7（重庆）
0.088 8	0.065 0	0.155 0	0.179 7	0.301 1	0.179 8	0.030 6

目标收益			
均值	Cov	CVaR	VaR
−0.001 9	0.031 8	0.074 2	0.063 0

　　与等权重的组合投资相比，最小方差理论下重新分配权重的组合投资的目标收益不变，但面临的风险降低。组合投资选择是，在给定期望收益条件下，风险最小化；或者在给定风险条件下，期望收益最大化。故而，应选择由最小方差理论决定权重的组合投资。

　　从图 9 - 11 可知，在最小风险下的投资组合情形下，7 个碳市场全部被选中，但投资组合的权重不再是等权形式，深圳碳市场协方差风险预算最大，为30.1%，说明其对投资组合的风险波动影响最大；重庆碳市场协方差风险预算最小，为 3.1%，说明其对投资组合的风险波动影响最小。从图 9 - 11 中可明显看出，在重新调整资产权重后，等权时风险最大的重庆碳市场在非等权状态下风险降到最低。

接下来，进一步计算既定收益与风险之间的关系，得到投资组合的有效前沿。

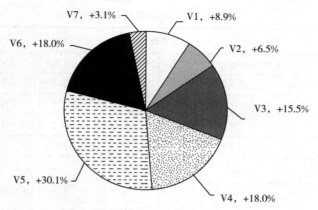

图 9-11 非等权情形协方差风险预算

由图 9-12 可知碳金融市场的有效前沿，一共描绘了 25 个有效前沿点。在收益—风险约束条件下能够以最小的风险取得最大收益的变量是湖北碳市场，故应在投资组合中增加它的权重，因为它能够在风险最小的情况下取得最大的收益；或者说，为取得一定收益而承受的风险最小，承受一定风险所获得的收益最大。

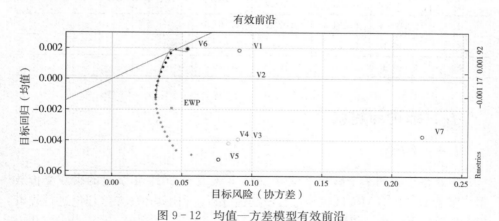

图 9-12 均值—方差模型有效前沿

从表 9-5 及图 9-13 可知，最优的组合投资权重配比为，北京碳市场权重为 18.66%，上海碳市场权重为 9.77%，广东碳市场权重为 7.48%，天津碳市场权重为 5.99%，深圳碳市场权重为 9.62%，湖北碳市场权重为 4.17%，重庆碳市场权重为 1.36%，其中，湖北碳市场对风险波动的影响最大，为 0.566 3；重庆碳市场对风险波动的影响最小，为 0.007 7。该组合投资能在一定的期望收益下将风险降到最小；或者在风险一定的情况下达到收益最大。

表 9 - 5　组合投资有效前沿

组合投资							
	V1（北京）	V2（上海）	V3（广东）	V4（天津）	V5（深圳）	V6（湖北）	V7（重庆）
1	0.067 0	0.055 6	0.183 0	0.227 7	0.359 1	0.070 0	0.037 6
2	0.126 8	0.076 7	0.128 9	0.143 8	0.227 7	0.270 6	0.025 6
3	0.186 6	0.097 7	0.074 8	0.059 9	0.096 2	0.041 7	0.013 6
4	0.000 0	0.000 0	0.000 0	0.000 0	0.000 0	1.000 0	0.000 0

协方差风险预算							
	V1（北京）	V2（上海）	V3（广东）	V4（天津）	V5（深圳）	V6（湖北）	V7（重庆）
1	0.015 1	0.028 8	0.195 9	0.252 7	0.453 3	0.014 9	0.039 1
2	0.108 6	0.071 9	0.140 9	0.158 8	0.261 2	0.230 8	0.027 8
3	0.222 4	0.094 5	0.040 5	0.030 6	0.037 9	0.566 3	0.007 7
4	0.000 0	0.000 0	0.000 0	0.000 0	0.000 0	1.000 0	0.000 0

目标收益				
	均值	Cov	CVaR	VaR
1	−0.003 4	0.037 8	0.096 1	0.071 2
2	−0.001 7	0.031 3	0.072 3	0.061 5
3	0.000 1	0.033 8	0.079 0	0.054 0
4	0.001 9	0.053 8	0.135 8	0.070 8

五、结论与建议

（一）结论

本章基于我国 7 个碳交易试点 2014 年 6 月至 2019 年 7 月的碳成交价数据，基于 DCC-GARCH 模型进行波动性分析，利用均值-方差理论进行投资组合风险定量分析，得出以下主要结论。

（1）在 7 个碳交易试点中，北京、湖北碳市场的收益均值为正，且相差不大，但湖北碳市场的风险更高一点。天津碳市场的收益均值处于中等水平，但其风险程度最低。上海、深圳碳市场的风险程度虽然和北京碳市场差不多，但收益均值却更低。重庆和广东碳市场的收益均值差不多，但重庆碳市场的收益不太稳健、变化幅度大、风险也较高。

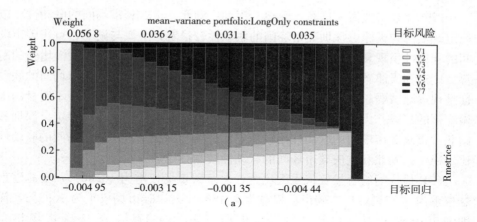

（a）

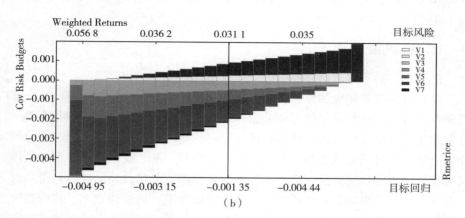

（b）

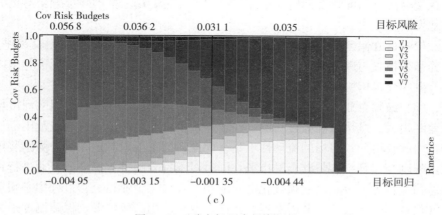

（c）

图 9-13　碳市场组合投资权重

（2）北京与上海、广东、天津、深圳、湖北、重庆碳市场间的联动性比较稳定。上海与天津、深圳碳市场间的联动性较稳定；上海与湖北、重庆碳市场间的联动性呈现衰减趋势；上海和广东碳市场间的联动性则呈现缓慢增强的趋势。广东和天津碳市场间的联动性趋势不太明显；广东与深圳碳市场间的联动性呈现逐渐减弱趋势；广东和湖北、重庆碳市场间的联动性则呈现不明显的缓慢增强的趋势。天津和深圳、湖北、重庆碳市场间的联动性比较稳定。深圳和湖北、重庆碳市场间的联动性比较稳定。深圳和湖北、重庆碳市场间的联动性比较稳定。湖北和重庆碳市场间的联动性较高且比较稳定。

（3）最优的组合投资权重配比为，北京碳市场权重为 18.66%，上海碳市场权重为 9.77%，广东碳市场权重为 7.48%，天津碳市场权重为 5.99%，深圳碳市场权重为 9.62%，湖北碳市场权重为 4.17%，重庆碳市场权重为 1.36%。

（二）政策建议

进一步，基于本章研究提出以下几点建议。

（1）逐步完善碳金融监管机制并构建法律框架。在欧美或韩国，政府部门都颁布了低碳经济与排放权等相关法律，对碳市场长期发展提供制度保障[10]，这有助于国家形成系统的以低碳经济为导向的碳市场法律规则，同时作为制度支撑引导和推进碳市场长期、规范、有序地推行。基于我国现状，市场虽然可以对碳金融市场的建立发挥基础的资源配置作用，但是政府的扶持与帮助对建立有序的碳金融市场是不可或缺的，因此在碳金融市场的建立上，政府要积极发挥其作用，加强对市场的指导并进行有效的干预，尽快出台低碳经济与碳排放权交易法律制度，帮助建立更加有序的碳金融市场，推动碳金融交易更好更快地发展。

（2）建立健全完善的中介机构。首先，建立健全完善的碳金融交易平台，培养和扶植参与碳金融交易相关的中介机构。其次，商业银行要积极与国内外碳金融中介机构协作。

（3）鼓励企业积极参与碳市场。我国当前碳市场的活跃状况跟欧洲市场相比差距很大。虽然目前为止我国已经建立了多个试点，但辐射地域范围仍然不够，由此直接导致市场的流动性不足。因此，国家可以制定相关的激励奖惩政策，鼓励企业踊跃参与碳金融市场，同时对不符合碳排放标准的企业进行相应的惩罚。首先，要求建立现代化的企业制度，要求企业在经营过程中必须重视经济效益和环境效益的共同发展；其次，要求采用有效的激励保障制度来鼓励企业自觉参与碳金融市场。碳金融交易项目的开发会带来一定的经营和成本风险，要鼓励企业自觉参与，需要政府采取有效措施，帮助控制或减少企业风险。因此，政府可以通过减免税费、加强财政贴息等方式来鼓励企业开发碳金融交易项目，进行节能减排。

参 考 文 献

[1] CHECALLIER J. Carbon futures and macroeconomic risk factors：A view from the EU ETS [J]. Energy Economics，2009，31（4）：614－625.

[2] MANSANET－BATALLER M，ALANON－PARDO A，VALOR E. CO_2 prices，energy and weather [J]. The Energy Journal，2007，28（3）：73－92.

[3] ALBEROLA E，CHEVALLIER J，CHEZE B. Price drivers and structural breaks in European carbon prices 2005－2007 [J]. Energy Policy，2008，36（2）：787－797.

[4] KIJIMA M，MAEDA A，NISHIDE K，et al. Equilibrium pricing of contingent claims in tradable permit markets [J]. Journal of Futures Markets，2010，30（6）：559－589.

[5] 段茂盛. 我国碳市场的发展现状与未来挑战 [N]. 中国财经报，2018－03－24（2）.

[6] 马忠玉，翁智雄. 中国碳市场的发展现状、问题及对策 [J]. 环境保护，2018，46（8）：31－35.

[7] 张婕，孙立红，邢贞成. 中国碳排放交易市场价格波动性的研究：基于深圳、北京、上海等6个城市试点碳排放市场交易价格的数据分析 [J]. 价格理论与实践，2018（1）：57－60.

[8] 郑祖婷，沈菲，郎鹏. 我国碳交易价格波动风险预警研究：基于深圳市碳市场试点数据的实证检验 [J]. 价格理论与实践，2018（10）：49－52.

[9] 汪文隽，周婉云，李瑾，等. 中国碳市场波动溢出效应研究 [J]. 中国人口·资源与环境，2016，26（12）：63－69.

[10] 杨云红. 资产定价理论 [J]. 管理世界，2006（3）：156－168.

第十章 基于机器学习方法 XGBoost 的碳市场 交易价格预测研究

摘要： 在全球气候变暖的大背景下，碳金融交易已成为当前降低气候变化成本的有效手段，不仅有助于我国在国际经济贸易市场上获取公平、平等的经济效益，同时也有助于进一步完善国内碳排放权交易市场，从而建立全国统一的碳市场。本章以广东碳市场和湖北碳市场的交易收盘价为研究对象，运用机器学习方法 XGBoost 模型考察碳市场碳价波动特点及其价格形成机制，并在此基础上对碳交易价格进行预测。研究发现：①XGBoost 模型预测结果与过去短期价格之间存在着较高的拟合程度；②XGBoost 模型被证实具有良好的预测性能。同时，本章针对该模型预测结果存在的不足提出相关建议。

一、引言

随着全球气候变暖，经济快速发展，化石能源的使用越来越多，导致碳排放持续增加。二氧化碳的排放导致全球变暖，环境及能源问题日益突出，其中温室效应严重威胁人类的可持续健康发展。为了有效抑制碳排放的增长，应对全球气候变化，实现人与自然和谐共生的可持续发展和生态环境的可持续利用，有必要分析碳排放的影响因素，并将其应用于碳排放预测，因此如何减排成为了世界关注的焦点问题。

全球经济高速发展，我国面临愈来愈严重的环境问题，如二氧化碳排放量过大和城市污染持续加剧。二氧化碳排放越来越受到国际社会的重视。全球碳市场的逐渐形成有效地缓解了这一碳排放问题，同时强调了碳排放的资本和投资特征，人们可以通过买卖碳排放权配额来有效降低二氧化碳排放量。二氧化碳排放权交易是低成本市场经济贸易中实现减排的有效手段和有效途径，能够减少温室气体排放、提高能源效率，可以有效应对气候变化。近年来，以欧盟排放权交易为机制的全球碳市场发展迅速，但其剧烈的价格波动对减排效果和市场价值产生了巨大影响。准确预测碳交易价格不仅有助于减排及降低市场价值，加强对碳市场波动的认识和应用，建立稳定碳交易价格的有效机制，而且有助于投资者实现资产的价值增值。因此，碳交易价格预测已成为国际能源与气候经济中的一个关键问题。

1987 年，世界环境与发展委员会首次明确提出了可持续发展的内涵："可持续发展是满足当代人们的需要，不危及后代人满足其需求。"面对可持续发展的理念，建立碳金融市场价格机制不仅可以满足当代人们节能减排、保护生态环境的需求，帮助他们实现更美好的生活，也可以为子孙后代提供良好的生态基础，以及持续利用的自然资源，实现人与自然和谐共处的美好愿望。1998 年开始，我国积极参与碳市场减排交易活动，在国际碳金融交易市场上能够核准自愿减排量（CER）。2011 年开始，我国政府开始逐步建立碳排放交易试点市场，并逐步探索建立全国碳排放配额交易市场。自 2013 年起，深圳、北京、广东、上海、天津、湖北、重庆 7 大碳排放交易试点市场先后正式挂牌成立。随着区域性碳排放交易市场的完善和未来国内、国际碳排放市场的逐步建立，研究碳市场波动特征及风险计量显得尤为关键。在习主席提出"碳达峰碳中和"目标的背景下，包括金融机构在内的各领域企业都关注到控制温室气体排放对经济社会可持续发展的重要作用。我国的碳金融市场无论是建立时间还是交易规模都落后于国际碳市场，一方面，由于《京都议定书》制定的三大机制要求发达国家履行碳减排义务，使得国际碳市场的兴起早于我国碳市场的兴起；另一方面，国际碳市场上大量金融衍生品的出现，增强了市场的流动性，极大地促进了国际碳市场的发展，是国际碳市场蓬勃发展的根本原因。目前，我国试点碳市场虽然已经形成了一定的交易规模，但整体来看，还存在着市场机制尚未完善、产品标准化程度不高、市场积极性不足等问题。因此，迫切需要建立健全本国的碳市场，积极参与国际碳交易的定价机制，增强本国在国际碳市场中的实力。

二、文献综述

新兴的二氧化碳排放市场不仅受到对外贸易体制、环境波动、环境因素和政策的影响，还受到市场内部传导机制的影响，碳交易价格波动剧烈、频繁，呈现出高度的异方差性、波动聚集性，以及非平稳、非线性等复杂性特征，因此很难对其精准预测。即便如此，国内外仍然有一些学者对碳交易价格展开了预测研究，并取得一系列研究效果。我国作为最大的发展中国家，现阶段只能根据《京都议定书》的规定，通过清洁发展机制（CDM）项目参与国际碳市场交易。然而，没有统一的碳市场和价格机制的自愿减排量，将导致我国缺乏国际话语权，国内企业与外国买家进行价格谈判时，定价权完全掌握在外国买家的手中，这严重损害了国内项目所有者的利益。因此，对我国碳市场交易价格进行预测研究，不仅有利于国内碳市场发展和完善，还有利于增强我国在国际市场上的话语权，提升我国的国际地位。

国内外研究学者们针对国际碳金融市场交易价格方面做了大量的实证分析，研究角度主要集中在碳市场交易价格波动特征，以及国内外宏观经济影响因素、碳市场交易价格风险预测等方面。综合国内外研究现状，到目前为止，国际上对碳金融产品价格的预测主要以国际碳排放产品交易价格为研究样本，运用经典的金融时间序列预测方法对碳价进行预测，且普遍认为 GARCH 族类模型能够很好地预测碳资产价格，Chevallier 等发现 AR（1）- GARCH（1，1）模型可以很好地预测碳排放交易价格波动[1]；吴恒煜等对比 t - GARCH 模型、Gaussian - GARCH 模型、t - GJR 模型和 Gaussian - GJR 模型对 CER 期货与现货市场收益率序列和拟合效果，发现 t - GARCH（1，1）模型能很好拟和收益率序列[2]；陈晓红和王陟昀（2010）发现 EGARCH（1，1）- t 模型能够较好地估计和预测碳交易价格[3]；Byun 和 Cho（2013）使用了 GARCH 模型、隐含波动率和 K 近邻算法对碳期货价格的波动性进行预测，结果发现 GARCH 模型的预测结果更优于隐含波动率和 K 近邻算法[4]；张跃军和魏一鸣（2011）运用均值回归理论，研究发现碳金融市场交易价格的波动变化不符合均值回归结果，因此目前还无法预测[5]。大量的学者认为传统的计量模型因其在碳交易价格预测中无法捕捉其非线性的特征，因此，后续学者提出基于新兴的机器学习预测算法来研究预测碳市场交易价格。崔金鑫和邹辉文（2020）鉴于碳金融市场价格预测的复杂性，遵循"分解""重构""预测""集成"的总体建模架构，构建了 CEEMDAN - MR - NLE 多频优化组合预测模型对碳金融市场价格进行预测，得出该模型的预测性能较优[6]；高杨和李健（2014）认为 EMD - PSO - SVM 误差校正模型能够有效地解决误差序列随机性强的缺陷，预测精度明显提高[7]；朱帮助、魏一鸣（2011）构建了基于 GARCH - PSO - LSSVM 的混合预测模型，同时基于 EU ETS 基础，选用了不同有效期限的碳金融期货合约并对其做出实证分析，同时获得了理想的预测效果[8]；陈伟和宋维明不仅分析了国际成熟的碳金融市场的价格形成机制及其波动情况，同时针对国际碳交易价格波动的影响因素进行了实证分析，发现碳金融市场价格受到碳排放配额制度、经济环境和政策取向等因素的影响[9]；朱帮助针对碳价影响因素之间的多重共线性，未得到稳健的回归结果，运用岭回归方法得出 EU ETS 碳期货均衡市场价格模型，分析得出实际值与均衡价格之间差异的原因可能是受到能源价格波动、市场预期、第一阶段配额在第二阶段不再适用、欧债危机的影响等[10]；张晨、胡贝贝认为多因素 BP 及误差校正的国际碳市场组合预测模型能够更加详细地刻画误差序列各个频率的波动特征，提高预测准确度[11]。

国内对于碳市场交易价格的研究相对较少，张晨和杨仙子基于非线性回归、小波神经网络和支持向量机模型所构建的多频预测模型可以较为精准地预测国内碳交易价格[12]；崔焕影、窦祥胜基于 EMD - GA - BP 模型与 EMD - PSO - LSSVM 模型构建了碳交易价格长期和短期的最优预测模型，并考虑了影响碳交易价格的不同宏观经济因素和谈价格时间序列因素，取得了很好的预测效果[13]；姚奕、吕静、章成果（2017）通过 EMD - SVM 模型考察了湖北碳市场并对其进行预测，减少了预测误差，提高了碳交易价格预测准确度[14]；张婕（2018）等运用 ARCH 模型簇分析了碳排放交易价格的波动情况，研究导致其波动特征出现差异的原因，提出在建立全国统一的碳金融市场时应采取的措施及制度[15]。

综上，关于碳交易价格预测的研究还存在一些不足之处。单一的传统计量模型往往只能研究某一因素对于碳金融市场交易价格的影响，并不能兼顾影响碳交易价格的多方面的有效信息，从而影响了碳交易价格的预测准确度，同时碳交易价格具有复杂性、多变性、非线性和非平稳等波动特征，使得现有的预测模型还不能完全精准地预测碳交易价格。当前国内外学者更倾向于研究世界上成熟的碳排放交易市场，虽然这可以为我国发展碳金融市场提供一定的借鉴，但目前对我国发展初期的碳金融试点市场的实证研究还相对较少。可以预见，碳金融市场将对我国的经济结构和企业发展产生深远的影响。只有在碳金融市场有效运行的背景下，我国政府才能履行国家自主贡献的碳减排承诺，企业才能完成技术升级和转型，经济才能实现向低碳经济转型的可持续发展目标。因此，为积极构建我国碳金融市场，实现可持续发展目标，寻求碳金融市场定价机制的解决方案，探讨更适合我国碳市场交易价格的预测方法具有积极意义。本章基于机器学习方法 XGBoost 模型，对广东碳市场和湖北碳市场的收盘价进行预测研究。

三、XGBoost 模型与预测评价方法介绍

梯度提升决策树（gradient boosting decision tree，GBDT）是一种基于 boosting 集成思想的加法模型。XGBoost 模型扩展并改进了 GDBT 模型，XGBoost 模型的算法更快，准确率也相对更高，能有效地应用到分类、回归、排序问题中。

（一）XGBoost 原理

XGBoost 是极端梯度提升（extreme gradient boosting）的简称，是基于 GBDT 的一种改进的算法模型。XGBoost 模型具有计算简洁方便、运行速度快、预测准确性能高等特点。XGBoost 模型是一个提升树模型，使用的树模型是 CART（分类和回归树）回归树模型，它对多树模型进行集成并形成一个强分类器，是基于决策树的一种集成机器学习算法。在处理中小规模的结构化数据或表格数据时，通常认为基于决策树的算法是最好的，因为它的算法是并行的。同时，它使 XGBoost 模型提升至少十倍的速度，比当前的梯度要好。

XGBoost 模型的基本思想与 GBDT 模型相同，但 XGBoost 模型在 GBDT 模型基础上进行了更多系统与算法的优化。

已知训练数据集 $T = \{(x_1, y_1), (x_2, y_2), \cdots (x_n, y_n)\}$，损失函数 $l(y_i, \hat{y}_i)$，正则化项 $\Omega(f_k)$，则整体目标函数为：

$$L(\phi) = \sum_i l(y_i, \hat{y}_i) + \sum_k \Omega(f_k) \qquad (10-1)$$

式中：$L(\phi)$ 是线性空间上的表达；i 是第 i 个样本，k 是第 k 棵树；$\hat{y}_i$ 是第 i 个样本 x_i 的预测值，$\hat{y}_i = \sum_{k=1}^{K} f_k(x_i)$。

XGBoost 模型对目标函数进行加法训练，同时对每棵树的叶子节点数据进一步优化，以达到逐步优化目标函数的目的，即第 t 步时，在 $t-1$ 棵树的基础上加入一棵最优的树，从而达到目标函数值最小的目的，在回归类问题时使用均方误差 MSE 损失函数。

由于 $\hat{y}_i = \sum_{k=1}^{k} f_k(x_i) = \hat{y}_i^{(t-1)} + f_t(x_i)$，则 $L(\phi)$ 转化成如下形式：

$$L^{(t)} = \sum_{k=1}^{k} l[y_i, \hat{y}_i^{(t-1)} + f_t(x_i)] + \sum_k \Omega(f_k) \qquad (10-2)$$

XGBoost 的一个特别之处在于对目标函数的损失函数部分进行二阶泰勒展开，即 $f(x)$ 在 x_0 处进行二阶泰勒展开得到：

$$f(x) = f(x_0) + f'(x_0)(x - x_0) + \frac{f''(x_0)}{2}(x - x_0)^2 \quad (10-3)$$

假设 $l(y_i, x) = l(y_i, x)$，则对 $l(y_i, x)$ 在 x_0 进行二阶泰勒展开得到：

$$l(y_i, x) = l(y_i, x_0) + l'(y_i, x_0)(x - x_0) + \frac{l''(y_i, x_0)}{2}(x - x_0)^2$$

$$(10-4)$$

类似地，对 $l(y_i, x)$ 在 $\hat{y}_i^{(t-1)}$ 处进行二阶泰勒展开得到：

$$l(y_i, x) \approx l(y_i, \hat{y}_i^{(t-1)}) + l'(y_i, \hat{y}_i^{(t-1)})(x - \hat{y}_i^{(t-1)}) + \frac{l''(y_i, \hat{y}_i^{(t-1)})}{2}(x - \hat{y}_i^{(t-1)})^2$$

$$(10-5)$$

令 $x = \hat{y}_i^{(t-1)} + f_t(x_i)$，且记一阶导为 $g_i = l'(y_i, \hat{y}_i^{(t-1)})$，二阶导为 $h_i = l''(y_i, \hat{y}_i^{(t-1)})$。可以得到 $l(y_i, \hat{y}_i^{(t-1)} + f_t(x_i))$ 的二阶泰勒展开：

$$l(y_i, \hat{y}_i^{(t-1)} + f_t(x_i)) \approx l(y_i, \hat{y}_i^{(t-1)}) + g_i f_t(x_i) + \frac{h_i}{2} f_t^2(x_i)$$

$$(10-6)$$

带入目标函数可得：

$$L^{(t)} = \sum_{i=1}^{n} \left[l(y_i, \hat{y}_i^{(t-1)}) + g_i f_t(x_i) + \frac{h_i}{2} f_t^2(x_i) \right] + \sum_k \Omega(f_k)$$

$$(10-7)$$

由于 $l(y_i, \hat{y}_i^{(t-1)})$ 是个常数项，所以移除，目标函数可以简化为：

$$L^{(t)} = \sum_{i=1}^{n} \left[g_i f_t(x_i) + \frac{1}{2} h_i f_t^2(x_i) \right] \sum_k \Omega(f_k) \qquad (10-8)$$

将正则项进行拆分得：

$$\sum_k \Omega(f_k) \sum_{k=1}^{t} \Omega(f_k) = \Omega(f_t) + \sum_{k=1}^{t-1} \Omega(f_k) = \Omega(f_t) + 常数$$

$$(10-9)$$

因为 $t-1$ 棵树的结构已经确定，所以可以记为一个常数。即目标函数可以记为：

$$L^{(t)} = \sum_{i=1}^{n} \left[g_i f_t(x_i) + \frac{1}{2} h_i f_t^2(x_i) \right] + \Omega(f_t) + 常数 \qquad (10-10)$$

移除常数项，目标函数进一步简化为：

$$L^{(t)} = \sum_{i=1}^{n} \left[g_i f_t(x_i) + \frac{1}{2} h_i f_t^2(x_i) \right] + \Omega(f_t) \qquad (10-11)$$

对于第 t 棵树中某个确定的结构，此时其一阶导数与二阶导数都是一个确定的数值，能够求出叶子节点数的最优值，同时对应的目标函数的值越小，则说明该结构就越好。

（二）XGBoost 应用

XGBoost 在许多机器学习和数据挖掘问题中已经得到了广泛的应用，究其原因就是它在任何场景下所表现出的可扩展性。XGBoost 系统在运行速度上能比其他的系统运行更快，速度约为其他系统速度的 10 倍以上，该系统可以实现的功能包括：为处理稀疏数据使用了一个新颖的学习算法；理论上合理的加权量化映射过程可以处理接近树核的瞬时权值，使并行和分布式计算机可以更快地学习模型；最重要的是 XGBoost 使数据研究者能够在桌面上处理数亿个实例，更令人鼓舞的是，XGBoost 能够将这些技术纳入主流，以尽量减少集群资源，并将其扩展到更大的系统。

（三）预测评价方法

本章的评价模型采用了均方误差（mean squared error，MSE）、均方根误差（root mean squared error，RMSE）以及平均绝对误差（mean absolute error，MAE）三个指标对碳金融市场交易价格的实验结果进行对比。

均方误差：衡量平均误差的一种方法，可以评估数据的变化程度，反映估计量与被估计量之间的差异程度，描述数据序列与真实值之间的关系。在线性回归模型当中，其值越接近于 0，表明预测效果越好；反之越偏离 0，表明预测效果越差。其计算公式为：

$$\text{MSE} = \frac{1}{n} \sum_{i=1}^{n} (y^{(i)} - \hat{y}^{(i)})^2 \tag{10-12}$$

均方根误差：均方误差的平方根，是真实值与估计值偏差的平方与所有观测值比值的平方根，用于衡量一组数据自身的离散程度。其计算公式为：

$$\text{RMSE} = \sqrt{\frac{1}{n} \sum_{i=1}^{n} (y^{(i)} - \hat{y}^{(i)})^2} \tag{10-13}$$

平均绝对误差：所有单个观测值与其算术平均值的偏差的绝对值的平均值。平均绝对误差由于离差被绝对值化，所以不会出现正负相抵消的情况，因而，平均绝对误差能更好地反映预测值误差的实际情况。其计算公式为：

$$\text{MAE} = \frac{1}{n} \sum_{i=1}^{n} |y^{(i)} - \hat{y}^{(i)}| \tag{10-14}$$

四、理论分析

价格波动是碳金融市场的基本属性之一。在市场机制的作用下，碳金融市场交易价格随着市场供求的变动而上下波动，可能会影响碳金融市场的发展，在这样的背景之下，碳金融市场中的交易者们可以根据市场需求和供给的变化及时调整自己的投资策略，而这种变化会随着时间的推移而变化，同时这种策略还会对碳价变化及时作出反应，从而造成碳价的上下波动。投资者们同时也会根据碳价的波动对未来的碳交易价格作出一个初步的预期判断，能够及时作出一个更加合理的投资策略。此外，配额政策、能源价格、环境变化等外部因素也会造成碳价的波动。

配额政策：一级市场对二级市场的配额供给方式和配额制度（如政府配额

总量、国家配额当期存在的二氧化碳减排量及配额分配自由度、可变现和混合因素等）决定了二级市场交易价格的波动情况；二氧化碳减排技术会影响减排成本：如果公司的减排技术成熟，能够有效降低成本，就会减少其在二氧化碳市场上的排放权，这对二氧化碳排放权相关的市场价格将产生负面影响。如果公司的减排成本较高，企业就会选择在碳市场上购买更多的碳排放配额，从而引起二氧化碳排放权市场价格的上升。

能源价格：能源价格的变动会直接引起能源消费结构的变化，能源消费结构会影响到企业的生产，同时引起企业对于碳排放配额的需求变化，从而进一步引起碳价的波动。

环境变化：近年来，暴雨、洪水、干旱、台风等极端气候频繁，由此引发的冰川消融、物种灭绝、海平面上升等一系列问题将会引起未来几十年温室气体排放量的持续增加，进一步导致全球变暖。因此，控制碳排放的行为也势必会引起碳价的波动。

五、碳市场交易价格预测分析

（一）数据来源

本章以广东碳市场和湖北碳市场为研究对象，选取了 2016 年 1 月 7 日至 2021 年 4 月 12 日广东碳市场交易的开盘价、收盘价、最高价、最低价、涨跌幅等数据，数据来源于广东碳排放交易所官网；选取了 2017 年 4 月 6 日至 2021 年 4 月 30 日湖北碳市场交易的开盘价、收盘价、最高价、最低价、涨跌幅等数据，数据来源于湖北碳排放交易所官网。本次实验选用 Python 语言对该数据进行实证分析，分别用到了其中的 pandas、numpy、xgboost、seaborn 等包。

（二）广东碳市场交易价格预测

从收盘价涨跌趋势及整体情况来看（图 10 - 1），广东碳市场交易的收盘价自 2016 年以来呈现逐年上涨的趋势。2019 年全球二氧化碳排放量将再次增加，温室气体浓度将继续增加。海洋生态系统遭到严重破坏，海洋酸化、海水缺氧、海平面上升、冰川退缩、南北冰盖减少、格陵兰冰盖减少，严重破坏了海洋和冰生态系统，到 2019 年，海平面高度将创历史新高。因此，2019 年碳市场交易价格出现迅猛增长。

为检测 XGBoost 模型的预测性能，本章将广东碳市场 2016 年 1 月 7 日至 2021 年 4 月 12 日交易数据集的 80% 作为训练集来训练 XGBoost 模型，并将训练后的 XGBoost 模型用于预测广东碳市场交易数据集的剩余 20%，同时计

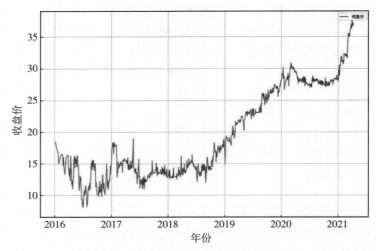

图 10-1　广东碳市场交易收盘价涨跌趋势

算广东碳市场交易数据集测试和训练的均方误差（MSE）、均方根误差（RMSE）和平均绝对误差（MAE），结果如表 10-1 所示。

表 10-1　广东碳交易价格 XGBoost 模型预测结果

指标	MSE	RMSE	MAE
测试指标	0.006 4	0.203 9	0.145 2
训练指标	0.006 4	0.079 8	0.056 0

　　由表 9-1 可以看出该组数据集在训练之中的均方误差为 0.006 4，均方根误差为 0.203 9，平均绝对误差为 0.145 2，而训练过后的数据集，即使用 XGBoost 模型进行预测的均方误差为 0.006 4，均方根误差为 0.079 8，平均绝对误差为 0.056 0，对比发现，训练之后的数据集的误差比测试时候的训练集的误差更小，说明该模型的预测效果十分可观，而训练之后的均方根误差与平均绝对误差相较于测试中的指标都有很大的改进，说明拟合效果也很好。

　　在对 XGBoost 模型进行预测之前，为了了解原始数据是否有序或者是否缺失，本章首先对该数据集进行插入和排序等操作，并根据时间序列规则得到规范的碳市场交易时间序列数据，然后构建一个更有效的碳市场交易数据集。幸运的是，该组数据并不存在有序或缺失的情况。因此，在建立 XGBoost 模型时，直接对广东碳市场交易数据进行数据集拆分，在对模型的计算和数量进行权衡后，最终得出了 XGBoost 收盘价预测结果，如图 10-2 所示。

　　从图 10-2 可看出，XGBoost 模型的预测效果在整体趋势上与实际碳交易

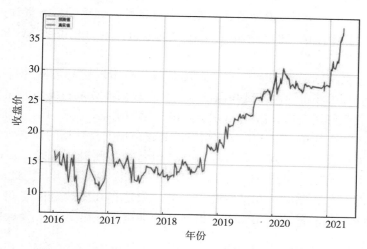

图 10 - 2　广东碳市场交易收盘价 XGBoost 模型预测结果

价格走势十分拟合，并且从图中某些拐点处来看，XGBoost 模型的预测效果要早于真实的拐点，因此该模型的预测准确性对于实际碳市场的价格预测有着十分重要的意义。

（三）湖北碳市场交易价格预测

从收盘价涨跌情况来看，湖北碳市场交易的收盘价大体呈现上涨的趋势。2019 年 7 月左右的碳价突然飙升，其原因是 2019 年湖北发布的"中碳登"这一宏观政策，受政策影响，湖北碳市场的交易规模、引进社会资金量、纳入企业参与度等主要市场指标位居全国首位。

与广东碳市场一样，本章使用湖北碳市场交易数据集的 80% 作为训练集来训练 XGBoost 模型，将训练过后的 XGBoost 模型用于预测湖北碳市场交易数据集的剩余 20%，同时计算湖北碳市场交易数据集测试和训练的均方误差（MSE）、均方根误差（RMSE）和平均绝对误差（MAE），结果如表 10 - 2 所示。

表 10 - 2　湖北碳交易价格 XGBoost 模型预测结果

指标	MSE	RMSE	MAE
测试指标	0.007 2	0.545 6	0.234 9
训练指标	0.007 2	0.084 9	0.061 6

由表 10 - 2 可以看出，该组数据集在训练中的均方误差为 0.007 2，均方根误差为 0.545 6，平均绝对误差为 0.234 9，而训练的数据集，即使用 XG-Boost 模型在预测中的均方误差为 0.007 2，均方根误差为 0.084 9，平均绝对

误差为 0.061 6，发现该模型的预测效果十分良好，训练的均方根误差与平均绝对误差相较于测试中的指标都有了很大的改进，同时也说明 XGBoost 模型的拟合效果十分理想。

在构建 XGBoost 模型后，本章直接对湖北碳市场交易数据进行了数据集拆分，在实证中经过多次调试与测试，同时在权衡计算量与模型的综合得分后得出了湖北碳市场交易收盘价 XGBoost 模型预测结果，如图 10 - 3 所示。

从图 10 - 3 可知，XGBoost 模型对湖北碳市场交易数据的预测效果在整体趋势上高度拟合了实际碳交易价格趋势，但是在某些最高点处，XGBoost 模型的预测效果存在着高于或者低于真实的收盘价格的情况，因此可以看出 XGBoost 模型的预测结果在某些时点上的效果还存在着改进的空间，但是从短期或者中长期来看，XGBoost 模型预测的准确性还是具有十分重要的参考价值的。

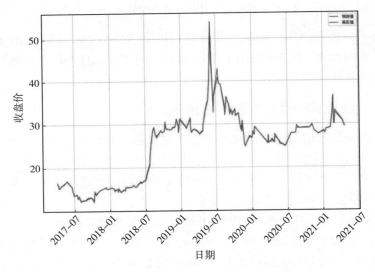

图 10 - 3　XGBoost 湖北碳市场交易收盘价预测结果

六、结论与建议

（一）结论

本章基于广东碳市场交易的收盘价及湖北碳市场的收盘价，建立一种基于 GBDT 基础的更加优化的算法，即 XGBoost 模型，通过系统优化及算法增强的方式来提高 XGBoost 模型在碳金融市场交易价格短期预测中的拟合度，研究发现如下。

首先，广东、湖北两地碳交易价格都呈现逐年上升的趋势。

其次，XGBoost 模型具有对短期碳交易价格进行多阶段预测的潜力，但其预测水平仍然较低，有待后期进一步完善。

最后，未来可进一步优化 XGBoost 模型，可将环境水平、市场指标、国家政策等宏观因素纳入金融市场交易价格涨跌情况的影响因素，以提高碳交易价格预测模型的准确性。

随着经济的稳健发展，对环境问题的关注逐渐成为国家、社会、企业责任感及经济实力的体现，目前各方大力推行低碳、绿色、节能发展，碳市场交易价格势必成为各个国家和企业十分关心的一个方面，能够准确预测碳交易价格就显得尤为关键。

（二）政策建议

（1）鼓励碳金融产品的创新。 为了促进碳融资体系能够逐步并且稳步地发展，政府可以采取适当的激励措施，鼓励私营部门参与到发展中国家和经济转型国家实施创新性金融产品的活动之中；金融机构应提高能源利用效率和可再生能源利用效率，开发创新互动性强、操作简单、流通能力强的碳金融产品；碳市场的迅速崛起离不开各国对温室气体减排的重视，金融衍生品在这方面作出了重要贡献，可以在证券交易所逐步推广期货、期权等金融衍生产品，以确保风险能够得到有效的监管、控制和防范。

碳排放交易价格作为碳金融市场的核心指标之一，对其作出精准预测不仅可以为碳金融市场投资者及监管部门提供科学的决策依据，还能有效地促进碳金融交易市场的稳步健康发展。但是，对相关碳金融产品的价格预测的研究相对较少，不利于碳金融市场交易风险有效的风险管理，通过研究发现，我国的碳金融资产在 2008 年流失达到 33 亿欧元，正是缺少高效、精准的碳金融市场价格预测机制所致。因此，对我国碳金融市场的交易价格进行有效的预测，不仅有助于我国碳金融市场的发展和完善，也能有效促进我国参与全球碳金融产品贸易。碳金融作为一种新生的多元化的金融产品，市场参与者必须了解这一多元化的交易产品。一个完整充分的市场交易可以产生透明的市场价格信号，将稀缺的资源用于二氧化碳的排放，从而能够实现低成本、有效节能减排的目的。

（2）建立最优价格预测模型。 21 世纪以来，以往的碳金融市场的研究主要集中在碳金融市场排放量的配额制度、引起碳金融市场交易价格波动的外部机制、碳市场交易价格结构的变化及碳交易价格的波动等方面。本章重点研究了碳金融市场交易价格的分布及碳金融市场的风险管理特征。碳金融的财政价格相对较低，与二氧化碳相关的资产也有相当大的损失，存在严重的碳泄漏风险。XGBoost 模型由于其简单、可行性和灵活性的特点，在金融时间序列中得到了广泛的应用，可以实现对碳金融交易价格的合理预测。然而，在应对受复杂因素影响的碳交易价格波动时，需要采用多种预测对象和方法，很难用精确的数学模型来描述这种情况，此时 XGBoost 模型不能满足多因素预测的精度要求。因此，在碳金融交易价格研究过程中，可以考虑引入人工神经网络技术来建立预测模型，提高预测精度。要想能够最大限度地减少甚至避免任何损失，如何建立基于碳金融市场波动的最优价格预测模型；同时如何提高模型预测的可持续性和准确性，将是未来研究的一个主要方向。

（3）建立全国统一的碳市场。 碳金融市场的完善需要建立健全碳市场交易机制和稳定的碳价形成机制，这凭借试点碳市场的流动性和统一程度是难以落实的，需要成立一个全国统一的碳市场来逐步实现。目前，碳金融市场还处于初级阶段，各参与主体应当首先做好相应的准备工作，建立我国碳市场需要形成一套完整有效的市场规则。其次，建立和完善统一的定价机制。定价机制的建立是否有效是建立统一碳金融市场的关键，也是确保碳金融市场顺利运行的重要基石。最后，可以引入碳期货，不仅能够快速建立一个统一的碳金融市场，实现可持续发展，加快市场的健康发展，而且为我国金融市场的发展提供了充分的条件。碳金融市场需要加强减排措施，设立更加科学合理的碳排放配额制度，加快发展二氧化碳金融市场。加强关于市场主体开展碳金融工作与业务的能力建设，提高对于未知风险的防范意识，以便更好地参与到碳金融中去。

参 考 文 献

[1] CHEVALLIER J. Volatility forecasting of carbon prices using factor models [J]. Economics Bulletin, 2010, 30 (2): 1642 - 1660.

[2] 吴恒煜，胡根华，秦嗣毅，等. 国际碳排市场动态效应研究：基于 ECX CER 市场 [J]. 山西财经大学学报，2011，33 (9)：18 - 24.

[3] 陈晓红，王陟昀. 欧洲碳排放权交易价格机制的实证研究 [J]. 科技进步与对策，2010，27 (19)：142 - 147.

[4] BYUN S J, CHO H J. Forecasting carbon futures volatility using GARCH models with energy volatilities [J]. Energy Economics，2013 (40)：207 - 221.

[5] 张跃军，魏一鸣. 国际碳期货价格的均值回归：基于 EU ETS 的实证分析 [J]. 系统工程理论与实践，2011，31 (2)：214 - 220.

[6] 崔金鑫，邹辉文. 基于 CEEMDAN - MR - PE - NLE 多频优化组合模型的碳金融市场价格预测 [J]. 数学的实践与认识，2020，50 (3)：105 - 120.

[7] 高杨，李健. 基于 EMD - PSO - SVM 误差校正模型的国际碳金融市场价格预测 [J].

中国人口·资源与环境，2014，24（6）：163 - 170.

［8］朱帮助，魏一鸣.基于 GMDH - PSO - LSSVM 的国际碳交易价格预测［J］.系统工程理论与实践，2011，31（12）：2264 - 2271.

［9］陈伟，宋维明.国际主要碳交易价格形成机制及其借鉴［J］.价格理论与实践，2014（1）：115 - 117.

［10］朱帮助.国际碳交易价格驱动力研究：以欧盟碳排放交易体系为例［J］.北京理工大学学报：社会科学版，2014（3）：22 - 29.

［11］张晨，胡贝贝.基于误差校正的多因素 BP 国际碳交易价格预测［J］.价格月刊，2017（1）：11 - 18.

［12］张晨，杨仙子.基于多频组合模型的中国区域碳交易价格预测［J］.系统工程理论与实践，2016，36（12）：3 - 017 - 3025.

［13］崔焕影，窦祥胜.基于 EMD - GA - BP 与 EMD - PSO - LSSVM 的中国碳交易价格预测［J］.运筹与管理，2018，27（7）：133 - 143.

［14］姚奕，吕静，章成果.湖北碳交易价格形成机制及价格预测［J］.统计与决策，2017（19）：166 - 169.

［15］张婕，孙立红，邢贞成.中国碳排放交易试点市场的价格波动性研究［J］.价格理论与实践，2018（1）：57 - 60.

［16］ZHOU Y，LI T，SHI J，et al. A CEEMDAN and XGBOOST - based approach to forecast crude oil prices［J］. Complexity，2019：1 - 16.

［17］WANG Y，GUO Y. Forecasting method of stock market volatility in time series data based on mixed model of ARIMA and XGBoost［J］. China Communications，2020，17（3）：205 - 221.

第十一章 基于贝叶斯极值理论的碳交易价格风险研究

摘要： 由于碳交易价格易受到全球经济、政治和能源等因素的影响，深入研究适合碳市场风险度量的方法至关重要。本章以北京、上海、广东、天津、深圳、湖北、重庆这 7 个碳市场为对象，基于 2014 年 6 月 19 日至 2020 年 6 月 30 日共 1 585 个我国碳交易样本，利用贝叶斯 MCMC 中的 Gibbs 抽样方法及极值理论中的 POT 模型，对我国碳交易价格风险进行预测。研究发现：①碳交易收益率呈现"尖峰厚尾"和非对称性特征，天津和重庆碳市场存在多次极端的跳跃行为，湖北碳市场较其他 6 个市场来说更具有投资稳定性；②非正常极端情况时，天津碳市场存在非常高的风险损失；③Bayes MCMC 方法对碳市场风险识别更稳健；④Bayes MCMC - POT - VaR 模型能够较好地拟合样本且对碳市场具有良好的风险预测能力。最后，本章给出碳市场风险监控相关政策建议。

一、引言

（一）研究背景与意义

全球经济发展引起的环境问题和气候问题正威胁着人类社会的当前与未来。由于人类活动以工业活动为主，导致了大量二氧化碳排入大气，使得全球气候变暖的问题日益严峻。因此，绿色、低碳式发展已成为世界各国寻求经济可持续发展的重要共识[1]。我国作为全球碳资源储备量第三的大国，缺乏完善的交易体系，处于国际碳金融交易市场的被动位置。为了能更好地掌握话语权，我国于 2011 年 10 月在北京开展碳排放权交易工作。在这之后的 2012 年到 2018 年 7 年当中，国家又陆续出台相关碳交易的法规，逐渐完善碳排放权交易制度。特别是我国碳交易还处在初级的摸索阶段[2]，政府不能有效地控制和干预，市场本身也无法很好地自我调节，常出现市场交易活跃度低，甚至是连续多日没有交易发生的状况，这导致碳交易价格多次极端跳跃，收益存在突增或骤降现象。此时，分析碳市场收益波动的跳跃行为，精准度量极端风险，对国家和政府控制极端损失的发生具有重要实践意义。

（二）碳市场研究现状与述评

1997 年 12 月，自缔约国于日本京都通过了《京都协定书》（《联合国气候变化框架公约》的第一个附加协议）以来[3]，国际上的学者开始了对于欧盟碳金融市场的研究。Larson 和 Paul 通过对 EU ETS 项目的分析，将碳市场的风险类型归为三类：政策风险、履约风险和价格风险[4]。在碳交易价格的研究中，碳交易价格会因极端天气事件和能源市场的价格变化而出现波动，这一现象被 Mansanet – Bataller 等发现[5]。后王恺等对欧盟碳市场进行研究，根据碳期货价格分布特征，认为 EUA 和 CER 的价格和收益率序列都呈现"尖峰厚尾"态势[6]；张跃军和魏一鸣利用均值回归、GED – GARCH 模型及 VaR 模型，研究分析国际碳市场的价格波动情况，认为碳市场效率低且反应过度，碳价波动发散且具有不可预测性[7]。在着重研究碳价的波动变化上，更多不同的风险度量模型开始被许多学者们利用。Byun 和 Cho 发现 GJR – GARCH 模型是 GARCH 族类模型中对碳价波动预测效果最好的[8]；Sanin 等在研究欧盟排放配额的价格行为时，在标准 ARMAX – GARCH 模型的基础上加入时变跳跃概率，提升后的模型能够捕捉碳价的跳跃行为[9]。

我国的碳市场形成较晚，2011 年 10 月，国家发展改革委发布有关碳试点工作的政策后，我国才在各地相继开展碳金融试点；2013 年碳金融市场正式交易并且规模和交易量也越来越大，因而引发我国学者对于国内碳市场的关注。张晨等利用蒙特卡洛模拟法，基于 CopulA – ARMA – GARCH 模型，获得了整合多源风险的 VaR 值，得出碳交易价格收益率具有波动聚集性和异方差性[10]；汪文隽等为了分别验证广东、湖北和深圳三个碳市场的波动溢出效应，运用了多元 GARCH（1，1）– BEKK 模型[11]；邱谦和郭守前采用三种分布下的 ARCH 模型和 GARCH 模型，结合 VaR 计算得出 t 分布是度量风险最为理想的，并且对于碳市场而言，外部作用比内在机制对碳价的波动影响更大[12]；赵昕和丁贝德发现 SVCJ – POT – VaR 模型能较为准确地度量碳价收益率的极端跳跃情况下的风险[13]。

综上所述，在当今世界范围内对碳市场交易价格的研究中，从最早期的均值—方差理论到如今的全面风险管理理论，已形成了多种风险测度方法，其中 VaR（在险价值）方法可以更准确地测量出不同风险相互作用而导致的潜在损失。然而，赵岩等认为传统的 VaR 方法通常利用极大似然估计法，会导致在数据相对匮乏的小样本中模型无法预测低频高损的风险，并且发现了结合贝叶斯方法的极值理论度量风险更为有效[14]。杜诗雪等在对沪深股市的风险进行度量时，发现基于极值理论 POT 模型的 BetA-skew-t-EGARCH-POT 模型更能精确地刻画金融时间序列特征的有效性[15]。

国内外学者对于碳金融市场的风险研究及交易价格极值情况的处理主要运用的是极值理论和 VaR 方法，因此本章建立 Bayes MCMC-POT-VaR 模型，是在极值理论的基础上通过 Bayes MCMC（贝叶斯 MCMC）方法，对 POT 模型得出的参数进行后验分布估计，来协同计算 VaR 值，从而对早期建立的 7 个碳金融市场的交易价格风险进行识别研究，在很大程度上可以为政府检测与防控风险提供相应的参考依据。

二、碳市场的风险测度模型

（一）基于 POT 模型的 VaR

极值理论是一套结合了参数和非参数方法的理论，对于碳交易价格收益率的分析更加侧重于尾部区间数据分析，对尾部区间的数据在把握其特征上更加准确[16]，进而构造出分布函数来计算 VaR 值，因此可以求得更加准确的 VaR 预测值。

（二）POT 模型

极值理论的两大分支分别是 BMM 模型和 POT 模型（也称阈值模型）。从目前的金融市场的研究来看，POT 模型被广泛运用[17]。运用此模型计算 VaR 值，克服了传统的 BMM 模型侧重区间长度选择而忽略价值数据这一大缺点，因此本章选择基于 POT 模型而非 BMM 模型来计算北京碳金融市场价格数据的 VaR 值。

首先需要确定阈值 μ，对碳市场日收益率序列中超过给定阈值的观测值进行建模，再利用 Generalized Pareto 分布进行拟合，得出超出量的分布函数，此方法在刻画收益率数据分布的尾部特征时，能更有效且准确。

（三）广义帕累托分布

广义帕累托分布又称为 GPD 分布。假定日收盘价的对数收益率为 R_1，R_2，R_3，$\cdots$，R_t，其分布函数为 $F(R)$。给定阈值为 μ，则称 $X_t = R_t - \mu$ 为超出量，超出量 X_t 的超额分布函数表示为 $F_\mu(X)$，公式如下：

$$F_\mu(X) = P(R_t - \mu \leqslant X | X > \mu) \qquad (11-1)$$

$$F_\mu(X) = \frac{F(\mu+X)-F(X)}{1-F(\mu)} = \frac{F(R_t)-F(X)}{1-F(\mu)} \quad (R_t \geqslant \mu) \quad (11-2)$$

$$F(R_t) = F_\mu(X)[1-F(\mu)]+F(\mu) \qquad (11-3)$$

Balkema 和 Haan 提出了在阈值充分大的条件下，可以用 $G_{\xi,\beta}(X)$ 模拟 $F_\mu(X)$ 的方法[18]。Pickands 提出，若阈值 μ 趋于无穷，对于超量分布函数 $F_\mu(X)$，都可以近似得到 $F_\mu(X) \approx G_{\xi,\beta}(X)$[19]。其计算公式如下：

$$F_\mu(X) \approx G_{\xi,\beta} = \begin{cases} 1 - (1 + \dfrac{\xi}{\beta}X)^{-1/\xi} & \xi \neq 0 \\ 1 - \exp(-X/\beta) & \xi = 0 \end{cases}, \quad (\mu \to \infty)$$

$$(11-4)$$

式中：ξ 为形状参数，β 为尺度参数。

当 $\xi \geqslant 0$ 时，$X \in [0, R_t]$；当 $\xi < 0$ 时，$X \in [0, -\dfrac{\beta}{\xi}]$，分布 $G_{\xi,\beta}(X)$ 就被称作为广义帕累托分布。假定 $\xi > 0$，此时的分布是"厚尾"的，显然是与金融市场风险损失没有上限这一特点相对应的，则 $G_{\xi,\beta}(X)$ 为参数更新后的普通帕累托分布，是与风险度量最为相关的；假定 $\xi = 0$ 时，则为指数分布；假定 $\xi < 0$ 时，则为帕累托 II 型分布。

（四）阈值选取

选取合适的阈值对于帕累托分布（Pareto 分布）的参数估计十分关键。阈值 μ 设定过大，会造成超过阈值的样本数据不能达到合理的数量，可能会使参数估计准精度降低；阈值设定过小，超出量 $X_t = R_t - \mu$，则无法保证必定服从广义帕累托分布。

Danielsson 和 Vries 给出了对阈值估计的两种一般方法，即 Hill 图方法和 MEF 图方法（超额均值函数图方法）[20]。

Hill 图方法是令 $X_{(1)} > X_{(2)} > X_{(3)} > \cdots > X_{(n)}$ 降序排列，同时这 n 个统计量必须是独立同分布的。Hill 统计量的尾部指数定义为：

$$H_{k,n} = \frac{1}{k} \sum_{i=1}^{k} \ln(\frac{X_{(i)}}{X_{(k)}}) \qquad (11-5)$$

Hill 图定义为在 $1 \leqslant k \leqslant n-1$ 区间内点 $(k, H_{k,n}^{-1})$ 构成的曲线。在 Hill 图中尾部指数稳定区域，选取该区域起始点的横坐标 k 对应的数据 $X_{(k)}$ 作为阈值 μ。

MEF 图方法是令样本超额均值函数定义为：

$$e_n(\mu) = E[X_t - \mu | X_t > \mu] = \frac{\sum_{t=1}^{n}(X_t - \mu)}{n} \qquad (11-6)$$

其中 $X_1, X_2, \cdots, X_n$ 表示为超出量的样本观测值。超额均值图为在 $\mu > 0$ 点 $(\mu, e(\mu))$ 构成的曲线，当阈值 μ 取值充分大的时候，它使得 $X_t > \mu$ 的情况下 $e_n(\mu)$ 是近似于线性函数的。

将以上两个方法结合，选取得到的阈值是比较精确的。

（五）计算 VaR

确定阈值 μ 以后，R_t（$t=1$，2，3，$\cdots$，n）的观测值中比 μ 大的个数记作 N_μ，$F(R_t)$ 在 $X_t > \mu$ 时为：

$$F(R_t) = F_\mu(X)[1 - F(\mu)] + F(\mu)$$

$$= \begin{cases} \dfrac{N_\mu}{N}\{1 - [1 + \dfrac{\xi}{\beta}(R_t - \mu)]\}^{-1/\xi} + (1 - \dfrac{N_\mu}{N}) \\ \dfrac{N_\mu}{N}[1 - \exp(-(R_t - \mu)/\beta)] + (1 - \dfrac{N_\mu}{N}) \end{cases}$$

$$= \begin{cases} 1 - \dfrac{N_\mu}{N}[1 + \dfrac{\xi}{\beta}(R_t - \mu)]^{-1/\xi} & \xi \neq 0 \\ 1 - \dfrac{N_\mu}{N}\exp(-(R_t - \mu)/\beta) & \xi = 0 \end{cases} \tag{11-7}$$

McNeil 和 Fery 表示，本质上，以上过程也可以看作是改进后的历史模拟方法的极值理论[21]。

给定某个置信水平 $P > F(\mu)$ 后，由上面分布函数式（11-4）可以得到：

$$\mathrm{VaR}_P = \begin{cases} \mu + \dfrac{\beta}{\xi}[(\dfrac{N}{N_\mu} - (1 - P))^{-\xi} - 1] & \xi \neq 0 \\ \mu - \beta\ln(\dfrac{N}{N_\mu} - (1 - P)) & \xi = 0 \end{cases} \tag{11-8}$$

由（11-8）式得出，对于参数 ξ、β 的估计是准确计算出 VaR 值的重要环节，下面将运用贝叶斯 MCMC 方法对参数进行估计。

（六）VaR 模型参数的贝叶斯 MCMC 估计

对模型计算得到的参数运用贝叶斯 MCMC 方法进行估计，其核心就是利用后验分布来估计参数[22-23]。首先应该给参数 ξ、β 选择合适的先验分布。假定 ξ 服从均值为 u、方差为 σ^2 的正态分布，假定 β 服从形状参数为 p、尺度参数为 q 的伽马分布，先验分布如下：

$$\xi \sim N(u, \sigma^2)(u > 0, \sigma > 0), \beta \sim \mathrm{Gamma}(p, q) \quad (p > 0, q > 0)$$

$$\pi(\xi) = \frac{1}{\sqrt{2\pi}\sigma}e^{-\frac{(\xi - u)^2}{2\sigma^2}}, \pi(\beta) = \frac{q^p}{\Gamma(p)}\beta^{p-1}e^{-q\beta} \tag{11-9}$$

令 X_1，X_2，$\cdots$，X_n 表示为超出量的样本观测值，可以得出参数 ξ、β 的后验分布：

$$\pi(\xi, \beta \mid X_1, X_2, \cdots, X_n) = \frac{L(X \mid \xi, \beta)\pi(\xi)\pi(\beta)}{\iint L(X \mid \xi, \beta)\pi(\xi)\pi(\beta)\mathrm{d}\xi\mathrm{d}\beta} \propto L(X \mid \xi, \beta)\pi(\xi)\pi(\beta)$$

$$\tag{11-10}$$

其中 $L(X \mid \xi, \beta) = \frac{1}{\beta^n} \prod_{t=1}^{n} (1 + \frac{\xi}{\beta} X_t)^{-(1+\frac{1}{\xi})}$，从而得到：

$$\pi(\xi, \beta \mid X_1, X_2, \cdots, X_n) \propto \beta^{p-1-n} e^{(-q\beta - \frac{(\xi-u)^2}{2\sigma^2})} \prod_{t=1}^{n} (1 + \frac{\xi}{\beta} X_t)^{-(1+\frac{1}{\xi})}$$

$$(11-11)$$

由上式得出参数的后验分布极其复杂，是二维的非标准分布[24]。依照贝叶斯理论，参数的贝叶斯估计是后验分布的均值，因此可以借助贝叶斯 MC-MC 方法帮助实现均值的计算。

运用贝叶斯 MCMC 方法可以对高维复杂的概率分布函数进行降维计算，它包括 Metropolis - Hastings 和 Gibbs 抽样，这是一种目前较为流行的贝叶斯估计方法。它的基本思想是构造一条以 $\pi(\theta \mid y)$ 为满条件的马尔可夫链，并使其收敛于一个平稳分布来获得 $\pi(\theta \mid y)$ 的样本。

本章选取目前在实际应用中较为流行的 Gibbs 抽样方法来进行贝叶斯估计[25]，得到满条件分布为：

$$\pi(\xi \mid \beta, X_1, X_2, \cdots, X_n) \propto e^{-\frac{(\xi-u)^2}{2\sigma^2}} \prod_{t=1}^{n} (1 + \frac{\xi}{\beta} X_t)^{-(1+\frac{1}{\xi})}$$

$$\pi(\beta \mid \xi, X_1, X_2, \cdots, X_n) \propto \beta^{p-1-n} e^{-q\beta} \prod_{t=1}^{n} (1 + \frac{\xi}{\beta} X_t)^{-(1+\frac{1}{\xi})}$$

$$(11-12)$$

为了实现参数的 Gibbs 抽样，首先给定起始点 (ξ^0, β^0) 以后，通过第 $k-1$ 次迭代 (ξ^{k-1}, β^{k-1})，则第 k 次的迭代可以描述为：

(1) 由满条件分布 $\pi(\xi \mid \beta^{k-1}, X_1, X_2, \cdots, X_n)$ 抽取 ξ^k；

(2) 由满条件分布 $\pi(\beta \mid \xi^{k-1}, X_1, X_2, \cdots, X_n)$ 抽取 β^k。

重复 (11-1) 和 (11-2)，经过多次迭代可以认为分布趋于平稳，可以产生参数的 MCMC 模拟样本 $(\xi^0, \beta^0), (\xi^1, \beta^1), (\xi^2, \beta^2), \cdots, (\xi^{k-1}, \beta^{k-1}), (\xi^k, \beta^k)$。假设任意的 n，将 Markov 链开始的前 m 次迭代舍去，当 n 趋于无穷时，得到：

$$\hat{\xi} = \frac{1}{n-m} \sum_{k=m+1}^{n} \xi^k, \quad \hat{\beta} = \frac{1}{n-m} \sum_{k=m+1}^{n} \beta^k \qquad (11-13)$$

将获得参数的均值带入到 (11-8) 式中，可得给定置信水平下的 VaR 值。

三、碳市场特征分析

(一) 碳市场数据的选取

我国政府为做好建设全国统一的碳市场工作，前后在 8 个地区开展碳交易试点，各个市场的交易价格均能在一定程度上反映碳市场总体的价格水平。福建碳市场相较于北京、上海、广东、天津、深圳、湖北和重庆的碳市场成立较晚、规模相对不成熟，并且交易量和成交额较小。因此，本章选取成立较早的、法律法规也相对完善的其他 7 个碳市场来进行研究，通过北京环境交易所、上海环境能源交易所、广州碳排放权交易所、天津排放权交易所、深圳排放权交易所、湖北碳排放权交易中心和重庆碳排放权交易中心抓取 7 个市场的原始数据，经过整理得到 7 个碳市场的每日收盘价，然后结合 Eview7.2 软件来进行基础的数据分析。其中对于北京、上海、广东、天津、深圳、湖北、重庆这 7 个不同的碳市场，选取的样本区间均为 2014 年 6 月 19 日至 2020 年 6 月 30 日的数据，共 1 585 个观察值。在价格风险的研究中收益率通常比价格更具有统计特征，因此本章对于日收盘价进行了取对数差分运算得到日收益率，公式为：$R_t = \ln P_t - \ln P_{t-1}$，共 1 584 个观察值。

（二）碳交易价格的特征分析

结合碳交易日度收盘价走势图（图 11-1）和日度收益率走势图（图 11-2）

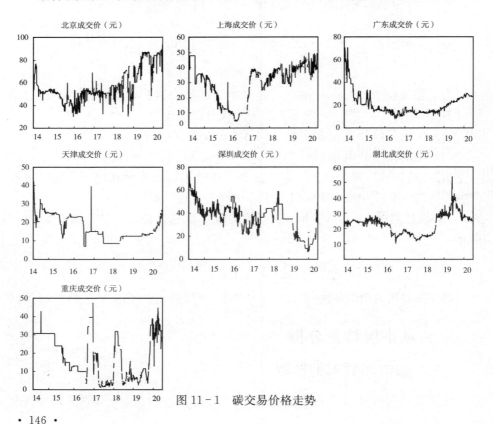

图 11-1　碳交易价格走势

来看，2014—2020 年，北京碳市场交易价格最低跌至 30.00 元/吨，最高涨至 93.70 元/吨；上海碳市场交易价格最低跌至 4.20 元/吨，最高涨至 49.99 元/吨；广东碳市场交易价格最低跌至 7.57 元/吨，最高涨至 71.09 元/吨；天津碳市场交易价格最低跌至 7.00 元/吨，最高涨至 42.40 元/吨；深圳碳市场交易价格最低跌至 6.06 元/吨，最高涨至 76.79 元/吨；湖北碳市场交易价格最低跌至 10.07 元/吨，最高涨至 53.85 元/吨；重庆碳市场交易价格最低跌至 1.00 元/吨，最高涨至 47.52 元/吨。除此之外，北京、上海、广东、深圳和湖北碳市场的日收盘价较为连续，交易较为频繁；天津和重庆的碳市场则交易不频繁，价格在短期内经常无波动并且价格间断点较多，存在价格跳跃情况。

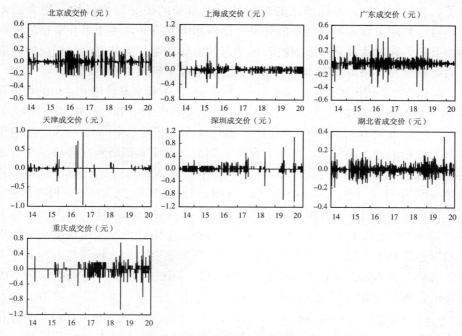

图 11-2　碳交易价格收益率走势

由图 11-1 可看出，北京碳交易价格在开展交易后的短时间内大幅上升，随后在 2014 年 5 月至 2015 年 5 月，碳交易价格平稳在 50 元/吨左右；2015 年 7 月我国发生首次股灾，碳交易价格随之也波动剧烈，自从 2016 年北京市开展了京蒙跨区域碳交易，并且随着国家发展改革委员会对碳市场制度的不断完善和改革，碳交易价格也保持波动的上升趋势。由上海、广东、重庆碳市场的交易价格走势图可以看出，这三个市场在 2014—2016 年，均呈现大幅度的下降。上海于 2016 年 9 月，举办了"绿色金融国际研讨会"，同年 12 月启动了碳配额远期交易试运行，一定程度上影响了上海碳交易价格，因此在短期内价格由最低点大幅上扬，此后一直波动上升；同时全国碳市场能力建设中心于2016年5月在重庆揭牌，碳价也发生了较大幅度的上涨，随后发生了两次较大幅度的"大起大落"，变化幅度非常不稳定；广东碳市场则一直保持平稳上升状态。天津碳市场在成立初期至2017年不同时期碳交易价格相差非常大，波动范围在0~45元/吨，并且价格发生三次较大幅度的下跌，在2016年末价格短时间骤增，后又跌至稳定点后保持上涨的趋势。深圳碳市场的交易价格在（30~50）元/吨的区间内波动剧烈，于2020年年初跌至最低点。由于湖北碳市场的法律法规相对来说比较健全和完善，因此价格波动小且比较稳定，没有发生过价格暴跌的情况，仅在2019年间发生一次价格大幅上涨的情况。由此可见，在不同时期，不同地区的碳交易试点市场的碳交易价格均有很大的差异，可以判断市场本身对碳排放交易价格的影响并不大，主要是在碳市场机制并没有很完善的情况下，政府在市场中起到主导作用，尤其是出台相应的政策之后，碳交易价格会受到市场的利好消息影响而呈现出上涨的趋势。

根据收益率的描述性统计（表11-1）可知，7个碳交易价格收益率的均值接近0，JB检验统计量均较大，分别为8 202.6、192 151.8、12 695.9、2 019 744.0、227 883.8、6 354.3、21 762.6，且 P 值均小于显著性水平0.01，因此拒绝正态和无尖峰假设。由北京、广东、深圳、湖北、重庆碳市场碳交易价格收益率的偏度分别为-0.802 9、-0.013 1、-0.430 9、-0.015 5、-0.960 4，其峰度分别为14.031 9、16.869 5、61.754 1、12.812 1、21.056 8，可得到这5个碳市场日度收益率整体呈现负偏态"尖峰"态势；再由偏度1.756 0、峰度56.842 9，偏度0.424 3、峰度177.932 7可得到上海和天津碳市场碳交易价格收益率整体呈现正偏态"尖峰"态势。综上可以表明7个市场收益率均为"尖峰"态势，但是依旧无法推断是否为"厚尾"，因此，再进一步根据这7个碳市场的日度收益率绘制正态分布Q-Q图。由图11-3可知，7个碳市场的正态Q-Q曲线在正负收益率区间均呈现双"S"型或单"S"型，且向左下方和右上方倾斜，均偏离45°线，则7个碳交易价格收益分布具有"厚尾"性，因此着重地刻画数据的尾部特征并且准确地度量尾部风险的意义就显得尤为重要。综上所述，本章对样本数据选择POT模型进行研究是合适的。

表11-1 收益率描述性统计

市场	均值（百分比）	最大值	最小值	标准差	偏度	峰度	JB统计量	P 值
北京	0.035 0	0.464 5	-0.484 8	0.059 0	-0.802 9	14.031 9	8 202.6	0
上海	-0.006 5	0.885 4	-0.504 2	0.055 7	1.756 0	56.842 9	192 151.8	0
广东	-0.052 2	0.417 6	-0.446 1	0.058 6	-0.013 1	16.869 5	12 695.9	0

（续）

市场	均值（百分比）	最大值	最小值	标准差	偏度	峰度	JB统计量	P 值
天津	−0.023 6	0.967 5	−0.967 5	0.055 0	0.424 3	177.932 7	2019 744.0	0
深圳	−0.022 1	1.028 7	−1.028 7	0.078 9	−0.430 9	61.754 1	227 883.8	0
湖北	0.005 5	0.352 2	−0.339 5	0.040 7	−0.015 5	12.812 1	6 354.3	0
重庆	−0.013 0	0.700 6	−1.070 7	0.095 5	−0.960 4	21.056 8	21 762.6	0

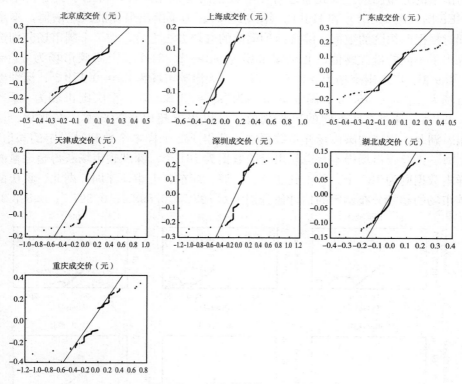

图 11-3 碳交易价格 Q-Q 图

四、碳交易价格风险估计

本章目的是对碳市场进行价格分析，因此选取了碳交易的日收盘价，并对其经过了一阶差分取对数获得样本数据的观测值，再基于上文对样本数据的一系列的描述性统计和正态分布图拟合，选择了结合贝叶斯方法的 POT 模型来对样本数据进行实证分析。

本章对数据利用 R 软件进行处理，特别地，对于贝叶斯 MCMC 方法的运用，则结合了 R 包（rjags）调用外界程序 JAGS（Just another gibbs sampler）来处理样本数据的输出。

（一）碳市场风险阈值确定

基于 POT 模型计算风险值，需要确定合适的阈值，对碳市场日收益率序列中超过给定阈值的观测值进行建模，再利用广义帕累托分布进行拟合，得出超出量的分布函数。因此通过对样本数据的可视化处理，得出了关于样本的 MEF 图（图 11 - 4）和 Hill 图（图 11 - 5）。为了给出最优的风险阈值，本章同时根据两幅图的数据，综合两种阈值的选取方法之后，为 7 个碳市场分别选取出了不同的最优阈值，北京碳市场为 $\mu_{bj} = 2.334\,7$、上海碳市场为 $\mu_{sh} = 4.789\,3$、广东碳市场为 $\mu_{gd} = 6.166\,5$、天津碳市场为 $\mu_{tj} = 0.178\,5$、深圳碳市场为 $\mu_{sz} = 8.465\,6$、湖北碳市场为 $\mu_{hb} = 3.895\,3$、重庆碳市场为 $\mu_{cq} = 9.321\,4$。通过这些不同的风险阈值，可以得出超出量的样本。在北京、广东、湖北、重庆的碳市场样本数据中，获得 162 个样本个数超过设定的阈值；上海、天津碳市场样本获得超出量的数据为 161 个；深圳碳市场获得超出量的样本数据则为 182 个。并得到北京、上海、广东、天津、深圳、湖北、重庆的碳市场的超额分布函数的估计值分别为 0.897 7、0.898 4、0.897 7、0.898 3、

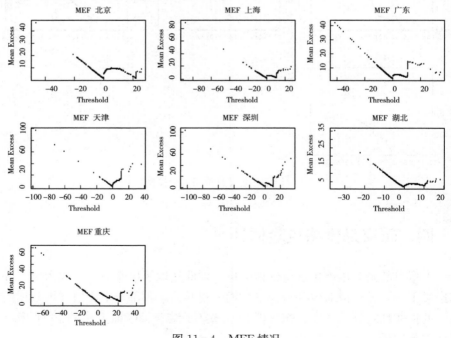

图 11 - 4 MEF 情况

0.885 1、0.897 7 和 0.897 7。

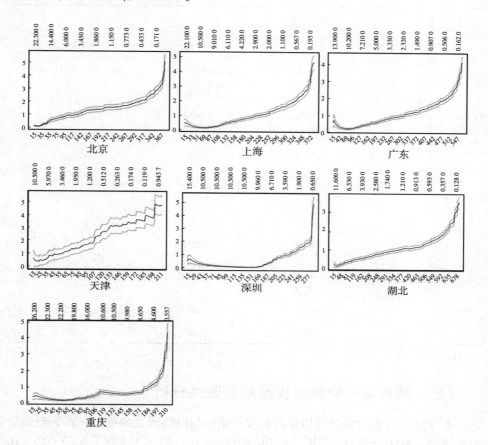

图 11-5 Hill 情况

（二）碳市场风险测度模型的参数估计

通过确定 7 个碳市场的最优阈值，可得到超出量的样本观测值，通过 R 软件调用外界程序 JAGS，可以提供一个用 MCMC 方法分析模型的界面，对 POT 模型进行仿真。首先需要在 MCMC 方法基础上采取 Gibbs 抽样，从条件后验分布当中抽取样本，然后分别对北京、上海、广东、天津、深圳、湖北和重庆这 7 个碳市场的样本观测值进行参数估计，可以得到形状参数 ξ 的估计量和尺度参数 β 的估计量，从而计算得到贝叶斯 MCMC 估计法下的 7 个碳市场的参数估计值，与极大似然估计方法下的 7 个碳市场样本的参数估计值进行比较，通过比较参数的结果如表 11-2 所示。

表 11-2　MLE 估计和贝叶斯估计下的参数估计结果比较

市场	估计方法	ξ	β
北京	MLE	−0.147 6	10.279 5
	贝叶斯	−0.109 4	10.066 9
上海	MLE	0.045 6	5.067 1
	贝叶斯	0.063 1	5.065 4
广东	MLE	−0.147 6	10.279 5
	贝叶斯	−0.109 4	10.066 9
天津	MLE	0.805 6	1.678 8
	贝叶斯	0.857 1	1.651 8
深圳	MLE	0.260 9	2.557 1
	贝叶斯	0.274 9	2.567 3
湖北	MLE	−0.000 4	3.804 7
	贝叶斯	0.028 5	3.763 4
重庆	MLE	0.053 6	9.293 9
	贝叶斯	0.081 1	9.202 9

注：MLE 为极大似然估计法。

（三）碳市场风险测度模型的有效性分析

本章建立的模型拟合数据是否有效是碳市场风险研究的重点，首先刻画集中趋势的参数统计量（表 11-3）。由表 11-3 可以得到 7 个碳市场的参数 ξ 和 β 的均值，分别为 −0.109 4 和 10.066 9、0.063 1 和 5.065 4、0.170 6 和 3.969 0、0.857 1 和 1.651 8、0.274 9 和 2.567 3、−0.109 4 和 3.763 4、0.081 1 和 9.202 9。

表 11-3　基于贝叶斯 MCMC 方法下参数的基本统计情况

市场	参数	均值	SD	SE
北京	ξ	−0.109 4	0.074 2	0.000 742
	β	10.066 9	1.053 4	0.010 534
上海	ξ	0.063 1	0.057 2	0.000 572
	β	5.065 4	0.483 5	0.004 835
广东	ξ	0.170 6	0.072 7	0.000 727
	β	3.969 0	0.408 6	0.004 086

（续）

市场	参数	均值	SD	SE
天津	ξ	0.857 1	0.178 7	0.001 787
	β	1.651 8	0.291 3	0.002 913
深圳	ξ	0.274 9	0.059 8	0.000 598
	β	2.567 3	0.237 4	0.002 374
湖北	ξ	−0.109 4	0.069 2	0.000 692
	β	3.763 4	0.392 1	0.003 921
重庆	ξ	0.081 1	0.068 9	0.000 689
	β	9.202 9	0.931 4	0.009 314

由计算得到的标准误的值可以判断出：选取的样本测量值与预测值相差不大，样本数据的离散程度较小，均十分接近均值。

同时还得到了刻画分布趋势的参数分位数（表11-4），通过表11-4的数据可以观察得到：在不同分位数的条件下，7个碳市场样本得出的参数 ξ 和参数 β 的数值大致分布在一条直线上，因此形状参数 ξ 的估计量和尺度参数 β 的估计量的数值均呈线性分布，由此可以初步认为参数估计的样本观测值拟合效果较好。

表 11-4 基于贝叶斯 MCMC 方法下参数分位数情况

市场	参数	2.50%	25%	50%	75%	97.50%
北京	ξ	−0.223 5	−0.161 9	−0.120 6	−0.067 4	0.060 2
	β	8.053 3	9.343 5	10.057 8	10.745 6	12.187 3
上海	ξ	−0.034 6	0.022 5	0.058 3	0.098 5	0.189 1
	β	4.173 7	4.173 7	5.043 8	5.378 8	6.063 2
广东	ξ	0.042 9	0.119 0	0.164 9	0.215 4	0.328 5
	β	3.227 8	3.681 0	3.948 7	3.948 7	4.839 5
天津	ξ	0.549 2	0.729 3	0.844 0	0.969 5	1.239 0
	β	1.136 1	1.446 8	1.634 0	1.840 0	2.265 0
深圳	ξ	0.170 9	0.232 8	0.270 0	0.312 4	0.406 1
	β	2.139 5	2.398 5	2.555 0	2.724 6	3.058 6
湖北	ξ	−0.083 2	−0.021 5	0.020 5	0.070 2	0.183 0
	β	3.035 1	3.495 8	3.741 9	4.016 9	4.570 0
重庆	ξ	−0.031 0	0.030 9	0.073 5	0.122 0	0.240 0
	β	7.497 9	8.551 0	9.168 0	9.819 0	11.120 0

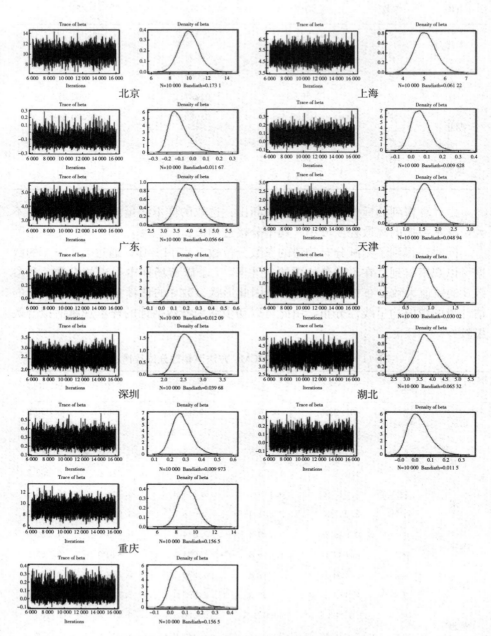

图 11 - 6　碳市场参数的马尔可夫链及核密度

为了分析参数的估计值在模型中是否具有良好的拟合效果，又对样本数据进行了 16 000 次的迭代，除去前 6 000 次的迭代得到马尔可夫链，保证其能够收敛于一个平稳的分布函数，如图 11 - 6 所示为参数样本的追踪图，即马尔可夫链图及核密度图。左边是参数的追踪图，展现的是样本数据的收敛程度，越是集中的数据越能表现出模型的拟合效果良好。从图中可以很明显地看出北京、上海、广东、天津、深圳、湖北和重庆这 7 个碳市场的参数追踪图大体上均呈现较宽形状的直线分布，且没有特别突出的离群值波动，因此认为参数估计值是比较收敛、比较稳定的；同时也可以看出，离群值向上波动的幅度较向下波动的幅度要来得大，这可能是因为受到政府出台的相关碳市场的政策时，碳价会在短时间内出现较大幅度的上涨。右边是核密度图，展现了形状参数 ξ 的估计量和尺度参数 β 的估计量的分布均近似于正态分布函数，因此是满足回归模型假设的，证明模型较稳定，能有效适用于 7 个碳市场交易价格的风险分析。

在给定了有效参数的情况下，再对超出量样本数据进行不同方法下的拟合。图 11 - 7 分别给出了利用贝叶斯 MCMC 方法的 7 个碳市场的广义帕累托拟合图，可以更直观地看出估计点大致沿着直线分布，偏离程度较小，因此样本的拟合度均较高，尤其是湖北碳市场、天津碳市场和北京碳市场。综上所述，当 $\mu_{bj} = 2.334\ 7$、$\mu_{sh} = 4.789\ 3$、$\mu_{gd} = 6.166\ 5$、$\mu_{tj} = 0.178\ 5$、$\mu_{sz} = 8.465\ 6$、$\mu_{hb} = 3.895\ 3$、$\mu_{cq} = 9.321\ 4$ 时，参数保持平稳状态且拟合度良好，因此最优阈值的选取是有效且合理的。

（四）碳金融市场风险分析

通过极大似然估计方法及贝叶斯 MCMC 方法分别计算得到的参数估计值，可以得到这两种方法下的 VaR 值和 ES 值（表 11 - 5）。

表 11 - 5　MLE 估计和贝叶斯 MCMC 估计下的 VaR 和 ES 值比较

市场	估计方法	VaR0.95	ES0.95	VaR0.99	ES0.99
北京	MLE	9.315 8	17.375 6	22.566 0	28.921 7
	Bayes	9.263 9	17.654 3	23.000 3	30.035 8
上海	MLE	8.442 8	13.926 2	17.182 4	23.083 2
	Bayes	8.464 4	14.118 0	17.437 4	23.694 9
广东	MLE	9.170 9	14.381 3	17.232 4	23.866 9
	Bayes	9.187 4	14.593 7	17.492 2	24.606 2
天津	MLE	1.785 1	17.078 1	11.589 5	67.511 3
	Bayes	1.791 2	23.016 8	12.313 7	96.631 6
深圳	MLE	10.841 8	15.140 4	17.196 2	23.737 9
	Bayes	10.861 6	15.316 4	17.395 6	24.346 1

（续）

市场	估计方法	VaR0.95	ES0.95	VaR0.99	ES0.99
湖北	MLE	6.617 7	10.419 9	12.737 5	16.537 4
	Bayes	6.616 1	10.569 8	12.941 9	17.081 1
重庆	MLE	16.101 4	26.304 8	32.333 2	43.455 1
	Bayes	16.102 2	26.716 7	32.870 5	44.965 7

注：MLE 为极大似然估计法。

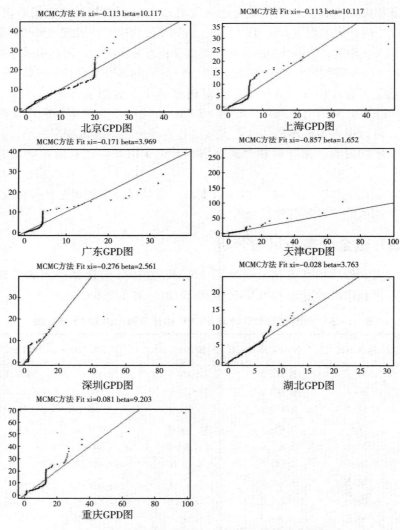

图 11-7　基于贝叶斯 MCMC 方法的广义帕累托拟合情况

由表 11-5 可以看出，总体上，这两种方法求得的对应的风险值相差无几，尤其是处于 95% 的置信水平的时候。在极大似然估计下得出的 VaR 值分别为 9.315 8、8.442 8、9.170 9、1.785 1、10.841 8、6.617 7 和 16.101 4，在贝叶斯 MCMC 方法估计下得出的 VaR 值分别为 9.263 9、8.464 4、9.187 4、1.791 2、10.861 6、6.616 1 和 16.102 2。由于样本收益率数据过于集中在 0 值，所以在 95% 的置信水平下，同一个市场的风险值差距不大。特别地，可以看出天津碳市场在 95% 的置信水平下，通过贝叶斯 MCMC 方法得出的 VaR 值和 ES 值分别为 1.791 2 和 23.016 8，通过极大似然方法得出的 VaR 值和 ES 值分别为 1.785 1 和 17.078 1，说明 VaR 值在刻画尾部风险的时候存在一定的误差，不能充分预估到极端损失值。与此同时，在 99% 的置信水平下，通过极大似然估计法得出的 7 个市场的 VaR 值分别为 22.566 0、17.182 4、17.232 4、11.589 5、17.196 2、12.737 5 和 32.333 2，通过贝叶斯 MCMC 方法得出的 7 个市场的 VaR 值分别为 23.000 3、17.437 4、17.492 2、12.313 7、17.395 6、12.941 9 和 32.870 5。可以看出贝叶斯 MCMC 方法下获得的风险值明显大于传统的极大似然估计法计算得到的风险值。通过比较 7 个市场的风险值，可以看出湖北碳市场的风险值最小，上海、广东、深圳、北京风险值次之，重庆碳市场的风险值最大。特别地，天津碳市场的 ES 值较 VaR 值差距甚大。综上所述，可以看出用贝叶斯模型度量风险，可以很好地刻画出尾部的风险值。

五、结论与建议

（一）主要结论

国内碳市场的发展仍处于初级的探索阶段，受到经济、能源、极端天气事件等多元因素影响，尤其是受到政策方面的影响，相对于成熟的股票市场，碳市场具有风险承受能力弱且反应敏感的特征。本章先对碳市场的发展进行概述，结合国内外学者对碳市场所做的研究，大致掌握了碳交易价格的基本特征，同时比较了各种度量碳交易价格风险的实证模型。本章选择国内 7 个碳市场作为研究对象，为了探索在极端情况下我国碳金融交易价格风险的特征，利用了结合贝叶斯 MCMC 方法的 POT 模型，分别对 7 个碳市场日收盘价的收益率序列进行参数估计，得到了不同置信水平下的对应的 VaR 预测值，并与传统 MLE 方法得到的 VaR 预测值进行比较，研究发现主要结论如下。

（1）碳市场的价格波动率序列呈现"尖峰厚尾"，非对称性的特征。重庆和天津碳市场具有较大的风险，自成立以来存在着多次极端的跳跃行为；湖北碳市场较其他 6 个市场来说更具有投资稳定性。

（2）碳市场的交易价格向上波动的幅度远小于出现极端情况时下降的幅度，可能是供需关系不稳定、价格起伏大且不对称这些原因所导致的。

（3）在 99％的置信水平下，天津碳市场的 ES 值（期望损失）是 VaR 值的 8 倍左右，即当面临非正常极端情况时，天津碳市场存在极高的风险损失，这与天津碳市场交易不频繁、交易价格波动大、断点多等特点有关。

（4）当极端情况发生时，贝叶斯 MCMC 方法下得到的风险值大于极大似然估计方法下得到的风险值，说明了利用传统的方法计算会低估碳交易价格的风险。

（5）在考虑碳市场的交易价格存在极端风险损失的情况下，贝叶斯 MC-MC - POT - VaR 模型能够较好地拟合样本，同时具备优异的风险测度能力。原因是该模型在贝叶斯方法的基础上，将参数看成随机变量进行模拟计算，增加了不确定性，计算得到的风险值也就更高且更具有现实意义。

（二）政策建议

基于研究发现，提出几点碳市场交易风险监管与建设相关政策建议如下。

第一，积极探索监管碳金融风险的有效措施，同时完善碳金融市场的监管体系。面对我国碳市场起步较晚的现实条件，不可避免地会出现监管力度较弱、权责分配不明晰、监管制度不完善等问题。因此国家作为监管者，应积极探寻有效的监管措施。首先，完善碳市场相关法律法规，使得监管权责明确、有法可依。其次，建立信息与数据监管的开放平台，监管各方市场参与者，避免各试点间出现恶性竞争、违反法律法规等情况；同时保持更新碳市场相关信息与数据，使相关部门可以及时预测和度量风险，市场参与者明确市场动向从而作出及时有效的调整，及时应对极端风险。最后，加强对碳市场风险的管控，稳定碳价，提高碳交易效率，积极向专业人员征求监管意见，同时认真学习国外成熟碳市场交易机制，通过与国际接轨，提高我国碳市场的可行性。

第二，发展碳交易金融产品。碳配额是目前全国碳市场主要的交易产品，交易产品较为单一，建议加大 CCER 的引入与出售，以提供更多选择给控排企业。同时，为了响应国家的绿色产业政策，企业自身需要运用高新技术加快向绿色、低碳型生产体系转型；为促进碳金融的发展，企业需要稳妥地发展碳减排项目的投融资业务，适当地推出绿色金融产品，例如绿色基金、绿色银团贷款日，有序地推进碳远期、碳债券等发展，积极地搭建信息开放平台，对碳市场参与者提供有效的融资和规避风险的方法。

第三，协调各不同碳试点的发展水平，推动形成高水平的碳金融中心。目前，8 个碳市场的发展水平参差不齐，这是由于各省之间综合实力的差异造成的，因此要因地制宜地采取相关政策，有针对性地处理不同地区间存在的特有问题。湖北、上海和广东碳市场的发展欣欣向荣，因此需要保持其当前优势，共同作为"引导者"带领其他碳市场，为建立健全和完善碳市场打下坚实的基础。同时，发展欠缺的碳市场要加强与引领者的交流，学习相关经验与政策，根据自身状况提出行之有效的解决方案，从而加快与整体碳市场的衔接。

本章成功地将极值理论结合贝叶斯模型并运用到 VaR 值的计算当中。贝叶斯 MCMC 方法能够充分利用先验分布，同时可以结合样本信息，弥补了传统的极值理论对分布的假设不当而导致度量风险不足的缺点。值得一提的是，选择用 POT 模型计算 VaR 值关键点在于选取合适的阈值，来进行后续的模拟计算，而对于选取阈值的方法并没有高度的统一，因此仍是各位学者值得深究的问题；其次，对于选取参数的先验分布需要慎重考虑，加之 MCMC 方法还存在不成熟，以及马尔可夫链的迭代和估计也存在一定的误差，因此该方法仍处于探索阶段，仍需不断地完善。本章目的在于抛砖引玉，为将来更深入地研究极值理论度量 VaR 的方法作铺垫。

参 考 文 献

［1］张友国，窦若愚，白羽洁. 中国绿色低碳循环发展经济体系建设水平测度［J］. 数量经济技术经济研究，2020，37（8）：83－102.

［2］陈智颖，许林，钱崇秀. 中国碳金融发展水平测度及其动态演化［J］. 数量经济技术经济研究，2020，37（8）：62－82.

［3］陈远新，陈卫斌，吴远谋，等. 国际碳交易经验对我国碳市场和标准体系建立的启示［J］. 中国标准化，2013（4）：65－68.

［4］LARSON D F，PAUL P. RISKS，Lessons learned，and secondary markets for greenhouse gas reductions［R］. Policy Research Working Paper 2090，The World Bank Development Research Group. Washington D. C，1999.

［5］MANSANET － BATALLER M，PARDO A，VALOR E. CO_2 prices，energy and weather［J］. The Energy Journal，2007，28（3）：73－92.

［6］王恺，邹乐乐，魏一鸣. 欧盟碳市场期货价格分布特征分析［J］. 数学的实践与认识，2010，40（12）：59－65.

［7］张跃军，魏一鸣. 国际碳期货价格的均值回归：基于 EU ETS 的实证分析［J］. 系统工程理论与实践，2011，31（2）：214－220.

［8］BYUN S J，CHO H. Forecasting carbon futures volatility using GARCH models with energy volatilities［J］. Energy Economics，2013，40，207－221.

［9］SANIN M E，VIOLANTE F，MANSANET－BATALLER M. Understanding volatility dynamics in the EU－ETS market［J］. Energy Policy，2015，82（1）：321－331.

［10］张晨，杨玉，张涛. 基于 Copula 模型的商业银行碳金融市场风险整合度量［J］. 中国管理科学，2015，23（4）：61－69.

[11] 汪文隽，周婉云，李瑾，等. 中国碳市场波动溢出效应研究 [J]. 中国人口·资源与环境，2016，26 (12)：63-69.

[12] 邱谦，郭守前. 我国区域碳金融交易市场的风险研究 [J]. 资源开发与市场，2017，33 (2)：188-193.

[13] 赵昕，丁贝德. 中国碳金融市场价格跳跃扩散效应及风险研究 [J]. 山东财经大学学报，2019，31 (2)：19-31.

[14] 赵岩，李宏伟，彭石坚. 基于贝叶斯 MCMC 方法的 VaR 估计 [J]. 统计与决策，2010 (7)：25-27.

[15] 杜诗雪，唐国强，李世君. 基于极值理论的沪深股市风险度量 [J]. 桂林理工大学学报，2020，40 (2)：430-436.

[16] 胡晓馨. 基于极值理论的黄金期货市场风险度量研究 [D]. 杭州：浙江大学，2014.

[17] 刘睿，詹原瑞，刘家鹏. 基于贝叶斯 MCMC 的 POT 模型：低频高损的操作风险度量 [J]. 管理科学，2007 (3)：76-83.

[18] BALKEMA A，HAAN L. Residual life time at great age [J]. Annals of Probability，1974，2 (5)：792-804.

[19] PICKANDS I J. Statistical inference using extreme order statistics [J]. Annals of Statistics，1975，3 (1)：119-131.

[20] DANIELSSON J，VRIES C. Value-at-risk and extreme returns [J]. Annals of Economics and Statistics，2000，60：239-270.

[21] MCNEIL A J，FREY R. Estimation of tail-related risk measures for heteroscedastic financial time series：an extreme value approach [J]. Journal of Empirical Finance，2000，7 (3)：271-300.

[22] 熊健，林煌. 极值理论和贝叶斯估计在 VaR 计算中的应用 [J]. 广州大学学报：自然科学版，2013 (3)：5-8.

[23] 茆诗松，王静龙，濮晓龙. 高等数理统计 [M]. 北京：高等教育出版社，2006.

[24] CHIB S，NARDARI F，SHEPHARD N. Markov chain Monte Carlo methods for stochastic volatility models [J]. Journal of Econometrics，2002，108 (2)：281-316.

[25] GEMAN S，GEMAN D. Stochastic Relaxation，Gibbs Distributions and the Bayesian Resoration of Images [J]. IEEE Transactions on Pattern Analysis and Machine Intelligence，1984，6 (6)：721-741.

第十二章 碳市场关联测度及其风险预警研究

摘要： 我国正处于构建和培育中国碳市场关键阶段，积极探究我国不同地区试点碳市场的价格特征与风险测度能力具有重要的实际意义。本章选取 2014 年 6 月至 2020 年 6 月 8 个试点碳市场的成交价格数据作为研究对象，运用多种定量分析方法对其进行实证分析。首先，对各地碳市场收益率进行变量关联测度分析。其次，通过建立阶数不同的 ARIMA - EGARCH 计量模型刻画了各地碳金融市场的价格波动特征，并以各地碳市场的成交价为例进行长短期的价格预测对比。最后，利用 VaR 值与 ES 值对各地碳市场进行风险测度并构建 VaR 风险预警信号。研究表明：①福建与深圳碳市场趋势关联度最大；②北京碳市场风险预警效果最好。最后本章进一步提出了碳市场的风险管理相关政策建议。

一、引言

在全球资源环境碳排放约束的背景下，低碳经济的理念已逐渐成为国际共识。2016 年我国政府相继出台了《关于大力发展绿色金融的指导意见》《绿色金融发展规划》等文件。2018 年生态环境部为了提高气候投融资发展水平，出台了相关政策，并加强对市场的引领和监管，对引导资本流入提供相应的支持。截至目前，我国已经启动深圳、上海、北京等 8 个地区的碳市场试点，并且随着试点市场的成功运行及我国在碳金融发展中投入的大量项目与政策支持，我国碳市场已经进入市场构建和培育的关键阶段，走出了发展的第一步。然而，与发达国家相比，我国碳金融市场发展时间较短、现有碳金融创新产品数量不多、碳金融交易平台建设不完善、机制体制不健全，这些对国内碳金融市场的发展产生了一些的阻碍作用。

综上，为了分析我国不同地区碳试点市场的价格特征与风险测度，本章应用 R、Python 等软件，采用我国 2014 年 6 月至 2020 年 6 月的日度数据并结合我国的实际情况，以我国的湖北、重庆、福建等 8 个地区的碳交易试点市场为研究对象，主要运用金融定量分析方法对我国碳金融市场进行深入的关联测度分析和风险预警的实证研究，在此基础上提出了碳金融市场的风险管理相关政策建议。

二、文献综述

（一）碳金融风险测度

王遥和王文涛认为迅速且准确地识别碳金融市场的风险有利于我国有关部门更好地设计和完善碳金融监管体系、降低市场风险等[1]；Pan 证明了基于 AHP 算法的碳市场风险综合评价指标体系的可行性及有效性[2]；齐绍洲等人以欧盟碳期货合约风险为研究对象，建立广义误差分布下的 GARCH 模型和 VaR 模型进行量化分析，提出欧盟碳期货合约价格具有预示的作用，与到期日密切相关的特点[3]；Jiao 等提出了一种经济状态相关（SD）的碳市场风险价值（VaR）评估方法，将宏观经济基础信息纳入碳收益 VaR 建模和预测[4]，该方法实施了一个经济 SD 抽样方案，利用相关国家的历史碳回报观测值来预测未来的碳市场价值，这种方法在样本外 VaR 预测方面优于传统的非 SD 方法，并且在碳市场经历大规模经济驱动的结构突变时尤为明显；许子萌和苏帆采用 ARJI－GARCH 模型对比湖北碳市场与其余 4 个碳市场的跳跃价格风险，提出经济不发达的湖北地区在碳金融领域存在后发优势的观点[5]；柴尚蕾和周鹏在研究中选用了非参数核估计方法来解决商业银行碳金融市场多源风险因子的整合度量问题，有效测算了集成条件风险价值 CVaR[6]；刘金培等采用多尺度组合预测方法对碳交易价格进行预测，为碳金融风险识别与测度理论提供了创新性的理论依据[7]；Sheng 等通过 GARCH 模型分析，认为 TGARCH 模型和 ECARCH 模型均反映了 CER 价格的显著波动性，在用计量经济学 TGARCH－VaR 模型和 ECARCH－VaR 模型估计中国碳市场风险时，发现这两个模型均能更加有效测度我国碳金融的市场风险[8]；Yuan 等提出了一个广义自回归积分—动态条件积分—Copula 模型来研究金融市场不确定性与碳市场之间的不对称风险溢出，发现了金融市场不确定性对碳市场存在相当大的不对称风险溢出[9]。此外，当系统性事件发生时，股票市场的不确定性比原油市场在向碳市场转移风险方面表现出更大的威力，为投资者和政策制定者提供了有意义的信息。

（二）碳金融风险管控

杜莉等借鉴国外碳金融交易的经验，归纳了碳金融交易中可能出现的各类风险并对各类风险的不同评估方法的优劣性进行了对比分析，对我国政府在碳金融发展及风险识别与防控方面提出了相关的建议[10]；Mehmet Balcilar 等使用 MS-DCC-GARCH 模型研究欧洲碳期货合约与能源期货价格之间风险溢出的时间变化和结构突变[11]；李静针对碳金融危机的五大形成原因提出相应的监管改进建议[12]；高令主要以欧盟碳金融市场为研究对象，分析其交易风险的形成原因和相应的管控措施，在此基础上提出了对中国碳金融市场风险管控制度的建议[13]；王颖等分析了碳金融市场在构成要素和风险的特征与识别等方面与传统金融市场的联系与区别，并对构建碳金融风险管理机制提出了相关建议，包括构建碳金融风险管理政策法规体系，强化碳金融风险管理主体责任，风险预防、识别、化解、应急处置、追责的管理等[14]；谷慎和汪淑娟从多方面选取碳金融的相关指标，构建 6 个试点碳市场的 SVM 碳金融风险预警模型[15]；操巍从碳金融风险的发生路径与碳金融市场风险发生原因的两大方面，针对碳市场监管制度提出相应的建议[16]；宋敏等使用 GARCH 模型分别计算了北京、上海、深圳、天津、湖北 5 个碳市场在不同置信水平下的 VaR 值，结合国内外碳金融交易市场的发展现状依据"双支柱"调控框架内容提出了风险防控建议措施[17]。

（三）碳市场关联测度

王倩和高翠云实证研究发现，试点碳市场间存在高度关联性及碳市场整合的可能[18]；申晨和林沛娜采用定性与定量相结合的方法对比分析我国 7 个试点碳金融市场的市场风险、运行状况等[19]；蒋凡主要运用灰色关联模型计算 6 个试点碳市场碳权价格与 CER 期货价格等相关指标的绝对灰色关联度、相对灰色关联度、综合关联度，以此来分析我国各地碳市场地区差异性[20]；田原等选取宏观金融环境下代表性变量指标构建简明且具有代表性的碳金融体系资金支持框架，并且通过灰色关联分析和熵权分析其与碳市场年成交量、中国 CDM 年减排量指标的相关程度，实证分析表明，在加快碳市场发展的进程中，直接融资、国内融资的影响更为显著，政府应该发挥自身的宏观调控作用[21]；谢晓闻等基于各试点市场配额成交均价，利用有向无环图（DAG）等方法量化我国碳市场一体化程度，构建我国碳交易价格传导理论框架方法，为构建统一碳市场提供政策建议，例如完善我国各个碳市场体制、加快发展碳衍生品市场、考虑湖北或广州作为碳市场现货中心[22]；陆敏和苍玉权通过灰色关联分析 8 种能源价格指数（如煤油、天然气、原油等）与我国碳排放价格之间的关联性，研究发现，与低污染能源相比，化石能源价格更能影响碳价[23]；郭建峰和傅一玮基于对各地试点碳市场碳成交量、价格等数据构建统一定价模型，研究发现广东、湖北、天津、深圳碳市场对构建统一碳市场会产生重大影响[24]；吴慧娟和张智光结合数据资料，通过相关文献分析法，从政策因素、环保因素、经济因素、各地发展现状与价格波动等多方面分析碳价问题，归纳碳价形成的机理模型并提出相应的政策建议[25]；朱丽洁利用 person 相关系数、spearman 秩相关分析检验、灰色相关法对目前除福建之外的碳交易价格进行相关性分析，从宏观和微观角度分析关联性高的碳市场并提出建议[26]。

（四）综合评述与创新之处

综上，学者们对国内碳市场风险方面的研究逐步从定性分析深入到定量分析，如建立 GARCH 类模型、SVM 预警模型等。对于我国碳试点地区关联性方面的研究方法主要采取灰色关联分析方法，分析外在因素（如能源、金融环境等）对碳价的影响，分析碳价成因。同时，学者利用有向无环图、文献分析法、建立统一定价模型等方法分析了我国统一碳市场进程。但是，总体来看，目前学者们对碳市场整体性风险研究不足，针对碳市场定量与实证分析仍相对有限，对于各地试点碳市场之间关联性的研究较少。

我国处于构建统一碳市场的关键时期，而不同地区我国试点市场差异性明显，发展水平不一、风险管理水平不一。鉴于此，本章对 2014 年 1 月至 2020 年 6 月间北京、上海等 8 个碳金融市场数据进行描述性统计分析，先对相关变量进行检验与关联测度，再利用 VaR 值与 ES 值进行风险测度，最后结合 ARIMA 模型与 EGARCH 模型进行成交价格预测和风险预警，进行深入的实证分析。本章的创新之处主要在于：利用 ARMA - EGARCH 模型对各地碳试点进行了价格方面的预测和风险研究；从价格角度，对各个试点碳市场成交价格进行了趋势灰色关联性测度、相关性与特征、外部信息干扰影响等分析。

三、模型方法、变量选取及其数据来源

碳市场的本质仍属于金融，其内在的金融风险特点没有改变。基于促进我国碳市场发展的需要，对我国碳市场的定量分析也是具有非常重要的实际意义的。鉴于此，本章将采用 2014 年 6 月至 2019 年 2 月的多个碳金融市场的月度数据，先进行描述性统计分析，再对相关变量进行检验，最后运用不同的金融定量分析方法如波动量化分析、资产投资、资产定价等进行实证分析。

（一）模型方法

1. ARMA（p，q）模型与 EGARCH 模型

自回归滑动平均模型（ARMA（p，q））与指数条件异方差模型（EGARCH 模型），两者在宏观经济、金融等领域研究时间序列方面占有重要

地位。本章结合这两个模型，从历史数据中挖掘有效信息并设计拟合模型，来进行试点地区碳交易价格波动趋势与杠杆效应的研究，并为之后的风险测度与预警提供理论支撑。ARMA（p，q）模型相较来说预测误差更小，可适用的范围更广泛，可以用来较好地描述平稳序列的动态变动规律。其中，p 为自回归过程的阶数，q 为滑动平均过程的阶数。其表达式如下：

$$x_t = c + \partial_1 x_{t-1} + \partial_2 x_{t-2} + \cdots + \partial_p x_{t-p} + \mu_t + \beta_1 \mu_{t-1} + \beta_2 \mu_{t-2} + \cdots + \beta_q \mu_{t-q}$$

$$(12-1)$$

GARCH（p，q）模型是在 ARCH（q）模型的基础上进行了重要推广扩充得到的，是估计金融市场时间序列波动特征的一种方法。指数 GARCH 模型（即 EGARCH 模型）在 GARCH 模型的方差方程的基础上进行了拓展，EGARCH 模型条件方差为正和参数的引入使得随机干扰为正，可以更好地呈现金融市场波动的非对称效应和价格波动的情况。以各地的碳交易试点市场为例，通过分析 EGARCH 模型结果的相关系数，从而判断外部干扰对其的影响，是否存在杠杆效应等。其条件方差方程如下：

$$\ln(\sigma_t^2) = \omega + \beta \ln(\sigma_{t-1}^2) + \alpha \left| \frac{u_{t-1}}{\sigma_{t-1}} \right| + \gamma \left| \frac{u_{t-1}}{\sigma_{t-1}} \right| \qquad (12-2)$$

2. VaR 与 ES 方法

风险价值是进行金融风险测度的有效方法之一，可以描述资产在市场正常波动的状况下面对的潜在损失。VaR 的定义为，在特定持有期间特定金融资产或资产组合在特定置信水平下的最大可能损失。通过 GARCH 建模来绘制 VaR 风险预警图，当 VaR 风险预警图中出现对数收益率的波动率聚集时，就表明不会突然发生大的波动，而是逐渐地发生；而在发生大的波动之前应该出现某个信号，如收益率异常低或高。

为克服 VaR 存在的低估实际市场风险等现实情况，Rockafeller 和 Uryasev（2000）在 VaR 的基础上，在考虑了出现极端情况时的平均损失程度后对 VaR 风险测度方法进一步改进，提出了期望损失（ES）的概念。本章除了利用 VaR 与 ES 风险测度以外，还采用其他风险测度指标，例如一致性风险测度指标 CVaR、满足正定性 DD、风险度量（MDD、ADD）等。同时，本章结合不同的方法进行拟合测算 VaR 值，包括历史模拟法、高斯近似模拟法、GARCH 建模法、修正的 Cornish-Fishe 等方法。

（二）碳市场数据来源

本章选取 2014 年 6 月至 2020 年 6 月碳市场的数据进行研究，用 R 软件获取并进行计算。且因为金融方面的数据具有非平稳的特性，所以对碳金融市场成交价数据对数差分处理。公式如下：

$$r = \ln p_t - \ln p_{t-1} \qquad (12-3)$$

式中：r 为碳成交价收益率，p_t 为当前成交价，p_{t-1} 为前一个交易日的成交价。

（三）碳市场数据变量

为了研究我国碳市场并对其进行定量分析及风险预警，本章选取以下变量。

（1）具有代表性的 8 个碳金融试点地区（福建、广州、上海、重庆、天津、湖北、北京、深圳）的市场每日的成交价。其中，福建是近年来新增的试点地区。

（2）为了使不同的数据日期得到统一与匹配并且建立具有时效性的模型，在描述性统计、数据特征检验、关联测度时，数据时间跨度基本选择 2017 年 1 月到 2020 年 6 月这一区间，其余在 2014 年 6 月至 2020 年 6 月时间区间内调整。碳市场数据变量名称及定义如表 12-1 所示。

表 12-1　碳市场数据变量名称及定义

变量符号	变量名称	变量定义
BJ	北京	北京碳市场收益率
TJ	天津	天津碳市场收益率
SH	上海	上海碳市场收益率
CQ	重庆	重庆碳市场收益率
GZ	广州	广州碳市场收益率
HB	湖北	湖北碳市场收益率
SZ	深圳	深圳碳市场收益率
FJ	福建	福建碳市场收益率

四、实证分析

本章首先对各地碳市场收益率进行变量关联测度等分析。然后，通过建立阶数不同的 ARIMA - EGARCH 计量模型刻画各地碳金融市场的价格波动特征，并以各地碳市场的成交价为例进行长短期的价格预测对比。最后，结合 VaR 和 ES 进行风险测度与危机预警深入研究。

（一）碳市场的关联测度

1. 碳市场收益率的描述性分析

本部分首先对各个试点地区碳市场的成交价的收益率进行研究，进行描述性统计分析。描述性统计如表12-2所示。其中上海碳市场成交价与福建碳市场成交价的收益率接近正态分布。8个碳市场均值均为0。对比标准差结果，天津碳市场的标准差最小，其市场风险相对较小。

表 12-2　碳市场成交价收益率描述性统计

指标	北京	上海	广东	天津	深圳	湖北	重庆	福建
均值	0.00	0.00	0.00	0.00	0.00	0.00	0.00	0.00
标准差	0.06	0.04	0.05	0.02	0.09	0.04	0.12	0.05
中位数	0.00	0.00	0.00	0.00	0.00	0.00	0.00	0.00
最小值	−0.48	−0.23	−0.45	−0.25	−1.03	−0.34	−1.07	−0.43
最大值	0.46	0.11	0.38	0.16	1.03	0.35	0.70	0.10
偏度	−0.84	−0.35	−0.33	−1.98	−0.64	0.04	−0.74	−0.89
峰度	13.30	2.00	23.28	56.14	64.31	14.32	11.51	5.50
JB 值	19.91	157.56	18 988.00	110 890.00	144 840.00	7 189.00	4 719.00	1 171.90
P 值	0.00	0.00	0.00	0.00	0.00	0.00	0.00	0.00

资料来源：R软件。

2. 碳市场成交价格变动趋势的关联性分析

通过 Python 软件，对各个碳市场之间的成交价格变动趋势进行相关系数分析，通过对各个碳市场之间成交价数据变动研究关联程度，绘制相关系数热力图（图12-1）、灰色关联度热力图（图12-2）。

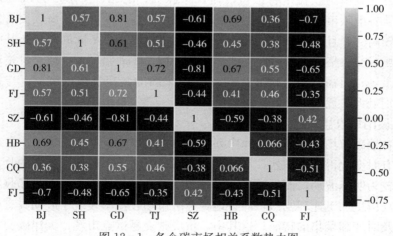

图 12-1　各个碳市场相关系数热力图

深圳碳市场与福建碳市场呈现正相关系且灰色关联度最高达到0.94，且与其他碳市场呈现负相关。除了深圳和福建两个碳市场外，其余碳市场之间基

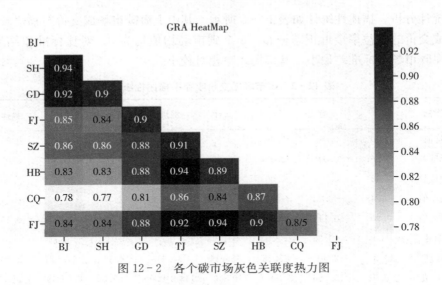

图 12 - 2　各个碳市场灰色关联度热力图

本呈现正相关。其中，湖北与重庆碳市场相关系数绝对值最低，呈现较弱的正相关性。此外，各个碳市场灰色关联度基本在 0.8 左右，上海与北京碳市场、福建与深圳碳市场灰色关联度最大，上海与重庆碳市场灰色关联度相对最低。

（二）碳交易价格的特征分析

1. 碳市场收益率的特征与趋势分析

从各地碳市场收益率特征可以看出，深圳、湖北、广东最为接近正态分布。而从各地碳市场成交价格趋势可以看出，北京、深圳、上海碳交易价格水平普遍较高。并且，各个地区碳市场成交价格呈现明显不同的趋势。其中，北京碳市场成交价格整体持续性上涨、震荡上行、波动幅度大，成交价格远大于其他碳市场。而福建碳市场作为 2017 年以来新的碳交易试点市场，与其他碳市场差别最大，近期成交价持续走低。

2. 碳市场收益率的平稳性分析

由各地碳市场收益率的时间序列情况（图 12 - 3）中可以看出，各市场的收益率有时变化得相当剧烈，有时则会保持相对稳定。各试点市场的收益率都出现了较为明显波动，而且试点市场收益率下跌时的反应比试点市场收益率上升时的反应更加迅速和剧烈，即各地碳金融市场收益率表现了波动具有杠杆效应，以及时变和聚集的特征。这其中，重庆碳交易试点市场、天津碳交易试点市场、深圳碳交易试点市场成交价的收益率波动范围大，其余碳金融试点市场成交价波动幅度小。相对来说，天津碳交易试点市场成交价、深圳碳交易试点市场成交价的收益率发生市场波动较短。

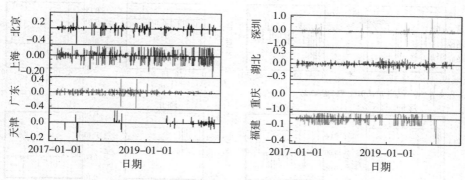

图 12-3　各地碳市场收益率的时间序列情况

进一步对各碳交易所对数收益率进行平稳性检验，检验如表 12-3 所示，在 1% 显著性水平上可以明显看出拒绝了各地碳金融市场收益率序列存在单位根的原假设，即各试点区域碳交易所收益率序列平稳。

表 12-3　各地碳市场收益率平稳性检验情况

市场	北京	上海	广东	天津	深圳	湖北	重庆	福建
ADF 值	−11.848 0	−10.527 2	−13.162 6	−9.687 9	−10.592 8	−11.327 3	−7.629 8	−9.288 1
P 值	0.010 0	0.010 0	0.010 0	0.010 0	0.010 0	0.010 0	0.010 0	0.010 0
PP 值	−892.779 5	−699.813 0	−969.741 0	−864.014 6	−1 002.247 0	−999.363 8	−919.304 0	−729.851 3
P 值	0.010 0	0.010 0	0.010 0	0.010 0	0.010 0	0.010 0	0.010 0	0.010 0

资料来源：R 软件。

3. 碳市场收益率的自相关分析

各地碳市场自相关和偏相关情况分别如图 12-4、图 12-5 所示。各地碳市场收益率的函数值基本位于图内的置信区间内（图中虚线区域）的中间区域，因此各地碳市场收益率满足 GARCH 模型中的均值方程的条件。

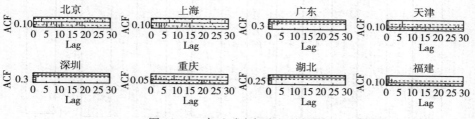

图 12-4　各地碳市场自相关情况

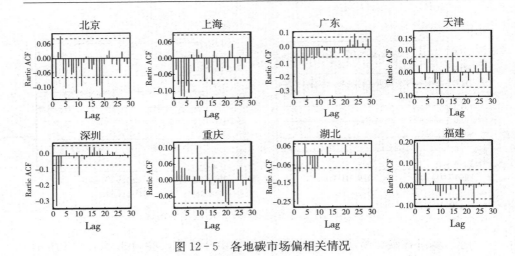

图 12-5　各地碳市场偏相关情况

（三）碳交易价格的 GARCH 建模

1. 基于碳市场收益率的 GARCH 模型拟合

由于变量较多，根据 ARIMA 模型定阶函数和相关性检验图像确定的阶数来选择最终的 ARIMA 模型阶数。实证 ARIMA 阶数结果显示：深圳、重庆、天津适宜采用阶数（0，0，0）、湖北（1，0，0）、福建、上海采用（0，0，1）、北京（2，0，0）、广州（4，0，0）。

由于 EGARCH 能够更直观地显示收益率序列的"杠杆效应"，且阶数为（1，1）的模型简单。因此，选用 EGARCH（1，1）拟合收益率序列。根据模型计算结果来看，各地的模型系数 P 值基本显著，除了重庆和北京外。并且从图 12-6 来看，除了天津、福建碳市场以外，其他碳市场 Q-Q 图点基本落在直线上，由此可知除了该碳市场之外，大部分碳市场模型拟合效果较好。

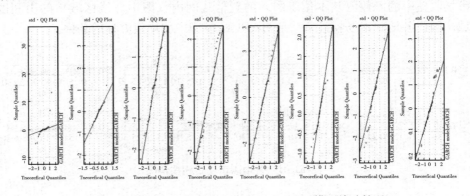

图 12-6　各地 ARMA-EGARCH（1，1）模型检验情况

对比图中不同地区碳市场的收益率信息冲击曲线走势（图 12－7），结果显示不同试点市场对利空利好消息的反应是显著不同的，其中湖北、上海碳市场最为明显。北京碳市场的碳成交价收益率面对利空利好消息冲击时的曲线走势一致，均走势先平缓后陡峭，这说明北京对利好消息或者利空消息有一定的筛选性与过滤性，即北京碳金融市场不敏感、抗风险能力较强，其次为深圳碳市场和湖北碳市场。相比之下，北京碳市场冲击衰减速度最快，广州碳市场长记忆性最强。

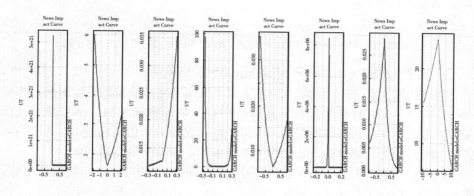

图 12－7　各地模型收益率信息冲击曲线

注：图中碳金融市场从左至右为天津、重庆、深圳、北京、广州、湖北、上海、福建。

根据模型结果（表 12－4），除了福建碳市场和重庆碳市场模型系数不显著以外，其他碳市场模型拟合效果较好并且该模型平稳。此外，各地试点碳交易所成交价格对应 ARMA－EGARCH（1，1）模型的 alpha1 系数和 beta1 系数之和小于 1，外部冲击对于各地碳市场成交价格波动性的影响要小于其自身的记忆性。gamma 系数均不为 0，说明干扰对各地试点碳金融市场的收益率影响是非对称的，负外部冲击广州碳市场、湖北碳市场、上海碳市场和深圳碳市场时的影响大于正外部冲击时的影响，即存在杠杆效应。

表 12－4　各地 ARMA－EGARCH（1，1）系数结果

市场	广州	北京	湖北	上海	深圳	重庆	天津	福建
mu	−0.026 2***	0.001 4	−0.008 0***	0.001 2***	−0.016 0***	−0.037 1	0.000 0	20.159 6***
omega	0.009 4***	−1.268 3***	−0.159 9***	−0.282 4***	−0.426 8***	0.014 0	−0.566 0***	5.048 2***
alpha1	−0.235 8***	−0.129 7	−0.596 6***	−0.306 6***	0.180 4***	−0.210 6	−0.665 6***	−0.168 0
beta1	0.994 1***	0.777 7***	0.978 0***	0.927 5***	0.907 1***	0.979 6***	0.956 0***	−0.739 0***
gamma	−0.349 1***	2.378 4***	−0.949 6***	−0.588 4***	−0.704 9***	0.711 6***	0.013 7***	−0.355 3

（续）

市场	广州	北京	湖北	上海	深圳	重庆	天津	福建
shape	18.245 0***	99.999 9	2.289 2***	8.950 4***	7.299 5***	2.100 0***	2.340 7***	9.751 2
ar1	0.058 9***	−0.545 6***	0.061 9***					
ar2	0.018 8***	−0.002 3***						
ar3	−0.075 8***							
ar4	0.394 5***							
ma1				0.301 4***				0.844 8***

注：*** 表示 P 值极其显著；** 表示 P 值非常显著；* 表示 P 值比较显著；无标记即为不显著。

2. 基于 ARIMA‑EGARCH 模型的碳交易价格预测

通过选取 2017 年 1 月至 2020 年 6 月不同碳市场成交价的月度数据，构建 ARMIA‑EGARCH 模型，分别进行 6 期和 3 期的价格预测。结果显示，首先，上海碳市场的长期与短期预测效果最好，误差最大值不超过 3，其次为重庆碳市场。同时，北京碳市场的预测效果最差，误差值最高达到 27.24。

其次，广东、天津、重庆碳市场在进行长期预测的时候，前期效果很好，明显优于后期与短期预测。湖北、北京、福建碳市场短期预测效果明显优于长期预测（表 12‑5）。综上，说明模型需要进一步优化与调整相关参数，不能对预测结果过于依赖。

表 12‑5 基于不同碳市场的模型预测效果对比

单位：元

碳市场	时间	真实值	6 期预测值	6 期误差值	3 期预测值	3 期误差值
福建	2020 年 1 月	14.000 0	16.880 0	2.880 0		
	2020 年 2 月	9.100 0	22.380 0	13.280 0		
	2020 年 3 月	9.100 0	22.380 0	13.280 0		
	2020 年 4 月	17.620 0	22.380 0	4.760 0	17.990 0	0.370 0
	2020 年 5 月	17.510 0	22.380 0	4.870 0	19.500 0	1.990 0
	2020 年 6 月	17.630 0	22.380 0	4.750 0	19.500 0	1.860 0
北京	2020 年 1 月	81.180 0	64.450 0	16.730 0		
	2020 年 2 月	84.500 0	57.260 0	27.240 0		
	2020 年 3 月	84.160 0	57.260 0	26.900 0		
	2020 年 4 月	72.780 0	57.260 0	15.520 0	66.930 0	5.850 0
	2020 年 5 月	74.360 0	57.260 0	17.100 0	57.090 0	17.270 0
	2020 年 6 月	74.170 0	57.260 0	16.910 0	57.090 0	17.080 0

（续）

碳市场	时间	真实值	6 期预测值	6 期误差值	3 期预测值	3 期误差值
上海	2020 年 1 月	40.100 0	37.410 0	2.690 0		
	2020 年 2 月	35.210 0	37.410 0	2.200 0		
	2020 年 3 月	40.110 0	37.410 0	2.700 0		
	2020 年 4 月	38.190 0	37.410 0	0.780 0	37.200 0	0.990 0
	2020 年 5 月	38.820 0	37.410 0	1.410 0	37.200 0	1.620 0
	2020 年 6 月	38.420 0	37.410 0	1.010 0	37.200 0	1.220 0
广东	2020 年 1 月	28.480 0	26.820 0	1.660 0		
	2020 年 2 月	28.720 0	26.820 0	1.900 0		
	2020 年 3 月	30.030 0	26.820 0	3.210 0		
	2020 年 4 月	41.110 0	26.820 0	14.290 0	30.030 0	11.080 0
	2020 年 5 月	41.620 0	26.820 0	14.800 0	30.030 0	11.590 0
	2020 年 6 月	43.600 0	26.820 0	16.780 0	30.030 0	13.570 0
天津	2020 年 1 月	15.630 0	14.140 0	1.490 0		
	2020 年 2 月	15.410 0	14.140 0	1.270 0		
	2020 年 3 月	17.540 0	14.140 0	3.400 0		
	2020 年 4 月	45.910 0	14.140 0	31.770 0	17.590 0	28.320 0
	2020 年 5 月	38.190 0	14.140 0	24.050 0	17.590 0	20.600 0
	2020 年 6 月	39.920 0	14.140 0	25.780 0	17.590 0	22.330 0
深圳	2020 年 1 月	28.480 0	26.820 0	1.660 0		
	2020 年 2 月	28.720 0	26.820 0	1.900 0		
	2020 年 3 月	30.030 0	26.820 0	3.210 0		
	2020 年 4 月	41.110 0	26.820 0	14.290 0	30.030 0	11.080 0
	2020 年 5 月	41.620 0	26.820 0	14.800 0	30.030 0	11.590 0
	2020 年 6 月	43.600 0	26.820 0	16.780 0	30.030 0	13.570 0
湖北	2020 年 1 月	27.880 0	20.100 0	7.780 0		
	2020 年 2 月	27.510 0	15.420 0	12.090 0		
	2020 年 3 月	27.080 0	15.420 0	11.660 0		
	2020 年 4 月	28.270 0	15.420 0	12.850 0	23.030 0	5.240 0
	2020 年 5 月	27.420 0	15.420 0	12.000 0	20.310 0	7.110 0
	2020 年 6 月	28.110 0	15.420 0	12.690 0	20.310 0	7.800 0

（续）

碳市场	时间	真实值	6 期预测值	6 期误差值	3 期预测值	3 期误差值
	2020 年 1 月	27.770 0	26.180 0	1.590 0		
	2020 年 2 月	31.670 0	25.380 0	6.290 0		
	2020 年 3 月	34.340 0	24.640 0	9.700 0		
重庆	2020 年 4 月	26.560 0	23.970 0	2.590 0	26.710 0	0.150 0
	2020 年 5 月	27.210 0	23.370 0	3.840 0	26.360 0	0.850 0
	2020 年 6 月	28.150 0	22.850 0	5.300 0	26.030 0	2.120 0
	2020 年 6 月	39.920 0	14.140 0	25.780 0	17.590 0	22.330 0

资料来源：R 软件。

（四）基于不同碳市场的风险研究

1. 基于不同碳市场的 GARCH 的 VaR 值与 ES 值测算

根据变量收益率特征图和模型拟合效果，在选用适合的分布的基础上建立 GARCH 模型，采用（1，1）阶数。其中，深圳、福建采用正态分布，其余为 t 分布。并且，通过不同方法测算 VaR 综合度量风险。

由表 12-6 和表 12-7 可知不同地区的风险测度不同，ES 值大于 VaR 值，且重庆、天津、湖北与其他市场差别最为显著，其中天津碳市场 VaR 和 ES 值最小，重庆反之。就此而言，重庆碳市场波动最大，天津最小。而根据不同方法测算的风险值进行风险度量，存在较小的差异。其中，综合不同方法结果排列风险顺序：北京碳市场风险最小，重庆碳市场风险最大。

表 12-6 基于 GARCH 模型表 VaR 和 ES 结果

碳市场	VaR（1）	VaR（5）	ES（1）	ES（5）
北京	0.335 4	0.502 6	0.420 4	0.630 2
天津	0.000 3	0.000 7	0.000 4	0.000 9
上海	0.384 8	0.864 4	0.483 8	1.085 2
重庆	6.353 4	25.518 4	7.975 0	32.008 7
广州	0.116 4	0.138 3	0.145 0	0.172 5
湖北	5.051 3	5.065 2	6.334 4	6.351 9
深圳	0.184 7	0.188 2	0.235 1	0.239 5
福建	0.050 1	0.069 6	0.063 5	0.087 9

表 12 – 7　基于 VaR 的不同方法的风险测度结果

碳市场	北京	天津	上海	重庆	广州	湖北	深圳	福建
VaR. hist	−0.088 4	−0.100 8	−0.079 3	−0.005 4	−0.105 3	−0.063 4	−0.222 1	−0.105 3
VaR. gaus	−0.099 6	−0.073 3	−0.078 1	−0.033	−0.147 5	−0.065 9	−0.198 5	−0.087 1
VaR. modi	−0.096 9	−0.075 8	−0.060 0	−0.019 8	−0.045 9	−0.053 8	−0.194 5	−0.093 6
CVaR. hist	−0.183 9	−0.110 3	−0.112 1	−0.043 2	−0.173 5	−0.096 8	−0.281 3	−0.114 5
CVaR. gaus	−0.125 1	−0.092	−0.098 1	−0.041 5	−0.185 2	−0.082 8	−0.249 1	−0.108 7
CVaR. modi	−0.223 6	−0.115 7	−0.060 0	−0.019 8	−0.045 9	−0.053 8	−0.434 9	−0.184 9
MDD	0.814 8	0.570 9	0.752 1	0.478 0	1.000 7	0.650 1	1.004 8	0.938 4
CDD	0.628 9	0.308 4	0.752 1	0.124 9	0.950 7	0.566 9	0.954 5	0.672 3

资料来源：R 软件。

五、结论与建议

本章为了探究碳市场的价格与风险，首先，对各地碳市场成交价与成交价收益率进行了关联测度。其次，利用金融定量分析方法，如结合 ARMA（p，q）和 EGARCH（1，1）构建模型、测算 VaR 值与 ES 值等，以各地碳金融市场的成交价为例进行了价格预测和风险预警，得出主要结论如下。

（1）不同地区的碳市场的风险、收益、活跃性等都具有典型特征，北京、上海、广东碳市场之间碳成交价趋势变化的关联性最强。其中，福建碳市场成交价与深圳碳市场成交价的相关系数为正值呈现正相关，且这两个碳市场趋势关联度最大。

（2）干扰对各试点碳金融市场的影响是非对称的，其中负外部冲击对广州、湖北、上海、福建、深圳碳市场的影响大于正外部冲击的影响，存在明显的杠杆效应。

（3）ARIMA – EGARCH 模型对各地碳市场成交价具有一定的预测效果，其中针对上海碳市场的预测效果最好。对比 ARIMA – EGARCH 模型，对不同碳市场成交价进行预测时，上海碳市场的长期和短期预测效果都较好。广东、天津、重庆碳市场在进行长期预测的时候，前期效果很好，明显优于后期与短期预测。湖北、北京、福建碳市场短期预测效果明显优于长期预测效果。这也进一步证明了，建立 ARIMA – GARCH 模型对碳市场成交价预测具有现实意义，但具有改进的空间。

（4）在风险测算方面，重庆碳市场的风险最大，而北京、上海、广东碳市场的风险预警效果优于其他碳市场，但是在非平稳期间不容易区分有效信号。

针对上述主要结论，本章提出如下政策建议。

第一，完善相关政策、法律法规与监管体系。首先，由于政策对我国碳金融市场影响较大，政府应制定相关政策并完善相关制度，从而提高碳金融市场的活力与创造力。其次，建立起一个全国统一的碳金融市场交易的法律体系尤为重要，不但可以奠定良好的法律基础，也可以使碳市场交易稳定、有序地进行。最后，对比分析我国目前不同试点地区碳金融交易的实际情况，针对各试点地区的共性和差异，建立完善、具有时效性的法律法规政策及监督体系。

第二，推进碳市场的整合与构建。目前，推进碳市场的整合与构建有利于有效监管碳金融市场且有利于提高碳市场的发展水平。由于地区经济发展水平、地域联系、工业布局等对碳市场的价格都会产生影响，制定相关政策时可从此出发，从宏观与微观角度综合考虑对碳市场的影响与辐射作用。同时总结试点地区过程中的不足与经验，在充分了解各地存在的差异性后建立统一的碳市场。

第三，加快碳市场基础设施建设。首先，我国可以积极参与国际碳金融交易，借鉴国外较为成熟的市场体系，从而引导自身更好的发展。其次，政府需在综合考虑各个地区差异的基础上，公正、合理、有针对性地制定统一的碳市场规则。最后，建立风险防控机制，构建一个完善、合理、多层次的碳金融风险防控体系，如建立预警机制、完善的信息披露平台及碳信用评级市场和体系等，实现在维护碳金融市场正常运行的同时规避潜在市场风险。

第四，鼓励碳金融产品的技术创新。要想推动碳金融体系朝着更有层次性发展，朝着市场流动性更强、碳金融市场呈现多元化活跃的局面发展，只保证稳步前行还远远不够。因此，政府应该适当激励金融机构和相关企业积极尝试碳金融的创新，在机构和企业发展需求的基础上建立产融结合新模式。与此同时，提高碳金融产品的技术水平，有利于防范未知风险，如通过建立相应的模型对数据监控进行预警、量化碳金融交易等。

我国处于构建和培育碳市场的关键阶段，积极探究不同地区碳试点市场的价格特征与风险测度，对提高我国碳金融发展水平具有重要的实际意义。同时本章存在一些缺陷：碳市场的历史数据有限，没有考虑国际碳市场的影响，仅从碳成交价和收益率研究而没有考虑到碳成交量。因此，量价结合分析碳金融市场将是未来改进的方向。

参 考 文 献

[1] 王遥，王文涛. 碳金融市场的风险识别和监管体系设计 [J]. 中国人口·资源与环境，2014，24 (3)：25-31.

[2] PAN W J. On Risk Comprehensive Evaluation of Carbon Finance in Commercial Banks under Low‐Carbon Economy in China [J]. International Journal of Financial Research, 2014, 5 (4): 139‐143.

[3] 齐绍洲, 于翔, 谭秀杰. 欧盟碳期货风险量化: 基于 GED‐GARCH 模型和 VaR 模型 [J]. 技术经济, 2016 (7): 46‐51.

[4] JIAO L, LIAO Y, ZHOU Q. Predicting carbon market risk using information from macroeconomic fundamentals [J]. Energy Economics, 2018, 73: 217‐227.

[5] 许子萌, 苏帆. 湖北碳交易价格的跳跃风险研究 [J]. 武汉金融, 2018 (9): 63‐68.

[6] 柴尚蕾, 周鹏. 基于非参数 CopulA‐CVaR 模型的碳金融市场集成风险测度 [J]. 中国管理科学, 2019, 27 (8): 1‐13.

[7] 刘金培, 郭艺, 陈华友, 等. 基于非结构数据流行学习的碳交易价格多尺度组合预测 [J]. 控制与决策, 2019, 34 (2): 279‐286.

[8] SHENG C G, ZHANG D G, WANG G Y, et al. Research on risk mechanism of China's carbon financial market development from the perspective of ecological civilization [J]. Journal of Computational and Applied Mathematics, 2020, 381: 1‐11.

[9] YUAN N N, YANG L. Asymmetric risk spillover between financial market uncertainty and the carbon market: A GAS‐DCS‐copula approach [J]. Journal of Cleaner Production, 2020, 259: 1‐12.

[10] 杜莉, 王利, 张云. 碳金融交易风险: 度量与防控 [J]. 经济管理, 2014, 36 (4): 106‐116.

[11] MEHMET B, RIZA D, SHAWKAT H, et al. Risk spillovers across the energy and carbon markets and hedging strategies for carbon risk [J]. Energy Economics, 2016 (54): 159‐172.

[12] 李静. 碳金融危机形成的机理及监管制度改进研究 [J]. 宏观经济研究, 2017 (11): 94‐102.

[13] 高令. 碳金融交易风险形成的原因与管控研究: 以欧盟为例 [J]. 宏观经济研究, 2018 (2): 104‐111.

[14] 王颖, 张昕, 刘海燕, 等. 碳金融风险的识别和管理 [J]. 西南金融, 2019 (2): 41‐48.

[15] 谷慎, 汪淑娟. 基于 SVM 的碳金融风险预警模型研究 [J]. 华东经济管理, 2019, 33 (3): 179‐184.

[16] 操巍. 碳金融风险防范制度建设 [J]. 财会月刊: 会计版, 2019 (9): 171‐176.

[17] 宋敏, 辛强, 贺易楠. 碳金融交易市场风险的 VaR 度量与防控: 基于中国五所碳排放权交易所的分析 [J]. 西安财经大学学报, 2020, 33 (3): 120‐128.

[18] 王倩, 高翠云. 中国试点碳市场间的溢出效应研究: 基于六元 VAR‐GARCH‐BEKK 模型与社会网络分析法 [J]. 武汉大学学报 (哲学社会科学版), 2016, 69 (6): 57‐67.

[19] 申晨, 林沛娜. 中国碳排放权交易试点市场的现状特征及风险分析 [J]. 产经评论,

2017，8（4）：123 - 134.

[20] 蒋凡.中国碳排放权价格调控机制研究：基于我国 6 个碳排放试点的灰色关联分析
[J]. 中国集体经济，2017（14）：44 - 45.

[21] 田原，朱淑珍，陈炜.中国金融环境与碳市场发展的关联度及作用分析：基于 G 20
背景 [J]. 财经理论与实践，2017，38（5）：20 - 26.

[22] 谢晓闻，方意，李胜兰.中国碳市场一体化程度研究：基于中国试点省市样本数据的
分析 [J]. 财经研究，2017，43（2）：85 - 97.

[23] 陆敏，苍玉权.影响中国碳价的能源价格因素灰关联研究 [J]. 中国环境管理，
2018，10（4）：88 - 92.

[24] 郭建峰，傅一玮.构建全国统一碳市场定价机制的理论探索：基于区域碳交易试点市
场数据的分析 [J]. 价格理论与实践，2019（3）：60 - 64.

[25] 吴慧娟，张智光.城市碳价的时空特征及其形成机理的理论模型：基于 8 个地区碳交
易试点的价格数据 [J]. 现代城市研究，2021（1）：19 - 24.

[26] 朱丽洁.中国区域碳交易价格相关性分析 [J]. 中国林业经济，2021（1）：83 - 86.

第十三章 风险预警视角下试点碳市场衔接统一的价格指数构建研究

摘要：基于市场风险预警视角，选取 2015 年 1 月至 2019 年 12 月的 66 个经济指标数据，对中国试点碳市场衔接统一的价格指数进行构建与风险管理研究。首先，采用派氏指数法和拉氏指数法编制试点碳市场衔接统一的传统价格指数，比较分析出其中较为合理的一种作为试点碳市场衔接统一的基准价格指数；然后采用时变参数因子加强型自回归模型（time varying parameters factor augmented vector auto regression，TVP - FAVAR）构建试点碳市场衔接统一的价格指数，即中国碳金融稳定状态指数，并进行动态分析。实证表明：①基于 TVP - FAVAR 模型编制的价格指数明显优于拉氏指数法编制的基准价格指数；②试点碳市场衔接统一的碳金融稳定状态指数能够有效预测未来 1 个月的市场价格的走势，具有较强的领先与预测作用；③试点碳市场衔接统一的碳金融稳定状态指数中包含的四因子信息对碳价的领先性与预期性强弱依次为：碳市场因子、宏观经济因子、空气变化因子、能源结构因子。基于研究结论，建议我国政府根据试点碳市场衔接统一的碳市场的稳定状况及时采取相应的风险管理措施，评估与调整我国碳市场政策的制定，加快完善中国碳市场的一体化建设与国际碳市场的衔接。

一、引言

自世界各国逐步实现工业化以来，大气中二氧化碳等温室气体已经上升到历史最高水平。在经济发展的过程中，大量使用化石燃料所排放的温室气体不断聚集，导致了严重的且近不可逆转的温室效应，其接而引发了全球气候变暖、海平面上升、冰山范围缩小等一系列灾难性后果。2020 年 1 月，全球平均气温创造了新的高温纪录，警示世界各国应加强碳减排的力度，全力做好环境保护的工作。其中，经验证明，发展碳交易市场不仅可以用经济手段达到环境治理的目的，还能实现资源的优化配置。

2017 年 12 月 19 日，国家发展改革委印发《全国碳排放权交易市场建设方案（发电行业）》，标志着我国正式启动全国统一碳市场。2021 年 7 月 16 日，尽管全国碳市场正式运行，但是仅覆盖电力行业，各试点碳市场仍未有效衔接。有效衔接各试点碳市场以形成全国统一风险监管的碳市场是对我国绿色金融市场体系完善的体现，同时也是对中国作为世界上最大的能源消费国与二氧化碳排放国积极应对全球气候变化和建设生态文明的证明。然而从现阶段碳交易试点的配额价格情况看，各地试点碳市场迥异的交易总量确定方法和配额分配方案导致碳价格差异较大，风险预警难度加大，交易风险不确定性明显，存在难于统一监管等问题。至今，中国碳市场始终未能完成统一碳交易定价模式，并在统一碳市场的建设过程中暴露出过多的风险监管问题。

鉴于此，本章在风险预警视角下，通过编制中国碳市场统一价格指数，以分析和提炼了全国碳市场的价格变动水平和变动趋势，再采用 TVP - FAVAR 模型构建中国试点碳市场衔接统一的价格指数即碳市场稳定状态指数，并对其进行动态分析研究，以期为中国碳市场暂未统一定价导致的碳市场运行效率低、碳市场风险大、监管难等问题提供一种解决方案和科学参考。相关研究有利于试点碳市场衔接统一的碳交易价格风险管理，有利于帮助政府监管部门、控排企业乃至未来生态产品市场化交易者把握未来碳价走势、判定碳金融环境的稳定程度、并评估相关政策实施效果，助力中国碳市场稳定、有序、协调地发展。

二、文献综述

（一）金融稳定状态指数的构建

当前，众多学者在有关金融状态定量化这一方面已取得较大的进展。20 世纪 9O 年代，加拿大银行（1999）通过长期的跟踪监测，率先将货币状况指数（monetary conditions index，MCI）作为中介目标考察开放经济下的最优货币政策指示[1]。然而，该 MCI 指数仅由利率和汇率加权得到，以此得到的 MCI 指数由于数据的贫瘠性不足以取得较好的指引效果。经过近十年的调试，Goodhart 和 Hofmann（2001，2002）将 MCI 指数的变量扩展到短期利率、汇率、房地产价格和股票价格四个因子，通过总需求方程缩减式和 VAR 脉冲响应模型率先构建了 G7 国家的金融状况指数（financial conditions index，FCI）[2,3]，奠定了日后关于 FCI 研究的理论框架基础。国内学者王玉宝（2003）以此效仿，分别采用总需求缩减方程和 VAR（vector auto regression）模型估计 FCI 指数，建立了包含短期利率、汇率、房地产价格和股权价格的

FCI 指数。但是该文使用的并非真实有效汇率指数，忽视了中国货币政策的实际状况，削弱了实证效果。[4]直到卜永祥和周晴（2004）采用我国的利率与汇率数据并创建了我国货币状况指数，才正式开创国内有关金融状态指数研究的先河[5]。

此后，国内外学者大多在 FCI 指数原有的基础上改变权重关系以及纳入新变量进行研究。其中，在权重方面，Montagnoli 和 Napolitano（2005）通过卡尔曼滤波法构建时变权重的 FCI[6]；孙攀峰和张文中（2020）为评估外部经济波动对中国金融稳定性的冲击和影响，从机构内部经营、金融市场环境、国内宏观经济、国际环境冲击四个方面选取不良贷款率等 16 个指标，采用 HP 滤波分析和主成分分析法构建中国金融稳定状态指数（China financial stability index，FSCI）[7]；郭哗和杨娇（2012）基于 VAR 模型和 SVAR 模型利用脉冲响应函数确定变量权重，构建我国金融状况指数并均验证了其与通货膨胀之间因果性和先导性[8]。在新变量择选方面，Van den End（2006）纳入了金融机构偿付缓冲和股价波动指数并以此开创了金融稳定状态指数（FSCI）度量金融状态的先河[9]；李建军（2008）创新性地将未观测净金融投资占均衡 GDP 之比与未观测跨境流动资金占贸易总额之比作为重要指标，纳入中国未观测货币金融状况指数中，进一步扩展了中国金融状态指标体系[10]。

2002 年，Stock 和 Watson 发表了一篇有关宏观经济变量的文章，认为绝大部分的宏观经济变量的波动预期都可以通过少数动态因子来进行捕捉[11]。正是基于动态因子这一假说，学术界的众多学者以此倾向于通过将因子分析方法与 VAR 模型进行结合的方法来克服 VAR 模型固有的对于变量个数限制的缺陷。如 Matheson（2012）使用动态因子模型（dynamic factor model，DFM），将美国和欧元区的金融关联度作为新变量纳入 FCI 构建中，突破了 VAR 模型存在的求变量权重时有限变量个数的缺陷[12]；许涤龙、刘妍琼、郭尧琦（2014）通过选取利率类、汇率类、房价类及股价类等 69 个经济指标建立了 FAVAR（factor augmented vector auto regression）模型，有效预测了通货膨胀的趋势。[13]

然而，上述研究得到的 FCI 指数始终存在权重参数的非时变性问题，导致其无法反应经济结构在样本期内的变化。2011 年，Sandra 等专门发表了一篇运用时变 FAVAR 模型来预测经济结构变化的文献，他们利用 1972—2007 年大量的美国经济变量数据对 FAVAR 模型与时变 FAVAR 模型进行了评估，结果显示时变 FAVAR 模型的预测结果比常数参数 FAVAR 模型的预测结果更加准确[14]。因此，基于 FAVAR 模型，王晓博、徐晨豪、辛飞飞（2016）建立了时变参数因子加强型向量自回归模型（time varying parameters factor augmented vector auto regression，TVP - FAVAR）以期更好地反映我国金融结构的变化[15]。Francesco 和 Evi（2017）采用 TVP - FAVAR 模型分析了货币和财政政策冲击对美国经济的影响，其有效地反映了样本期内美国经济结构受政策因素影响发生的改变[16]。

（二）碳金融风险的量化分析

1997 年 12 月 11 日，气候公约缔约方会议通过了《京都议定书》的制定，要求各国实现自己的排放承诺：削减温室气体排放水平，使其排放总量在 1990 年排放水平的基础上减少 5%。《京都议定书》确定的"灵活三机制"——排放交易、联合履约和情节发展机制为国际碳市场的出现奠定了相应的制度基础。2005 年，《京都议定书》的签订和实施，推动建立了一个更加庞大的全球交易体系，它允许各国和企业交易排放单位或"配量单位"，意味着拥有额外排放单位的国家可以将其出售给需求国家，而缺乏排放单位的国家可以从排放单位充足的国家购买。自此，碳的存在承载了相应的金融属性价值并带动了一系列的利益博弈，而碳排放交易也成了各国减少碳排放量以履行其义务从而缓解全球变暖的一种手段。目前，欧洲的发展国家以及美国等已发展了较为完善的碳交易市场，而自 2016 年 11 月《"十三五"控制温室气体排放工作方案》发布后，中国碳排放权交易体系也从试点阶段逐步迈入发展的历程中。截至 2019 年，中国碳市场试点配额累计成交额达 70 亿元。

同金融稳定状态指数相比，学者主要从两方面对碳市场的稳定性进行研究，一方面是编制碳市场价格指数，另一方面是探究碳市场产生波动的影响因素及相应的预测能力。

由于部分国外碳交易市场发展已较为成熟完善，而中国碳市场仍处于起步建设阶段，因此国内学者在研究中国碳市场稳定性之前，需先研究碳市场价格指数的编制。王振阳（2014）等分析了试点省市碳市场的相同点与不同点，并从行业纳入范围、配额分配方式以及价格调控方式等方面分析了各试点的差异性[17]。王文举、李峰（2016）基于对中国碳市场各试点的研究，通过编制统一价格指数来测度中国碳市场整体发展趋势[18]。朱丽娜（2017）通过编制、修正统一价格指数给我国碳排放交易权期货市场的建立提出了相关的建议[19]。

基于统一的碳市场价格，学者们以此方便对碳市场进行更深入的研究，即对碳市场价格的影响因素以及碳市场的稳定性进行量化衡量。影响因素方面：Christiansen（2005）等人总结了影响 2005—2007 年欧洲碳排放交易体系（European Union emissions trading system，EU ETS）的排放配额（European Union allowance，EUA）价格的若干关键因素，包括：政策和监管、市场基本面、气候天气、生产水平（包含技术指标）[20]；Alberola（2007）等人则通过分析 2005 年以来作为碳排放交易体系的一部分交易的 EUA 的每日价格基本面，得出 EUA 现货价格不仅对能源价格的波动做出反应，而且在天气较冷时期对温度变化做出反应[21]；Creti 和 Jouvet（2012）认为欧盟排放交易体系的两个阶段，即 2005—2007 年和 2007—2012 年，存在均衡关系，且第二阶段市场基本面的影响作用越来越大，例如股票价格指数，煤炭、石油和天然气等能源价格[22]。量化模型层面：杨超等（2011）将传统的风险在线值（value at risk，VaR）与极值理论（extreme value theory，EVT）框架下的 POT 模型和 Markov 模型结合，基于欧盟核证减排量期货价格数据，为国际碳交易市场制定了有效的系统风险测度模型[23]；Lutz 等（2013）研究了 EUA 价格与基本面之间的非线性关系，通过马尔可夫制度转换模型进行数量分析，得到 EUA 价格的低波动率部分和高波动率部分与其基本面之间的关系会随时间而变化的结果[24]；Li 等（2013）则使用 Copula - GARCH - EVT 模型通过蒙特卡罗方法计算碳期货的风险价值，并证明了 GARCH - EVT 模型具有比其他边际分布模型更高的准确性[25]；田园等（2015）则构建 GARCH - EVT - VaR 模型度量 EU、ETS 体系下现货、期货两个市场的价格波动风险，得出两市场均对市场中不利消息的反应强烈，在极端情况下的风险比在正常情况下的更大的结论[26]；吴恒煌、胡根华（2015）基于核证减排量（certification emission reduction，CER）和 EUA 现货市场与期货市场的交易价格数据，选择 Copula - GARCH 族模型捕捉市场之间的动态相依性结构，并运用蒙特卡罗（Monte Carlo）方法模拟基于学生分布的动态 Copula 函数下的国际碳排放权市场投资组合的风险[27]；Jiao 等（2018）开发了将宏观经济基本面信息纳入基于经济状态依赖方法构建的碳回报 VaR 模型的风险度量模型来评估欧盟碳市场风险[28]。而目前中国碳市场全部是现货交易，类似欧盟碳市场的期货、期权交易方式仍未出现，企业无法使用期货和期权工具管理碳配额和碳交易的风险[29]。

综上所述，学者在对国外较为成熟碳市场的研究已取得了一定的进展，然而他们大多研究期现货两者的风险测度，片面地研究了碳市场的稳定性，未考虑通过构建试点碳市场统一的碳金融稳定指数对市场进行风险预估与政策调整。此外，学者对中国碳市场价格指数编制研究还不够深入，也鲜有在统一的定价基础上对全国碳市场稳定状况进行分析。鉴于此，本章将利用 2015 年 1 月至 2019 年 12 月的月度数据，在风险预警视角下，采用 TVP - FAVAR 模型构造试点碳市场衔接统一的价格指数，即碳金融稳定状态指数，并进行动态分析，以期为碳市场的风险监管以及相关政策制定提供参考，助力中国碳市场的建设和风险管理。

三、模型设计与构建

（一）中国碳市场价格指数编制研究

碳市场作为商品市场中的一员，对其采用的指数编制法同样包括第一代指数法及第二代指数法，考虑到第一代指数法存在着不同计量单位的个体不能直接相加总的问题，本章主要以第二代指数法即综合价格指数法进行相应的取舍。

1864 年德国统计学家 Laspeyres 提出以基期的商品消费量作为权数来计算商品交易价格变化所带来的报告期商品交易金额的相对变化，拉式指数表达为：

$$K = \frac{\sum p_1 q_0}{\sum p_0 q_0} \qquad (13-1)$$

德国另一统计学家 Paasche 在 1874 年提出了将同度量因素固定在报告期，并提出用报告期商品消费量作为权数计算价格总指数，则派氏指数可表达为：

$$K = \frac{\sum p_1 q_1}{\sum p_0 q_1} \qquad (13-2)$$

与拉式指数法类似，派氏指数也都将商品价格变动和消费结构的变动考虑到了指数设计中。此外，统计学家们还对拉式和派氏指数的权偏误进行了修正，得到了其他的指数计算方法。如 1812 年英国经济学家 Young 提出的 Young 指数将同度量因素改成某一典型水平或若干期的平均水平，指数表达变为：

$$K_p = \frac{\sum p_1 \dfrac{\sum q}{n}}{\sum p_0 \dfrac{\sum q}{n}} \qquad (13-3)$$

其中，$\dfrac{\sum q}{n}$ 指 n 各时期内销售量的算术平均数。

除了 Young 指数，还有 1871 年 Drobish 提出将拉式指数与派氏指数进行算术平均得到的 Drobish 指数公式以及 1887 年 Alfred Marshall 提出将权数变更为基期及报告期事物的平均量得到的 Marshall - Edgewort 指数公式，分别如公式（13-4）、（13-5）所示：

$$K_p = \frac{1}{2} \left[\frac{\sum p_1 q_0 + \sum p_1 q_1}{\sum p_0 q_0 + \sum p_0 q_1} \right] \qquad (13-4)$$

$$\frac{\sum p_1(q_0+q_1)/2}{\sum p_0(q_0+q_1)/2}=\frac{\sum p_1q_0+\sum p_1q_1}{\sum p_0q_0+\sum p_0q_1} \qquad (13-5)$$

尽管 Young 指数、Drobish 指数和 Marshall - Edgewort 指数均对拉式和派氏指数的权偏误进行了修正，但显然，修正后的指数失去了原有指数的经济意义，因此并不适用于本章的碳市场统一价格指数的构建。

（二）TVP - FAVAR 模型设计

在碳市场的运行过程中，宏观经济因素、空气质量、金融投机活动、能源替代品等众多因素在不同程度上直接或者间接地影响了碳价，更甚于对其造成了一定的冲击。本章在第二部分文献综述中体现了过往碳市场的量化模型存在的两大缺陷，总结为：①模型中所能包括的变量非常有限，无法反映所有的经济信息，若直接增加变量会导致模型无法构建；②固定参数的假设无法反映经济结构的变化，将降低解释经济体系的可信度。因此，为了能够得到全面代表某一因素的指标变量并解决非时变性问题，本章将动态因子模型与 VAR 模型相结合，通过提取时变基本因素的形式建立反映中国碳金融稳定状态的指数指标。

1. FAVAR 模型的构建

设 $\boldsymbol{X}_t$ 为 n 维的宏观经济信息集，要求其变量平稳且经过标准化处理。假定 X_t 通过以下方程与 m 个可观测的变量 f_t^y 以及 k 个不可观测的共同因子 f_t^x 相联系：

$$\boldsymbol{x}_t=\boldsymbol{\lambda}^x f_t^x+\boldsymbol{\lambda}^y f_t^y+\boldsymbol{u}_t \qquad (13-6)$$

其中，$\boldsymbol{\lambda}^x$ 和 $\boldsymbol{\lambda}^y$ 分别是（$n\times k$）的联系 f_t^x 与 $\boldsymbol{X}_t$ 以及（$n \times m$）的联系 f_t^y 与 $\boldsymbol{X}_t$ 的时变载荷矩阵；$\boldsymbol{u}_t$ 为随机误差项，形式为：$\boldsymbol{u}_t \sim N(0,\Omega)$，且 Ω 为对角矩阵。

（13-6）式说明 $\boldsymbol{X}_t$ 受可观测因子和不可观测因子的共同影响，也被称作提取共同因子的方程，而被提取的共同因子 f_t^x 综合了宏观变量集 $\boldsymbol{X}_t$ 的重要信息，代表了 $\boldsymbol{X}_t$ 中所有经济变量的驱动力。

2. TVP - FAVAR 模型的构建

假设 $\boldsymbol{y}_t=\left[f_t^{x'},f_t^{y'}\right]$ 是（$q\times1$）维向量，其中 $q=m+k$，包括了不可观测因子和可观测因子。那么 TVP - FAVAR 模型可表示为：

$$\boldsymbol{y}_t=b_{1,t}\boldsymbol{y}_{t-1}+\cdots+b_{p,t}\boldsymbol{y}_{t-p}+\boldsymbol{v}_t \qquad (13-7)$$

其中，$\boldsymbol{v}_t$ 是零均值、常方差的稳定随机序列，形式为 $\boldsymbol{v}_t \sim N(0,\sum t)$。

然后，将 $\sum t$ 定义为：

$$\sum t = A_t^{-1} H_t H'_t (A'_t)^{-1} \quad\quad (13-8)$$

并使 $A_t v_t = H_t \varepsilon_t$ 进行 Choleski 分解，其中 $E[\varepsilon_t \varepsilon'_t] = I$，且 $E[\varepsilon_t \varepsilon'_{t-k}] = 0$。以此得到 $(q \times q)$ 的对角矩阵：

$$A_t = \begin{bmatrix} 1 & 0 & \cdots & 0 \\ \alpha_{21,t} & 1 & \ddots & \vdots \\ \ddots & \ddots & \ddots & 0 \\ \alpha_{q1,t} & \cdots & \alpha_{qq,t} & 1 \end{bmatrix}; \quad\quad (13-9)$$

$$\sum t = \begin{bmatrix} \sigma_{1,t} & 0 & \cdots & 0 \\ 0 & \sigma_{2,t} & \ddots & \vdots \\ \ddots & \ddots & \ddots & 0 \\ 0 & \cdots & o & \sigma_{q,t} \end{bmatrix} \quad\quad (13-10)$$

然后，定义 $M_t = diag(\exp(h_{1,t}/2), \cdots, \exp(h_{n,t}/2), 0_{1 \times m})$，使 $M_t M'_t = [H_t, 0_{1 \times m}]$，则式（13-6）和式（13-7）可改写为：

$$\begin{bmatrix} X_t \\ f_t^y \end{bmatrix} = \begin{bmatrix} \lambda^x & \lambda^y \\ 0_{1 \times k} & 1 \end{bmatrix} \begin{bmatrix} f_t^x \\ f_t^y \end{bmatrix} + M_t \varepsilon_t^1, \varepsilon_t^1 \sim N(0, I_{n+m}) \quad (13-11)$$

$$\begin{bmatrix} f_t^x \\ f_t^y \end{bmatrix} = \phi_{1,t} \begin{bmatrix} f_{t-1}^x \\ f_{t-1}^y \end{bmatrix} + \cdots \phi_{p,t} \begin{bmatrix} f_{t-p}^x \\ f_{t-p}^y \end{bmatrix} + A_t^{-1} \sum_t \varepsilon_t^2, \varepsilon_t^2 \sim N(0, I_{k+m})$$

$$(13-12)$$

其中，$(\varepsilon_t^1, \varepsilon_t^2)$ 是独立同分布的结构冲击。将式（13-10）代入式（13-9），可推导出 X_t 中的所有变量以及 f_t^y 的脉冲响应。

最后将收集到的非零元素 $\alpha_{i,t}$ 和 $h_{i,t}$ 分别放到 α_t 和 h_t 中，并且假设它们遵循以下随机游走过程：

$$\alpha_t = \alpha_{t-1} + \eta_t^\alpha \quad\quad (13-13)$$

$$\log h_t = \log h_t + \eta_t^h \quad\quad (13-14)$$

其中，η_t^h 同样为白噪声，并与 v_t、u_t 无关。

四、实证分析

（一）变量选取与数据处理

1. 变量的选取

通过对文献的梳理，本章从碳市场、宏观经济、空气变化、能源结构四个方面分别提取得到相关基本因素（暂排除战略政策及监管的影响）。由于考虑到最后一个碳试点重庆碳市场开始启动的日期为 2014 年 6 月 19 日，且初期不稳态以及 2020 年初的新冠肺炎疫情的影响，本章选取 2015 年 1 月 1 日至 2019

年 12 月 31 日这一时间段进行实证分析。

第一因素为碳市场因素，包括以下 5 个指标：中国 CDM 项目减排量、绿色信贷支持项目银行减排量、境内发行的绿色债券票面利率、绿色信贷支持项目银行减排量、全球 CEM 总潜在供应。其中 CDM 指标数据来源于联合国空气变化框架公约官网，绿色信贷数据来自国泰安数据库。

第二因素是宏观经济因素，包括以下 35 个指标：道琼斯综合平均指数收益率、国债指数收益率、沪公司债收益率、沪企债 30 收益率、能源等权收益率、上证 180 收益率、上证 50 收益率、资源 50 收益率、商品房成交额、CPI、公共财政收入、公共财政支出、综合日市场交易总金额、中国金融条件指数、上证所：市场总成交金额、深交所：市场总成交金额、美元兑人民币汇率、ZEW 短期利率指数：美国、ZEW 短期利率指数：欧元区、焦炭期货结算价、焦煤期货结算价、燃料油期货结算价、动力煤期货结算价、沪深 300 指数期货结算价、焦炭期货成交量、焦煤期货成交量、动力煤期货成交量、沪深 300 指数期货成交量、银行间同业拆借加权利率：1 天、出口价格指数、进口价格指数、国内生产总值、工业增加值、M2、商品零售。以上数据均来自 wind 数据库和国泰安数据库。

第三因素是空气变化因素，包括以下 7 个指标：中国二氧化碳排放量、欧盟二氧化碳排放量、美国二氧化碳排放量、英国二氧化碳排放量、中国工业废气排放总量、美国 PM2.5 污染超额百分比、英国 PM2.5 污染超额百分比。以上数据均来自国泰安数据库。

第四因素是能源结构因素，包括以下 20 个指标：中国煤炭市场景气指数、中国煤炭需求偏异指数、中国煤炭价格偏异指数、中国煤炭市场预期指数、BOCE 焦炭结算价、BOCE 原油结算价、BOCE 动力煤结算价、DCE 焦炭结算价、DCE 焦煤结算价、SHFE 燃油结算价、中国煤炭价格指数：优质动力煤、中国煤炭价格指数：褐煤、出口价格指数：煤炭开采和洗选业、出口价格指数：石油和天然气开采业、出口数量指数：煤炭开采和洗选业、出口数量指数：石油和天然气开采业、进口价格指数：煤炭开采和洗选业、进口价格指数：石油和天然气开采业、进口数量指数：煤炭开采和洗选业、进口数量指数：石油和天然气开采业。以上数据均来自 wind 数据库和国泰安数据库。

碳价格方面，则采用中国七大试点投放的不同碳排放权交易品种的日成交均价为样本数据进行指数编制，数据来源于中国碳排放交易网。

2. 数据的处理

为了消除各基础因素的量纲不同、数据差异过大对经济含义造成的影响，本章对选取的观测数据进行以下处理：首先补充缺失数据，采取线性插值法和均值替换法对缺失值进行填充。其次进行数据频度转换，将高频日/周度数据转化为低频月度数据，避免低频数据向高频数据转换。最后对上述处理过的数据根据 Bernanke[30] 等的方法进行相应的判断变换：一是直接取对数；二是取对数后一阶差分序列；三是去对数后二阶差分序列；四是取水平值；五是取原数据一阶差序列。

（二）编制碳市场价格指数

由于本章第二部分 3～5 种指数编制法缺失相应的经济学意义，因此在此仅对拉式指数法以及派氏指数法进行比较分析。其中，基期选择最后一个碳试点重庆碳市场开放日期 2014 年 6 月 19 日。因此 q_0 分别为 BEA：21 349 吨、SHEA：114 407 吨、GDEA：6 吨、TJEA：1 520 吨、SZA－2013：91 117 吨、HBEA：49 128 吨、CQEA：145 000 吨、SZA－2014：100 吨、SZA－2015：1 吨、SZA－2016：10 吨、SZA－2017：1 000 吨、SZA－2018：4 吨、SZA－2019：30 吨、FJEA：17 445 吨；p_0 分别为 BEA：53.46 元/吨；SHEA：42.8 元/吨；GDEA：63 元/吨；TJEA：38.09 元/吨；SZA－2013：71.29 元/吨；HBEA：23 元/吨；CQEA：30.74 元/吨；SZA－2014：53 元/吨；SZA－2015：35.64 元/吨；SZA－2016：33.21 元/吨；SZA－2017：28.35 元/吨；SZA－2018：13.57 元/吨；SZA－2019：14.05 元/吨；$p_0 q_0$ 分别为 BEA：1 141 318 元、SHEA：4 896 620 元、GDEA：378 元、TJEA：57 896.8 元、SZA－2013：6 495 731 元、HBEA：1 129 944 元、CQEA：4 457 300 元、SZA－2014：5 300 元、SZA－2015：35.64 元、SZA－2016：332.1 元、SZA－2017：28 350 元、SZA－2018：54.28 元、SZA－2019：421.5 元、FJEA：658 897.7 元。计算得到派氏指数和拉式指数发现，尽管拉式指数法与派氏指数法都呈现较一致的波动态势，指数整体平稳上升并伴有间断性小幅下降，但是基于拉式指数法计算得到的中国碳市场统一价格指数在绝大多数的交易月中都大于派氏指数法计算得到的结果，说明采用拉式指数法编制的中国碳市场统一价格指数能够更好地反映中国碳市场配额交易价格的变化；并且，采用拉式指数法编制得到的曲线更为平稳，说明更适用编制中国碳市场统一价格指数（记为 CaFI，图 13－1）。此外，对日度数据进行分析可知，由于一部分报告期内的交易量为零，因此导致派氏指数法计算得到的一部分指标分母为 0 的情况，显而易见，这将对采用派氏指数法编制得到的结果造成较大的影响。拉式指数法的编制较派氏指数法的编制更合理，本章将采纳通过拉式指数法编制得到的碳价指数 CaFI 进行分析。

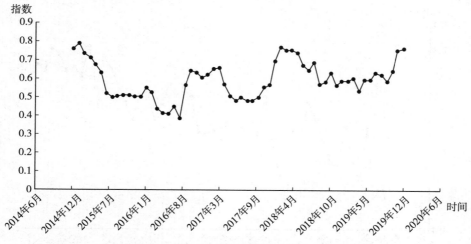

图 13-1　基于拉式指数法编制的中国碳市场统一价格指数 CaPI 趋势

（三）FVP-FAVAR 模型构建结果

本章拟构建测度碳金融稳定状态指数的 TVP-FAVAR 模型为：

$$\begin{bmatrix} f_t^x \\ f_t^y \end{bmatrix} = \phi_{1,t} \begin{bmatrix} f_{t-1}^x \\ f_{t-1}^y \end{bmatrix} + \cdots \phi_{p,t} \begin{bmatrix} f_{t-p}^x \\ f_{t-p}^y \end{bmatrix} + A_t^{-1} \sum_t \varepsilon_t^2, \varepsilon_t^2 \sim N(0, I_{k+m})$$

代入数据后，通过对大数据集进行因素抽取以及卡尔曼滤波平滑公式，实现了对该 TVP-FAVAR 模型的时变参数估计，进而得到了 FCaPI 碳金融状况指数及其动态权重。

测算得到 2015 年 1 月至 2019 年 12 月的碳金融状况指数 FCaPI 波动情况与线性趋势如图 13-2 所示。

对动态权数进行平均可得 2015 年至 2019 年的均 FCaPI：

FCaPI=0.338 0(FACTOR1)+0.114 6(FACTOR2)+0.381 2(FACTOR3)+0.166 2(FACTOR4)

其中，FACTOR1 表示碳市场因子，FACTOR2 表示宏观经济因子，FAC-TOR3 表示空气变化因子，FACTOR4 表示能源结构因子。

1. FCaPI 对 CaPI 预测的比较研究

同时期的 FCaPI 与 CaPI 波动情况如图 13-3 所示。总体而言，FCaPI 领先 CaPI 约 1 个月，具有一定的先导作用。从图中的几个峰顶与峰谷来看，在 2016 年 12 月 FCaPI 曲线下降到最低点，而 CaPI 曲线于 2017 年 1 月下降到近期最低点；当 FCaPI 于 2018 年 3 月上升到最高点时，CaPI 于 2018 年 4 月才上升到拐点。同时两指数发生相同的趋势变化。

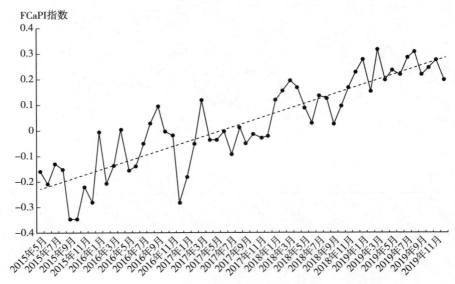

图 13-2　2015 年 1 月至 2019 年 12 月的中国 FCaPI 波动及总体趋势

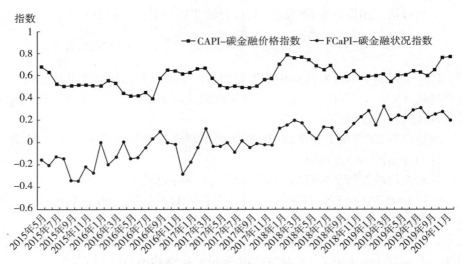

图 13-3　2015 年 1 月至 2019 年 12 月的中国 FCaPI 与 CaPI 波动

为了进一步判定 FCaPI 对 CaPI 是否有领先和预期作用，本章采用 matlab 对两者进行跨期相关性检验以及回归检验，计算得到 FCaPI 与 CaPI 的相关关系如表 13-1 所示。表 13-1 的结果显示，两者最大跨期相关系数出现在滞后 1 期时，为 0.515 0，相关性较强；两者最高的拟合值也同样出现在滞后一期时，为 0.265 3，且 P 值为 0，极其显著。该结果说明 FCaPI 对 CaPI 具备短期领先和预期的作用，对于政府应对碳市场波动、及时调整宏观经济政策具有一定的参考价值。

表 13 - 1 （$t-i$）期 FCaPI 与（t）期 CaPI 的相关检验

i	估计系数	T 值	P 值	R^2	显著性	跨期相关系数
0	0.880 93	4.04	0.000	0.232 0	0.000***	0.481 7
1	0.941 76	4.37	0.000	0.265 3	0.000***	0.515 0
2	0.898 01	4.16	0.000	0.250 0	0.000***	0.500 0
3	0.860 96	3.97	0.000	0.235 9	0.000***	0.485 7
4	0.847 99	3.89	0.000	0.232 1	0.000***	0.481 8
5	0.838 97	3.92	0.000	0.238 6	0.000***	0.488 4

注：***、**、*分别表示在 1%、5%、10%水平上显著。

2. 脉冲响应分析

为了进一步说明 FCaPI 对 CaPI 的预测效果，本章对 CaPI 与四因子（碳金融因子、宏观经济因子、空气变化因子、能源结构因子）的脉冲响应进行分析，以衡量来自各因子随机扰动的一个正的单位大小的冲击所引起的 CaPI 脉冲响应函数曲线。图 13 - 4 至图 13 - 7 分别显示了四个公因子的结构冲击所引起的 CaPI 波动的脉冲响应函数曲线。

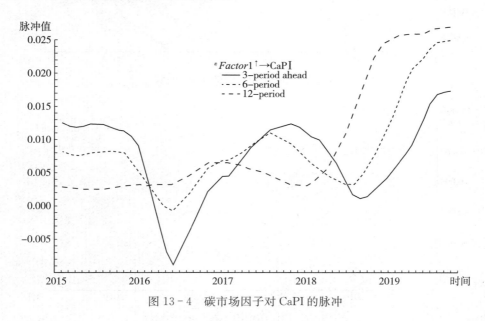

图 13 - 4 碳市场因子对 CaPI 的脉冲

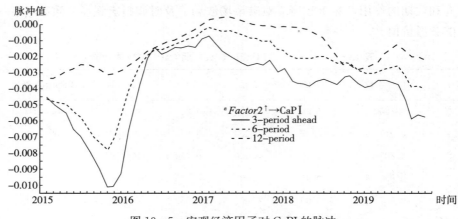

图 13-5 宏观经济因子对 CaPI 的脉冲

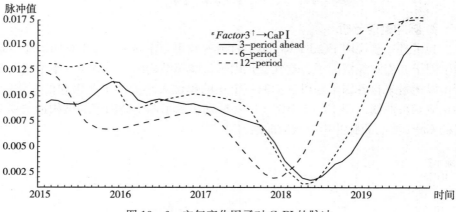

图 13-6 空气变化因子对 CaPI 的脉冲

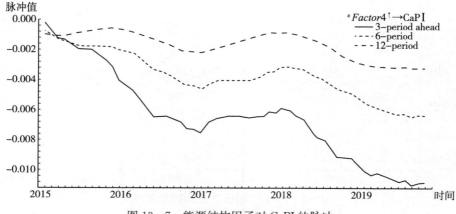

图 13-7 能源结构因子对 CaPI 的脉冲

从图 13-4 至图 13-7 可以看出，碳市场因子对 CaPI 的一个冲击产生的反应最大，而能源结构因子对 CaPI 冲击程度最小。同时，对脉冲响应曲线进行分析，碳市场因子对 CaPI 的响应曲线也最符合 CaPI 的走势图，而能源结构因子对 CaPI 的响应曲线最偏离 CaPI 的走势情形。

图 13-4 显示，碳市场因子对 CaPI 的冲击使得 CaPI 响应曲线从 2015 年 1 月起逐渐下降到 2016 年 5 月最低点。分析碳市场可得，随着 2017 年中国开启全国碳排放权交易市场的不断临近，全国统一碳市场建设已经进入了冲刺阶段。各试点地区加大对履约的监督和执法力度，以及政府颁布的各项管理办法以及鼓励政策，有效地调动了碳市场整体活性。其中，境内发行的绿色债券票面利率不断上升致使债券价格下调；CDM 减排项目数和减排项目量的批准实施也使得碳市场的可交易量上升，根据供大于求的基本影响致使交易碳价的下调；同时，绿色信贷贷款余额的逐月增加以及全球 CEM 总潜在供应的增加也给予了碳交易价格下降一定的信息。2016 年 5 月以后，CaPI 曲线进入了稳定的上升期，直至 2017 年 10 月达到最高点。在 2016 年下半年起的近一个年度里，各筹划工作陆续完善，千亿碳市场初具雏形，在此基础上，各分试点的碳交易活动也有了较稳定的状态，以此推动了碳交易价格的上升。其中可以观察到，在 CDM 减排项目量、全球 CEM 总潜在供应逐月增加的过程中，碳市场趋于稳定的信号使得境内发行的绿色债券票面利率大幅下调，致使债券价格上升。2018 年中旬至 2019 年底的碳市场因子对 CaPI 的冲击致使响应曲线上升的原因近乎同理。

图 13-5 显示，宏观经济因子对 CaPI 的冲击使得 CaPI 响应曲线从 2015 年 2 月起逐渐下降到 2015 年 10 月最低点。分析 2015 年中国整体市场经济可知，中国经济步入了"新常态"，在对经济结构进行优化、改革深化的过程中，中国经济增长不得已减速。这一年内中国经济面临的各种下行压力如房地产泡沫、出口竞争力的减弱等导致各经济子市场疲软，包括碳交易市场。因此，CaPI 响应曲线在 2015 年一年内逐月下降。此后的 4 年内，中国经济市场不断优化，带动碳交易市场不断发展，但受到世界经济整体下行的影响，响应曲线在上升期间伴随的下降趋势也在所难免。

图 13-6 显示，空气变化因子对 CaPI 的冲击使得 CaPI 响应曲线从 2015 年 1 月起波动下降到 2018 年 3 月最低点。对各国环境保护的力度进行分析可知，美国、欧盟以及中国的二氧化碳排放量、废气排放量以及污染指数在 2015 年、2016 年、2017 年三年间保持上升态势。显而易见，各国对此放松的态度使得空气质量不断恶化，其中对二氧化碳减排的力度下调尤使得 CaPI 响应曲线持下降趋势。然而在 2018 年 7 月中旬，IPCC 发布了三个有关气候变化的报告，警告了目前全球持续变暖、荒漠化、土地退化等一系列恶化态势。各

国或迫于此严重情势，加大了对环境的保护力度。分析数据可得，2019 年，美国、欧盟以及中国的二氧化碳排放量、废气排放量以及污染指数相较 2018 年下降了，因而导致 CaPI 响应曲线的上升。

图 13-7 显示，空气变化因子对 CaPI 的冲击使得 CaPI 响应曲线从 2015 年 1 月起波动下降至 2019 年底。2015 年，一项历史性的气候协议《巴黎协定》颁布，其目标是相较于前工业化时期水平，将 21 世纪内全球平均气温上升幅度至少限制在 2℃以内。这一目标的实现要求全球能源系统必须经历一场深刻的转型——从很大程度上基于化石燃料的能源体系转型为以可再生能源为基础的高效能源体系，因此各国都在能源转型的道路上不断前进。政府的行动反映到了各能源市场，可以看到中国煤炭市场景气指数的降低，焦炭、原油、动力煤结算价的下降，以及相关能源及能源产品进出口价格与数量指数的下调。因此，空气变化因子对 CaPI 的脉冲响应曲线呈现斜下方运行的趋势。

此外，还可对四因子对 CaPI 的脉冲响应图与 CaPI 的走势图进行分析。重点抓取 CaPI 走势图的两个拐点（2016 年 8 月、2018 年 2 月）以及曲线末端点（2019 年 12 月）。其中，自 2015 年 1 月起，CaPI 曲线的走势一路波动下降至 2016 年 8 月的最低点，此后波动上升至 2018 年 2 月的最高点；而从四因子脉冲响应图中可得，四因子脉冲响应曲线达到近时最低点的时间分别为 2016 年 5 月、2016 年 3 月、2016 年 3 月以及 2016 年 11 月，达到近时最高点的时间分别为 2017 年 10 月、2017 年 10 月、2019 年 2 月（自 2018 年 2 月起上升）以及 2017 年 12 月。说明碳市场因子与宏观经济因子提前对 CaPI 产生了正向冲击并影响 CaPI 曲线进行相应的波动，而能源结构因子与空气变化因子在一定程度上可影响 CaPI 曲线走势，但存在滞后反应时间。此外，观察 2019 年 12 月这个末端点，可以看到四因子对 CaPI 的冲击皆呈下降态势，因此，预测 2020 年年初 CaPI 将迎来下降期，结合当前的碳市场价格来看，该预期符合现实。

综上所述，四因子走势的变化对 CaPI 的走势有较大的影响，并且对 CaPI 保持有领先性和预期性。已知 FCaPI 中包含了大量的四因子未来走势的信息，因此加强支撑了 FCaPI 对 CaPI 的可预测性结论，其中，四因子对 CaPI 的领先性与预期性强弱为：碳市场因子＞宏观经济因子＞空气变化因子＞能源结构因子。

3. FCaPI 与 CaPI 的因果关系研究

通过相关性检验分析，FCaPI 领先于 CaPI，具有一定的预测能力，但是不知道 FCaPI 与 CaPI 之间是否具有因果关系。因此对此进行格兰杰因果关系检验，结果如表 13-2 所示。

表 13 - 2　FCaPI 与 CaPI 的因果关系研究

原假设	chi2	显著性（P 值）	结论
FCaPI 不是 CaPI 的格兰杰因果	0.064 27	0.968	FCaPI 是 CaPI 的格兰杰因果
CaPI 不是 FCaPI 的格兰杰因果	3.551 2	0.169	CaPI 是 FCaPI 的格兰杰因果

从表 13 - 2 可知，FCaPI 与 CaPI 互为格兰杰因果，但从 P 值判断，FCaPI 不是 CaPI 的格兰杰因果的显著性相比较 CaPI 不是 FCaPI 的格兰杰因果的显著性更弱，更不能证明原假设。因此，通过 FCaPI 来预测 CaPI 的走势具备更高的可信度。

五、结论与建议

（一）结论

本章在风险预警视角下，考虑不同碳交易试点的碳价、成交量等因素，并分析和提炼出全国碳市场的价格变动水平和变动趋势，分别采用拉式指数法和派氏指数法编制中国碳市场统一价格指数为基准指数。然后为更加契合目前正处于构建与成长期的中国碳价市场，从而体现出样本期内碳价的波动变化，基于碳市场因子、宏观经济因子、空气变化因子及能源结构因子等共 66 个经济指标，采用时变参数因子加强型向量自回归模型即 TVP - FAVAR 模型，结合了其时变参数的优势，构建权重参数具有时变性的中国试点碳市场衔接统一的价格指数即碳金融稳定状态指数，并进行动态分析。得到以下主要结论。

（1）拉式指数法编制的中国碳市场统一价格指数能够更好地反映中国碳市场配额交易价格的变化。因为，基于拉式指数法计算得到的中国碳市场统一价格指数在绝大多数的交易月中都大于派氏指数法计算得到的结果且前者曲线更为平稳。

（2）碳金融稳定状态指数的预测能力较拉式指数法编制的价格指数提前 1 个月左右，具有短期预测功能。

（3）碳市场因子、宏观经济因子、空气变化因子及能源结构因子对碳市场价格有较大的影响性并具备领先性与预期性，且该性能的强弱程度比较为：碳市场因子＞宏观经济因子＞空气变化因子＞能源结构因子。

（4）衔接统一的价格指数不仅能反映碳市场的波动，还能够及时反映我国在碳金融制度与结构方面的变化，有助于对我国有关碳市场政策实施的效果进行科学的评估，有利于碳市场的风险预警和监管，更有利于政府对相应的政策进行及时、适当的调整。

（二）政策建议

（1）由于碳市场因子、宏观经济因子、空气变化因子和能源结构因子对碳市场价格皆有一定的预测能力，因此建议政府部门将宏观经济、能源市场、绿色金融等多因素纳入碳市场交易价格的协同监管，为国家的经济发展与低碳减排提供更及时的信息反馈。

（2）考虑到可收集到的数据限制会影响碳金融稳定状态指数的构建，建议国家层面加强数据库建设，丰富多频多类别数据，支持对碳市场稳定状况的研究。

（3）由于碳金融稳定状态指数具有短期强预测能力，因此对日度数据的运用比对月度数据的运用效果更佳。建议政府相关部门每日编制并及时公布碳金融稳定状态指数，充分披露中国碳金融稳定的波动状况。同时，政策相关部门应对碳金融稳定的波动状况进行适时的分析，及时调整现制定政策的不合理性，并在此基础上给相关企业提出建议与指示。

（4）在全国统一碳市场的建设过程中，不仅需要编制中国碳市场统一价格指数，还应对其进行统一的法律法规制定。目前我国碳市场相关的法律法规从整体上呈现出较为繁杂的特征，各试点地区均依照各自制定的规则运行，特别是在碳排放权控排单位的准入门槛、配额分配规则以及交易管理方面更是不尽相同，导致各地市场效率呈现出了较大的差别。因此，相关政府部门应在立法的基础上启动全国碳交易，让市场有发展的基础和依据，增强相关部门的执行力度，增强控排企业的参与积极性，提高其他机构参与市场的信心。

（5）当前在我国各试点地区进行的碳排放权交易中近乎都是现货交易，而相关衍生品如碳期权、碳期货等只在少数试点进行了试点交易，同时这些交易在各自的市场也未完全普及。在碳市场的建设过程中，应不断丰富碳交易市场的产品种类并创造良好的投资环境来吸引各方投资者的参与，推动碳市场从快速发展转向高质量、优结构的发展。

（6）建议优化外交布局，积极促进中国碳市场国际化：加强中国碳市场与国际碳市场的连接程度，并提升中国碳价信号在国际碳定价方面的权威程度。

参 考 文 献

[1] BALL L. Efficientrules for monetary policy [J]. International Finance，1999，2（1）：63-83.

[2] GOODHART C，HOFMANN B. Asset prices，financial conditions，and the transmission of monetary policy [C] //RUDEBUSCH G D，Conference on Asset Prices，Ex-

change Rates，and Monetary Policy. Stanford：Stanford University，2001（2）：2 - 24.

［3］ GOODHART C，HOFMANN B. Asset prices and the conduct of monetary policy ［C］//DAVID M，et al. Royal Economic Society Annual Conference 2 002. Manchester：Royal Economic Society，2002（88）：1 - 15.

［4］ 王玉宝. 资产价格的政策信息作用与 FCI 指数 ［J］. 金融理论探索，2003（6）：5 - 9.

［5］ 卜永祥，周晴. 中国货币状况指数及其在货币政策操作中的运用 ［J］. 金融研究，2004（1）：30 - 42.

［6］ MONTAGNOLI A，NAPOLITANO O. Financial condition index and interest rate settings：A comparative analysis ［Z］. Napoli：lstituto di Studi Economici Working Paper，Universita degli studi di Napoli，2005（8）：6 - 15.

［7］ 孙攀峰，张文中. 基于 FSCI 指数的中国金融稳定性评估 ［J］. 技术经济与管理研究，2020（3）：70 - 76.

［8］ 郭晔，杨娇. 货币政策的指示器：FCI 的实证检验和比较 ［J］. 金融研究，2012（8）：16 - 28.

［9］ VAN DEN END J W，Indicator and boundaries of financial stability ［Z］. Amsterdam：De Nederlandsche Bank Working Paper. De Nederlandsche Bank，2006（97）：6 - 19.

［10］ 李建军. 中国货币状况指数与未观测货币金融状况指数：理论设计，实证方法与货币政策意义 ［J］. 金融研究，2008（11）：56 - 75.

［11］ STOCK J H，WATSON M W. Macroeconomic forecasting using diffusion indexes ［J］. Journal of Business Economics and Statistics，2002，20（2）：147 - 162.

［12］ MATHESON T D. Financial conditions indexes for the United States and Euro area ［J］. Economics Letters，2012，115（3）：441 - 446.

［13］ 许涤龙，刘妍琼，郭尧琦. 中国金融状况指数的构建及其时间演化特征 ［J］. 财经理论与实践，2014（192）：18 - 23.

［14］ EICKMEIERS，LEMKEW，MASSIMILIANOM. Classical time - varying FAVAR models - estimation，forecasting and structural analysis ［J］. Deutsch Bundesbank，2017（13）.

［15］ 王晓博，徐晨豪，辛飞飞. 基于 TVP - FAVAR 模型的中国金融稳定状态指数构建 ［J］. 系统工程，2016（10）：19 - 26.

［16］ MOLTENI F，PAPPA E. The Combination of Monetary and Fiscal Policy Shocks：A TVP - FAVAR Approach ［J］. CEPR Discussion Paper No. DP12541，2018.

［17］ 王振阳，陈轶星. 试点省市碳交易政策及配额分配方法比较 ［J］. 质量与认证，2014（12）：54 - 55.

［18］ 王文举，李峰. 我国统一碳市场中的省际间配额分配问题研究 ［J］. 求是学刊，2015（2）：44 - 51

［19］ 朱丽娜. 碳市场价格指数编制研究 ［D］. 天津：天津科技大学，2017.

［20］ CHRISTIANSEN A C，ARVANITAKIS A，TANGEN K，et al. Price determinants in the EU emissions trading scheme ［J］. Climate Policy，2005，5（1）：15 - 30.

[21] ALBEROLA E, CHEVALLIER J, CHEZE B. Price drivers and structural breaks in European carbon prices 2005—2007 [J]. Energy Policy, 2008, 36 (2): 787 - 797.

[22] CRETI A, JOUVET P A. Mignon V Carbon price drivers: Phase I versus Phase II equilibrium? [J]. Energy Economics, 2012, 34 (1): 327 - 334.

[23] 杨超, 李国良, 门明. 国际碳交易市场的风险度量及对我国的启示: 基于状态转移与极值理论的 VaR 比较研究 [J]. 数量经济技术经济研究, 2011, 28 (4): 94 - 109, 123.

[24] LUTZ B J, PIGORSCH U, ROTFUL W. Nonlinearity in cap - and - trade systems: The EUA price and its fundamentals [J]. Energy Economics, 2013, 40 (2): 222 - 232.

[25] LI T, ZHANG Z G, ZHAO L T. Estimating the Portfolio Risk with Copula - GARCH - EVT Method: Empirical Study of Carbon Market [J]. Advanced Materials Research, 2013, 791 - 793: 2175 - 2178.

[26] 田园, 陈伟, 宋维明. 基于 GARCH - EVT - VaR 模型的国际主要碳排放交易市场风险度量研究 [J]. 科技管理研究, 2015 (2): 224 - 231.

[27] 吴恒煌, 胡根华. 国际碳排放权市场动态相依性分析及风险测度: 基于 Copula - GARCH 模型 [J]. 数理统计与管理, 2014, 33 (OS): 892 - 909.

[28] JIAO L, LIAO Y, ZHOU Q. Predicting carbon market risk using information from macroeconomic fundamentals [J]. Energy Economics, 2018.

[29] 胡泊. 全球碳中和背景下的绿色金融发展 [J]. 国际研究参考, 2021 (11): 7 - 16.

[30] BERNANKE B S, BOIVIN J, ELIASZ P. Measuring the effects of monetary policy: A factor - sugmented vector autoregressive (FAVAR) approach [J]. The Quarterly Journal of Economics, 2005, 120 (1): 387 - 422.

第十四章 结论与政策建议

本书是国家社科基金项目"碳市场衔接趋势下碳交易价格整合机制及其风险监管研究"（项目号：19BGL158）阶段性研究形成的 12 篇论文集（第二章至第十三章）成果，以习近平生态文明思想为指导，以助力实现"30·60"双碳目标为抓手，以碳市场衔接趋势为背景，从碳排放权、碳交易、碳市场、碳交易价格整合等概念界定开始，梳理外部性理论、排污权交易理论、科斯产权理论、均衡价格理论与碳市场价格理论等碳市场的理论基础，分析碳市场的经济学解释，然后以碳试点市场为研究对象，探讨碳市场衔接趋势下碳交易价格整合度及其风险预警。

具体而言，基于 2014—2020 年北京、上海、广东、天津、深圳、湖北、重庆等试点碳市场的碳交易价格为主要研究对象，展开了系列研究：①创新性地运用倾向得分匹配法，分析了碳市场的匹配深度，并在此基础上研究碳市场兼容性及原因分析；②运用面板协整检验方法，从统一整合的视角挖掘国内碳交易价格的共同趋势特征；③运用赫芬达尔指数分别测度 8 个试点碳市场价格集中度；④测度和评价了试点碳市场的有效性，并构建双向固定效应模型，定量估计了政策制度因素差异对市场有效性的影响，旨在为优化我国统一碳市场政策制度、从而提高碳市场有效性提供依据；⑤构建试点碳市场、经济增长和环境保护的协调发展度指标体系，测度协调发展水平，运用 Tobit 模型分析地区规模以上工业企业数量、固定资产投入、外商直接投资及科技投入对碳市场-经济增长-环境保护协调发展度的影响；⑥探究我国银行利率和碳市场各自收益率的单个 VaR 值，选择最优 Copula 模型处理风险因子间的非线性相关关系，模拟计算我国碳市场的整合风险 VaR 值；⑦构建 ARMA - GARCH 模型度量单个市场的波动风险，并运用向量 GARCH 模型研究市场波动之间的协同持续性；⑧利用 DCC - GARCH 模型对碳市场交易波动特征、碳市场的风险及碳市场两两之间的关系进行分析，然后再运用均值-方差理论讨论碳市场间组合投资的期望收益和风险，以期探究我国碳市场交易存在的风险和波动特征，以及组合投资下的收益、风险状况；⑨运用机器学习方法 XGBoost 模型考察碳市场碳价波动特点及其价格形成机制，并在此基础上对碳价格进行预测；⑩运用贝叶斯 MCMC 中的 Gibbs 抽样方法及极值理论中的 POT 模型，对我国碳交易价格风险进行测度；⑪对 8 个试点碳市场收益率进行关联测度分析，建立阶数不同的 ARIMA – EGARCH 计量模型，刻画各碳市场的价格波动特征，并对各地碳市场的成交价进行长短期的价格预测。最后，利用 VaR 值与 ES 值对碳市场进行风险测度，构建 VaR 风险预警信号。⑫基于市场风险预警视角，首先采用派氏指数法和拉氏指数法编制试点碳市场衔接统一的传统价格指数，比较分析出其中较为合理的一种作为试点碳市场衔接统一的基准价格指数；然后采用时变参数因子加强型自回归模型构建试点碳市场衔接统一的价格指数即中国碳金融稳定状态指数，并进行动态分析。主要研究结论和政策建议总结如下。

一、研究结论

（一）我国试点碳市场具备衔接特质，但匹配程度不高

目前，我国不同地区的碳市场的风险、收益、活跃性等具有各自的典型特征，北京、上海、广东碳市场之间碳成交价趋势变化的关联性最强。其中，福建碳市场成交价与深圳碳市场成交价的相关系数为正值且呈现正相关，这两个碳市场趋势关联度最大。

8 个试点碳市场中，两两碳市场之间可实现匹配的比例超过 53%，碳市场的交易特征具有相似性，具备衔接特质，但匹配深度基本介于 49%～53%，匹配能力不高，有大约 46% 的两两碳市场之间的碳配额价格差异较大，在衔接过程中仍需要对碳市场制度进行完善；深圳和福建碳市场具有较强的兼容性，其中深圳碳市场的不同交易类型相互之间兼容性相差较大。造成各地不同兼容性的原因主要是制度、法律法规和管理机构的差异。

（二）我国试点碳市场碳交易价格特征明显，协同度低

碳市场的价格波动率序列呈现"尖峰厚尾"、非对称性的特征，且存在向上波动的幅度远小于出现极端情况时下降的幅度的情况。北京、湖北碳市场的收益均值为正，且相差不大，但湖北碳市场的风险更高一点。天津碳市场的收益均值处于中等水平，但其风险程度最低。上海、深圳碳市场的风险程度虽然和北京碳市场差不多，但收益均值相对较低。重庆和广东碳场的收益均值相差不多，但重庆碳市场的收益不太稳健、变化幅度大、风险也较高。

目前，2 个试点碳市场大都存在共同趋势，3 个试点碳市场间的共同趋势特征较明显，4 个试点碳市场间具有明显共同趋势较少，5 个试点碳市场间具有明显共同趋势的仅有 3 个，6 个及以上试点碳市场间没有共同趋势，即无长期均衡关系；尽管 8 个试点碳市场交易价格差异较大，但是在全国碳市场统一趋势下，整体兼容性存在很大的改善空间。

（三）我国试点碳市场碳价格集中度较低且差异大，但整体呈现上升趋势

我国试点碳市场每年的 5—7 月交易价格集中度呈现明显下降的趋势，是因为 5—7 月是我国各控排企业集中履约的时期，在履约期集中履约会导致各控排企业和个人对碳市场碳排放权的需求增大，这也从侧面反映出碳价格集中度的高低与碳配额需求程度紧密相关。各地碳市场交易价格集中度差异大，比如北京碳市场交易价格集中度一直高于全国其他碳市场，这是由于北京市政府要求参与碳市场交易的重点减排企业加强对节能减排技术的创新和应用，并且北京市政府每年都会预留一定比例的碳配额用于调节企业所需碳排放权造成的。北京碳市场还实行限制挂牌竞价交易，北京碳市场规定的限制价格涨跌比例为±20%。根据产品生命周期理论，碳市场及碳衍生品进入产品生命周期的成熟阶段后，市场会迅速被大型控排企业所占据，价格集中度会发生大规模上涨，碳市场集中度处于整体上升趋势。但同时也反映出碳市场市场流动性低，缺乏吸引外部投资的动力问题，长此以往会导致市场垄断现象的发生。

（四）我国各试点碳市场有效性相差较大，配额分配、惩罚等政策制度对其有效性的影响明显

温室气体大量排放引起的全球变暖受到广泛关注，中国政府试图通过发展碳市场以缓解气候变化问题和实现经济的绿色可持续发展。碳市场的有效性不仅对于能否实现减排目标、有效降低减排成本有重要影响，而且对我国统一碳市场的建立具有重要参考价值。研究发现，2014—2018 年我国 7 省市试点碳市场有效性峰值在一年之中二、三季度出现，各试点碳市场有效性相差较大，其中，湖北碳市场有效性最高，而天津、重庆碳市场有效性较低；相较于需求状况而言，目前碳市场的供给状况对碳市场有效性的影响更大。从需求角度来看，控排企业数量、惩罚力度对有效性的影响较大；从供给角度来看，配额总量的影响作用较大；宏观经济产业结构对碳市场有效性影响明显，尤其是三产比重；地区可再生能源占比对碳市场有效性具有正面影响。

（五）我国试点碳市场、经济增长和环境保护的协调发展度逐年提高，梯队明显，驱动因素异质性明显

从时期均值来看研究期内各地区碳市场、经济增长和环境保护的协调发展度，三者均值随时间推移呈现稳定上升趋势。2014 年各地区三者协调发展度均值为 0.50，处于勉强协调阶段，但是随着各地碳市场的完善和发展，试点地区三者协调发展度呈现稳定增长的态势，到 2019 年协调发展度均值已达到

0.80，已处于良好协调阶段，并且三者协调发展度持续增长的趋势较为稳定。2017—2019 年，从各地区碳市场、经济增长和环境保护协调发展度的均值来看，协调发展度呈现三个梯队特征。第一梯队：北京地区和广东地区，其协调发展度在 [0.80，0.89]，为良好协调阶段；第二梯队：天津地区、上海地区、湖北地区和深圳地区，其协调发展度均值为 [0.70，0.79]，处于中级协调阶段；第三梯队：重庆地区，其协调发展度为 0.65，处于初级协调阶段。各地区梯队差异特征明显，这与各地区，经济增长与环境保护水平及碳市场发展规模表现出相似特征。各试点地区碳市场、经济增长和环境保护的协调发展度空间分布呈现出沿海地区及碳市场发展较好地区协调发展度增长较快，增长潜力较大；内陆地区及碳市场发展缓慢的地区协调发展度较为滞后。主要是受到传统经济增长方式的影响，并且碳市场起步较晚、发展缓慢，相关节能减排项目开发滞后。规模以上工业企业数量、固定资产投入、外商直接投资及科技投入对各试点地区协调发展度具有一定影响，但各因素影响的方向和显著程度有所差异。规模以上工业企业数量对协调发展度造成显著负向影响。固定资产投入对北京和天津地区的协调发展度造成显著的正向影响。外商直接投资对湖北和天津地区造成显著正向影响。科技投入对北京、天津、上海、广东和深圳地区均产生显著的正向影响。

（六）我国试点碳市场与银行利率的风险整合度利率风险高于碳价风险

我国试点碳市场碳价格收益率和银行利率收益率两个时间序列具有"尖峰厚尾"现象，有一定的波动性聚集特征。在建立的 5 个 Copula 模型中经过筛选使用 t‐Copula 模型，以数据清晰客观的方式筛选出最优模型来拟合碳价及利率数据，以及用蒙特卡洛模拟法计算风险价值 VaR。在对风险价值 VaR 进行单独比较并且整合计算比较后发现，利率风险高于碳价风险。Copula 函数考虑不同风险因素之间的相关性，加入条件值分析碳价和利率之间非线性关系后发现条件风险价值高于普通整合 VaR；并且将单个碳价风险和单个利率风险简单加总的风险值高于整合后的 VaR，表明仅分别考虑两者的风险会比两者动态整合的风险虚高。实验还发现，若忽略条件和风险因子，碳价和利率的实际相关性将高估市场风险。

（七）我国试点碳市场存在记忆性和波动持续性以及波动协同性

我国碳市场日对数收益率序列存在"尖峰厚尾"、自相关性、条件方差、波动聚集等普遍特征。ARMA‐GARCH 模型可以很好地描述碳市场波动。

前期的波动和随机扰动会对后期波动产生显著影响，即市场存在记忆性。当前深圳、北京、广东、上海、天津等大部分碳市场交易收益存在显著的波动持续性，而湖北和重庆等小部分碳市场交易收益的波动持续性不显著，主要是受随机效应的影响。而且，部分地区碳市场的风险差异较大，风险价值 VaR 从大到小依次为重庆、上海、广东、北京、深圳、天津、湖北碳市场，其中广东、北京、深圳三地碳市场的风险水平相近。多数碳市场之间存在波动持续性和协同性。因为碳排放权作为一种政策工具，其价格容易受到监管措施的显著影响；而且使得各地区在履约期前后出现放量交易，导致成交量与价格同时升高。这些因素可能让大部分市场表现出持续相似的波动特征。

（八）我国试点碳市场联动差异大，投资比重各异

北京与上海、广东、天津、深圳、湖北、重庆碳市场间的联动性比较稳定。上海与天津、深圳碳市场间的联动性较稳定；上海与湖北、重庆碳市场间的联动性呈现衰减趋势；上海和广东碳市场间的联动性呈现缓慢增强趋势。广东和天津碳市场间的联动性趋势不太明显；广东与深圳碳市场间的联动性呈现逐渐减弱趋势；广东和湖北、重庆碳市场间的联动性呈现不明显的缓慢增强的趋势。天津和深圳、湖北、重庆碳市场间的联动性比较稳定。深圳和湖北、重庆碳市场间的联动性比较稳定。深圳和湖北、重庆碳市场间的联动性比较稳定。湖北和重庆碳市场间的联动性较高且比较稳定。

重庆和天津碳市场具有较大的风险，自成立以来存在着多次极端的跳跃行为。最优的组合投资权重配比为，北京碳市场权重为 18.66%，上海碳市场权重为 9.77%，广东碳市场权重为 7.48%，天津碳市场权重为 5.99%，深圳碳市场权重为 9.62%，湖北碳市场权重为 4.17%，重庆碳市场权重为 1.36%。

（九）我国试点碳市场交易价格具有一定可预测性

对比均方误差（MSE）、均方根误差（RMSE）和平均绝对误差（MAE），基于机器学习方法 GBDT 算法模型，以广东碳市场交易的收盘价及湖北碳市场的收盘价对该模型进行验证，发现 GBDT 算法模型对短期碳交易价格具有多阶段预测的潜力，但其预测水平仍然较低，有待进一步完善。未来可进一步优化 XGBoost 模型，可将环境水平、市场指标、国家政策等宏观因素纳入碳金融市场交易价格涨跌情况的影响因素，以提高碳价格预测模型的准确性。

ARIMA－EGARCH 模型对各地碳市场成交价具有一定的预测效果，其中针对上海碳市场的预测效果最好。对比 ARIMA－EGARCH 模型对不同碳市场成交价进行预测时，上海碳市场的长期和短期预测效果都较好。广东、天津、重庆碳市场在进行长期预测的时候，前期效果很好，明显优于后期与短期

预测。湖北、北京、福建碳市场短期预测效果明显优于长期预测效果，但仍然具有改进的空间。

（十）我国试点碳市场碳交易价格极端风险具有可测度性

在 99% 的置信水平下，天津碳交易市场的期望损失 ES 值是 VaR 值的 8 倍左右，即当面临非正常极端情况时，天津碳交易市场存在极高的风险损失，这与天津碳市场交易不频繁、交易价格波动大、断点多等特点有关。当极端情况发生时，贝叶斯 MCMC 抽样方法下得到的风险值大于极大似然估计方法下得到的风险值，说明了利用传统的方法计算会低估碳交易价格的风险。在考虑碳金融市场的交易价格存在极端风险损失的情况下，贝叶斯 MCMC - POT - VaR 模型能够较好地拟合样本，同时具备优异的风险测度能力。原因是该模型在贝叶斯方法的基础上，将参数看成随机变量进行模拟计算，增加了不确定性，计算得到的风险值也就更高且更具有现实意义。

值得一提的是，首先，选择用 POT 模型计算碳市场 VaR 值，关键点在于选取合适的阈值来进行后续的模拟计算，而对于选取阈值的方法并没有高度的统一，因此仍是值得深究的问题；其次，对于选取参数的先验分布也需要慎重考虑，加之贝叶斯 MCMC 方法目前还不成熟，以及马尔可夫链的迭代和估计也存在一定的误差，因此该方法仍处于探索阶段，仍需不断地完善其自身理论。

（十一）我国试点碳市场风险关联性差异大，风险预警效果各异

不同地区的碳市场的风险、收益、活跃性等具有典型特征，北京、上海、广东碳市场之间碳成交价趋势变化的关联性最强。其中，福建碳市场成交价与深圳碳市场成交价的相关系数为正值呈现正相关，且该两个碳市场趋势关联度最大。信息干扰对各地试点碳金融市场的影响是非对称的，其中负外部冲击对广州碳市场、湖北碳市场、上海碳市场、福建碳市场、深圳碳市场的影响大于正外部冲击的影响，存在明显的杠杆效应。在风险测算方面，重庆碳市场的风险最大，而北京、上海、广东碳市场的风险预警效果优于其他碳市场，但是在非平稳期间不容易区分有效信号。

（十二）我国试点碳市场衔接统一的价格指数风险监管优势明显

为了对碳市场进行统一风险预警和监管，衔接统一的价格指数编制研究显得尤其重要。拉式指数法编制的中国碳市场统一价格指数能够更好地反映中国碳市场配额交易价格的变化。基于拉式指数法计算得到的中国碳市场统一价格

指数在绝大多数的交易月中都大于派氏指数法计算得到的结果，且前者曲线更为平稳；碳金融稳定状态指数的预测能力较拉式指数法编制的价格指数提前 1 个月左右，具有短期预测功能；碳市场因子、宏观经济因子、空气变化因子及能源结构因子对碳市场价格有较大的影响并具备领先性与预期性，且该性能的强弱程度比较为：碳市场因子＞宏观经济因子＞空气变化因子＞能源结构因子；衔接统一的价格指数不仅能反映碳市场的波动，还能够及时反映我国在碳金融制度与结构方面的变化，有助于对我国有关碳市场政策实施的效果进行科学的评估，有利于碳市场的风险预警和监管，更有利于政府对相应的政策进行及时、适当的调整。

二、政策建议

在我国碳市场有效衔接整合趋势下，为建设更有效的全国碳市场，结合碳交易试点地区的实际情况、价格整合要求及风险监管，本书提出以下建议。

（一）逐个推进试点碳市场衔接整合

需加快碳市场衔接与碳交易价格的整合，建立全国性的碳排放定价体系，制定统一的市场交易准入门槛，统筹好全国碳市场建设与地方碳试点发展，加强碳金融创新与国际合作，建成具有中国特色的统一碳市场。在 8 个试点碳市场中，深圳和福建碳市场比其他碳市场兼容性更高，但是深圳碳市场不同交易类型的兼容性差异较大，具有不稳定性，且碳配额交易价格不稳定，因此优先考虑福建碳市场较为合理。

（二）推进碳配额分配方案，完善碳市场惩罚机制等制度建设

各试点碳市场希望以低成本实现本地的减排目标，各地通过实践取得的实际经验为建立全国碳市场提供了依据，但因试点碳市场的碳配额方案差异较大，因此在全国建设碳市场需要完善碳配额方案。比如，重庆碳市场可逐步将配额分配方式由企业自主申请并免费分配，转变为免费分配与有偿相结合的方式；可根据试点市场实践过程中出现的问题来科学合理地设置全国配额，避免因配额分配过量造成碳价格较低、缓解气候变化效率低、各主体的参与积极性低等问题。应当逐步降低碳排放权的绝对总额，提高其中有偿配额的比重，并将有偿配额的收入用于补贴相关减排企业和消费者，或用以支持清洁能源技术的开发，以提高企业和消费者减排和生产、消费的积极性，满足节能减排和经济增长的双重需求。

另外，在借鉴国际碳市场相关经验的前提下，区分我国不同地区的碳配额需求，针对各碳试点市场经济发展水平和资源禀赋的差距，加大对发展相对落

后地区的配额分配力度。每个碳试点市场的配额可从监管角度来设计，并促进有偿分配方式的应用。对东部沿海地区等经济较为发达地区实施强制减排措施，适当降低碳排放权配额的划分比例，对西部经济欠发达地区实行自愿减排举措，适当提高碳排放权配额的划分比例。促进东部沿海地区与西部地区之间的减排合作与交易，推动东部地区先进技术与资金向西部欠发达地区转移，从而在带动经济发展的同时实现全国生态环境的根本好转。其次，相关部门在立足各碳试点市场实际发展情况上科学合理地选择历史排放参照期，逐步使用相对科学合理的行业基准线法等，对早期参加减排行动的企业制定相应的配奖励机制和政策优惠力度。此外，在全国统一碳市场建设中，对配额分配方案要进一步细化并且说明相应的配额调整情况，将配额分配方案等相关的信息进行公示，从而提高配额分配过程的透明度，强化全国统一碳市场配额分配机制的公信力。最后，我国更应侧重于重工业行业的碳配额分配方案或方式，对第三产业的碳排放配额也应当给予足够的重视，以实现我国碳市场的衔接统一。

特别，碳市场惩罚机制等制度是保障碳市场秩序和效率的前提，也是预防控排企业履约风险的基础。为防止主观地处罚控排企业，应当使控排企业接受处罚有法可依，即制定相关惩罚机制的法律规则；但目前的法律依据主要为地方性法规或规范性文件，法律约束力薄弱，因此，需要制定具有较强法律约束力的法规。另外，可考虑将惩罚机制与奖励机制相结合，如资金补贴等，通过奖励措施来激励控排企业的履约和碳市场的交易。

（三）完善碳交易价格机制，丰富碳交易品种和交易方式

首先，在加强宏观调控的基础上，从碳试点市场经验中了解碳价的作用机理，由初期的碳排放配额现货交易向碳金融、碳期货、碳期权等多种产品交易发展，开发多样化的碳金融衍生产品，提高碳配额交易的效率，便于企业、金融机构等实施碳市场风险管理措施，有助于投资者对冲碳资产的价格波动风险。逐步建立以市场为导向的碳市场，进而探索可发挥市场作用的统一定价机制。其次，根据欧盟碳金融、碳期货等市场经验，可以允许企业在实际碳排放量超过持有碳配额的情况下预支下期碳配额，防止碳交易价格的剧烈波动，增强控排企业参与碳金融、期货等市场的活跃度。最后，为防止由于减排成本增加而导致企业发展困难等问题，政府对减排企业除政策支持外，可加大财政补贴力度，提高企业积极性。

（四）缩小碳交易价格差异，扩大碳市场覆盖企业范围，提高市场流动性

我国碳市场存在着明显的地域性差异，市场碳价格集中度差距较大，市场

活跃度不一。这与各地区准入门槛、核查标准、审计监督都有直接的关系。交易价格集中度差异较大，不利于全国统一碳价格信号的形成，导致各地区企业减排成本存在着较大差异，不能形成良好和公平的竞争市场。并且我国碳市场参与主体单一，都以传统工业部门为主，很多参与者和投资者对碳价格敏感度低，并且对碳市场预期较低，对进入碳市场投资望而却步，这严重影响了碳市场的流动性。政府主管部门和碳市场设计者应从参与主体角度出发，设身处地考虑控排企业和参与者个人的需求，结合实情开设多途径的参与方式，扩大覆盖范围，消除地域限制，需要让更多的企业和个人参与其中，从而增强碳市场流动性。实证分析结果表明，在其他条件既定情况下，控排企业数量越多，碳市场有效性越高。因此，无论是从提高碳市场有效性角度来说，还是从减少排放总量以减缓气候变化角度来说，均应将更多的高排放企业纳入市场体系，从而真正实现绿色发展。当然，在具体操作中，也需要考虑经济发展平稳性和企业的承受能力。

（五）激发碳市场功能，创新技术，利用外资，促进协调发展

作为有效缓解大气污染的市场手段，碳市场不仅可以给地区经济的发展提供资金，而且还可以有效地抑制 CO_2 等有害气体的排放，减轻生态环境的承载压力。本书建议在借鉴试点地区实践经验的基础上，积极推进全国统一碳市场的建立，充分发挥碳市场的作用，为我国绿色、低碳可持续发展目标的实现奠定基础。东部沿海地区要凭借自身扎实的经济基础，加快低碳技术创新，转变各自经济结构，把技术创新和资金支持引向中部等高消耗、高污染地区，以此来推动中部地区进行产业结构的调整，摆脱粗放型的发展模式，把资源优势转化为自身的经济实力，缩小地区协调发展差距。另外，各地应加大科技投入力度，引进先进技术，提倡自主创新，加快开展相关节能减排项目建设。与此同时，应提高进行投资的准入标准，对投资的规模和结构进行合理调整。在利用外商投资时要特别重视环境污染问题，尽量减少利用外资，加大自主投资力度和自主创新能力。

（六）银行、企业和政府应该分工协调，促进碳市场的建设

对于银行，银行作为碳金融市场中的最大参与者，在设计碳排放交易时，为稳定国家碳市场的健康稳妥发展，应该实施监管，避免部分投资者的投资活动，破坏现有的市场交易秩序。碳价与利率存在复杂的非线性关系，为稳定碳价，需要银行不断调整市场利率，通过信贷保证企业在减排设备和碳配额方面维持良好稳定的状态。最后，建立全国碳市场最重要的原因是希望通过金融手段来对企业的碳排放进行监管，迫使企业进行产业转型升级。在建立统一的全

国碳市场时，应总结各个试点市场中存在的价格管理问题，控制利率的增长和下降，避免影响碳市场价格，影响企业在减排上的动力和热情，以确保全国碳市场能真正为社会和国家的环境、为碳排放的减少做出真正的贡献。

对于企业，企业作为碳市场的主要交易主体，要完成好政府发放下来的碳排放配额，保证企业内部良好稳定运转，增加减排设备，积极为建设全国碳市场贡献交易额，实现低碳、绿色、高效发展，企业社会共同发展。

对于政府，为与碳市场的发展状况相结合，确保我国碳市场交易的稳定性，需要制定科学有效的风险监测和预警机制。通过我国8个试点碳市场的情况，可以判断碳市场会受到其他金融市场因素的影响。货币政策的不断变化及利率定价的市场化模式，以及市场产生的利率波动也会增加碳价的价格波动。因此，要加快全国统一碳市场的建设，政府应考虑不同地区的外部冲击会给各个地区的企业减排成本产生怎样的影响，并根据地区差异与不同，做好价格控制，加强市场风险监测。基于地区发展的不平衡，政府还必须考虑各个地区的减排压力和减排成本的差异，根据不同地区发展情况统筹兼备，保证各地区公平有效发展。

（七）建立衔接统一的风险监管体系，科学预测碳价的传导

具有协同风险的市场之间的碳价波动会呈现一定的相似性。对于这类碳市场，各地碳交易所应当设立相近的风险防控标准，加强地区与市场间的协同风险管理，以使政策措施获得更大效果。政府可以借助科学模型预测碳价格及其传导机制，寻找价格波动规律。更重要的是建立一致的监管体系，从整体的角度监管各试点碳市场的价格波动及协同风险传导路径，及时发现并解决问题，帮助全国性碳市场的运行，最终实现碳市场的稳步发展。由于碳市场因子、宏观经济因子、空气变化因子和能源结构因子对碳市场价格皆有一定的预测能力，因此建议政府部门将宏观经济、能源市场、绿色金融等多因素纳入碳市场交易价格的协同监管，为国家的经济发展与低碳减排提供更及时的信息反馈。由于碳金融稳定状态指数具有短期强预测能力，因此对日度数据的运用比对月度数据的运用效果更佳。建议政府相关部门每日编制并及时公布碳金融稳定状态指数，充分披露中国碳金融稳定的波动状况。

（八）建立健全完善的中介机构，鼓励企业积极参与碳市场

我国碳市场的活跃状况跟欧洲市场相比差距很大。虽然目前为止我国已经建立了多个试点碳市场，但辐射地域范围仍然不够，由此直接导致市场的流动性不足。因此，急需建立健全完善的碳金融交易平台，培养和扶植参与碳金融交易的相关中介机构。商业银行应积极与国内外碳金融中介机构协作。政府可

以制定相关的激励奖惩政策，鼓励企业踊跃参与碳金融市场，同时对不符合碳排放标准的企业进行相应的惩罚。首先，要求企业能够建立现代化的企业制度，在经营过程中必须重视经济效益和环境效益；其次，要求采用有效的激励保障制度来鼓励企业自觉参与碳金融市场。碳金融交易项目的开发会带来一定的经营风险，政府要鼓励企业自觉参与，要采取有效措施，帮助企业控制风险。因此，政府可以通过减免税费、加强财政贴息等方式鼓励企业开发碳金融交易项目，进行节能减排。同时，政策相关部门应对碳金融稳定的波动状况进行适时的分析，及时调整现制定政策的不合理性，并在此基础上给相关企业提出建议与指示。建议不断丰富碳交易市场的产品种类，并创造良好的投资环境吸引各方投资者的参与，推动碳市场从快速发展转向高质量、优结构发展。

（九）建立最优碳市场价格预测模型，提高风险预警能力

21 世纪初以来，以往的关于碳金融市场的研究主要集中在碳金融市场排放量的配额制度，引起碳金融市场交易价格波动的外部机制，碳市场交易价格结构的变化，以及碳市场价格的波动等方面。本书重点研究了碳金融市场交易价格的分布及碳金融市场的风险管理特征。碳金融的财政价格相对较低，与二氧化碳相关的资产也有相当大的损失，存在严重的碳泄漏风险。在应对受复杂因素影响的碳价格波动时，需要采用多种预测对象和方法，很难用精确的数学模型来描述这种情况，此时传统模型不能满足多因素预测精度的要求。因此，在碳金融交易价格研究过程中，应积极探索人工智能、机器学习、贝叶斯MCMC方法等建模方法，提高碳市场碳交易价格的预测精度。

同时，要提高我国不同地区碳市场试点的价格风险预警能力，以维护我国碳金融的健康可持续发展，就要建立相应的风险预警机制，构建一个完善、合理、多层次的碳金融风险防控体系，以及完善的风险信息披露平台及碳信用评级市场和体系。

（十）发展绿色金融，助力碳市场有效衔接

目前，我国碳市场的发展水平参差不齐，这是各地区之间综合实力的差异造成的，因此要因地制宜地采取相关政策措施，有针对性地处理不同地区间存在的问题。目前碳市场交易产品较为单一，建议加大 CCER 的引入与出售以提供更多选择给控排企业。同时，协调各不同碳市场试点的发展水平，推动形成高水平的中国碳金融中心。为了响应国家的绿色产业政策，企业自身需要运用高新技术加快向绿色低碳型生产型企业转型；为促进碳金融的发展，企业需要稳妥地发展碳减排项目的投融资，适当地推出绿色金融产品，如绿色基金、绿色银团贷款，有序地推进碳远期交易、碳债券交易，积极地搭建信息开放平

台，对碳市场参与者提供有效的融资和规避风险的方法。另外，湖北、上海和广东试点碳市场的发展欣欣向荣，因此需要保持其当前优势，共同作为"引导者"带领其他试点碳市场，为建立健全和完善我国碳市场打下坚实的基础。同时，发展欠缺的试点碳市场要加强与引领者地区间的交流，学习相关经验与政策，根据自身状况提出行之有效的解决方案，从而加快与整体碳市场的衔接。同时，优化外交布局，积极加强中国碳市场与国际碳市场的连接程度，并提升中国碳价信号在国际碳定价方面的权威程度。

（十一）推进碳试点过渡，健全相关法律制度体系和监管体系

法律是建设全国碳市场的基础和保障，碳市场法制建设、碳市场监管与碳市场机制设计是相辅相成的。政府在制定相关法律时，应侧重于碳配额属性、市场监管主体、交易当事人的权利义务及惩罚措施等方面的法律法规，提高信息透明度，保证碳市场公平公正。这将有助于减少重庆、上海等地碳价格的极端波动，提高重庆、天津等地的市场活力，发挥碳市场的价格发现功能，使市场运行更加平稳。碳交易所应及时发布相关的解释文件，披露每一个交易步骤的细节。相关政府部门也要颁布与全国碳市场相关的法律法规并建成系统的体系，通过细则等解释性文件来进一步完善细化。该体系，为落实应对气候变化和低碳发展政策提供法制保障。此外，在碳市场试点过渡阶段应注意相关法律法规的时效性和政策的阶段性，引导碳试点顺利向全国统一碳市场过渡。应建立统一的监管体系，政府建立专门部门进行管理，使权责更明晰，机制更高效，在进行核查监管时可考虑将第三方机构与政府专门的监管部门相互结合进行监督。